道路生命周期环境影响评价理论与方法

于 斌 主编
徐 建 崇 丹 施锡俊 副主编

人民交通出版社股份有限公司
北京

内 容 提 要

本书根据作者多年来的相关科研积累及最新研究成果撰写而成，主要介绍道路工程领域开展生命周期环境影响评价的标准、理论、模型和方法，并将生命周期评价与其他先进理念及工具配合，以拓展环境影响评价结果的应用场合并提升实施效果。全书共 10 章，分别阐述道路生命周期环境影响评价的一般原理与建模方法、结果可靠性评价方法与工程案例分析，以及生命周期评价与经济分析、离散事件模拟、物质代谢分析的联合应用等内容。

本书适合作为高等院校道路工程专业的教材，亦可供道路设计、科研与建设管理相关技术人员参考。

图书在版编目(CIP)数据

道路生命周期环境影响评价理论与方法 / 于斌主编. — 北京：人民交通出版社股份有限公司，2023.10
ISBN 978-7-114-18495-6

Ⅰ.①道⋯ Ⅱ.①于⋯ Ⅲ.①道路工程—环境影响—评价 Ⅳ.①X822.3

中国版本图书馆 CIP 数据核字(2022)第 257534 号

Daolu Shengming Zhouqi Huanjing Yingxiang Pingjia Lilun yu Fangfa

书　　名：	**道路生命周期环境影响评价理论与方法**
著 作 者：	于　斌
策划编辑：	李　瑞
责任编辑：	王景景
责任校对：	赵媛媛
责任印制：	张　凯
出版发行：	人民交通出版社股份有限公司
地　　址：	(100011)北京市朝阳区安定门外外馆斜街 3 号
网　　址：	http://www.ccpcl.com.cn
销售电话：	(010)59757973
总 经 销：	人民交通出版社股份有限公司发行部
经　　销：	各地新华书店
印　　刷：	北京虎彩文化传播有限公司
开　　本：	787×1092　1/16
印　　张：	15.75
字　　数：	402 千
版　　次：	2023 年 10 月　第 1 版
印　　次：	2023 年 10 月　第 1 次印刷
书　　号：	ISBN 978-7-114-18495-6
定　　价：	70.00 元

(有印刷、装订质量问题的图书，由本公司负责调换)

前　言

过去三十余年,我国道路交通基础设施建设得到极大发展。然而,快速的道路交通基础设施建设扩张也伴随着大量的资源消耗和环境污染物排放。道路在生命周期各个阶段,如建设、使用、养护阶段等,都会消耗大量的资源并排放污染物,以巨大资源消耗与环境破坏为代价的发展不符合当前我国可持续发展战略要求。随着"双碳目标""两山理论"的提出,道路交通行业也面临着严峻的节能减排任务,如何准确计算道路生命周期环境负荷、有效识别节能减排关键环节、靶向规划减排路径是道路工作者需要考虑的命题。

自20世纪90年代开展第一例道路工程领域生命周期环境影响评价研究,经过二十余年的发展,生命周期评价理论已经成为道路交通行业开展环境影响评价的主流方法,在国内外得到广泛的应用,取得了较好的实施效果。目前,道路行业的专家、学者已经开发了多种类型的道路生命周期评价模型,构建了多种筑路材料的生命周期清单,然而开展详尽的道路生命周期评价并非易事。道路生命周期评价模型自身存在的系统边界协调性、建模复杂性、评价结果不确定性以及本土化(数据库、模型库、商业软件等)进程滞后等问题大大制约了道路生命周期评价工作的开展与成果的落地应用。鉴于此,本书遵循ISO生命周期评价国际标准,从生命周期评价的基本原理出发,构建了较为系统和完善的道路工程领域生命周期评价模型、结果可靠性评价方法,并通过详尽的案例分析阐释生命周期评价的流程、数据要求、结果解读等;进一步引入先进的建模工具和城市建筑领域物质能量代谢理念,以提升生命周期评价结果的计算精度,扩展评价结果的应用尺度,提升评价结果的实施效益。本书提出的理论和方法可为道路工程环境影响评价、绿色低碳技术研发与节能减排政策制定提供参考。

本书共10章,由于斌主持撰写,于斌、徐建、崇丹、施锡俊共同完成。编写分工如下:第1章、第4章、第8章、第9章由于斌编写,第3章、第7章由于斌、徐建编写,第2章、第5章、第10章由于斌、崇丹编写,第6章由于斌、施锡俊编写。本书在编写过程中参考了课题组多位博士及硕士的研究成果,同时王书易博士、刘晋周博士、刘奇博士、王羽尘博士等为本书编写做了部分工作,在此一并表示感谢。

由于作者学术底蕴、知识结构及能力水平有限,书中难免有疏漏之处,恳请读者批评指正(电子邮箱:yb@seu.edu.cn)。

编　者

2023 年 2 月于东南大学

目　　录

第1章　绪论 ·· 1
1.1　道路工程与环境影响 ··· 1
1.2　道路生命周期系统思维 ·· 2
1.3　生命周期评价方法 ·· 4
1.4　生命周期评价模型 ·· 8
1.5　道路生命周期评价局限性 ·· 15
本章参考文献 ·· 16

第2章　道路生命周期评价理论 ··· 19
2.1　ISO 生命周期评价标准 ··· 19
2.2　道路生命周期评价模型 ··· 24
2.3　道路生命周期评价工具 ··· 39
本章参考文献 ·· 40

第3章　生命周期清单分析与环境影响评价 ·· 45
3.1　生命周期清单分析概述 ··· 45
3.2　生命周期清单分析流程 ··· 46
3.3　生命周期环境影响评价 ··· 51
本章参考文献 ·· 58

第4章　生命周期评价结果可靠性分析 ·· 60
4.1　可靠性分析的背景与目标 ·· 60
4.2　不确定性来源分类 ··· 61
4.3　LCA 不确定性评价方法 ·· 67
4.4　LCA 不确定性评价案例 ·· 77
4.5　LCA 不确定性评价的改进方法 ··· 82
4.6　联合敏感性分析与不确定性量化分析 ··· 87
本章参考文献 ·· 88

第5章　道路生命周期评价案例 ··· 92
5.1　旧水泥混凝土路面修复方案比较 ··· 92
5.2　路面结构设计方案比较 ·· 102
5.3　废旧塑料-橡胶复合改性沥青环境影响评估 ·································· 112
5.4　沥青混合料生产环境负荷 ·· 116
本章参考文献 ·· 127

第6章 经济投入-产出生命周期评价 129
6.1 经济投入-产出生命周期评价原理 129
6.2 经济投入-产出生命周期评价方法 131
6.3 经济投入-产出生命周期评价案例分析 132
6.4 经济投入-产出生命周期评价局限性 139
本章参考文献 139

第7章 LCA-LCCA 联合应用 141
7.1 生命周期成本分析 141
7.2 LCA-LCCA 联合应用:单目标优化 145
7.3 LCA-LCCA 联合应用:多目标优化 157
本章参考文献 165

第8章 生命周期评价-离散事件模拟联合应用 166
8.1 离散事件模拟在施工中的应用 166
8.2 离散事件模拟软件与建模参数 167
8.3 沥青路面摊铺施工离散事件模拟与环境影响分析 168
8.4 沥青路面就地热再生施工离散事件模拟与环境影响分析 175
8.5 就地热再生施工多目标优化 186
本章参考文献 192

第9章 生命周期评价-物质代谢分析联合应用 194
9.1 城市代谢理论 194
9.2 道路代谢理论 196
9.3 基于遥感影像的城市道路网络信息提取 198
9.4 城市道路系统物质存量时空演变分析 204
9.5 研究区域物质流分析 209
9.6 城市道路系统环境效应影响评价 216
9.7 城市道路系统环境效率分析 221
本章参考文献 228

第10章 动态生命周期评价及展望 232
10.1 动态生命周期评价 232
10.2 全球变暖潜能计算 234
10.3 生命周期评价展望 241
本章参考文献 243

第1章 绪 论

本章主要介绍生命周期系统思维的概念、重要性及其在道路工程领域的应用前景。作为生命周期系统思维的量化工具,生命周期评价(Life Cycle Assessment,LCA)是一项评价产品或过程从"摇篮到坟墓(Cradle to Grave)"生命周期内环境影响的手段,其发展历程、主要流派及评价方法是本章的重点。此外,必须强调的是,生命周期评价并非万能,在使用时应时刻牢记其局限性。

1.1 道路工程与环境影响

当前,全球能源需求随着社会经济发展而持续增长,能源活动引发的环境问题也日益凸显,能源与环境问题已成为当今国际社会的热门话题。资源匮乏与环境恶化等问题已经越来越严重,威胁着人类社会的可持续发展。任何一个渴求发展的国家都无法避开能源与环境问题,特别是对于经济高速发展、能源消耗巨大、环境污染形势严峻的中国而言,能源与环境问题已经成了制约国民经济可持续发展的瓶颈。世界各国对各行业均提出了明确的节能减排要求,并建立了以促进节能减排为目的的碳排放交易市场;我国近年来也相继出台了一系列旨在引导用能单位减少能源消耗和碳排放的国家和行业政策[1],积极倡导走资源集约、环境友好的可持续发展道路。

道路交通行业作为服务我国经济发展的重要行业,自改革开放以来取得了举世瞩目的成就。至2020年底,我国全面完成《"十三五"现代综合交通运输体系发展规划》拟定的任务,正在向《"十四五"现代综合交通运输体系发展规划》擘画的目标迈进。十九大报告明确提出要建设"交通强国",意味着我国将开启建设交通强国新征程。2019年9月,中共中央、国务院印发《交通强国建设纲要》,明确从2021年到21世纪中叶,我国将分两个阶段推进交通强国建设。到2035年,基本建成交通强国,形成"三张交通网、两个交通圈",即:主要由高速铁路、高速公路、民用航空组成,服务品质高、运行速度快的发达的快速网;主要由普速铁路、普通国道、航道、油气管道组成,运行效率高、服务能力强的完善的干线网;主要由普通省道、农村公路、支线铁路、支线航道、通用航空组成,覆盖空间大、通达程度深、惠及面广的广泛的基础网;都市区1小时通勤、城市群2小时通达、全国主要城市3小时覆盖的"全国123出行交通圈";国内1天送达、周边国家2天送达、全球主要城市3天送达的"全球123快货物流圈"。到21世纪中叶,全面建成人民满意、保障有力、世界前列的交通强国。

然而,交通基础设施大规模建设与养护也带来了不可忽视的环境问题。例如,在沥青路面建设和养护过程中,不仅要消耗大量的资源(如沥青、集料、水泥等)和能源(如电力、石油、天然气、煤炭等),而且普遍使用的热拌生产工艺等过程会排放大量环境污染物[如温室气体(Greenhouse Gas,GHG)、光化学烟雾、悬浮颗粒物等]。根据国外资料统计,修建一条1km长的标准双车道沥青路面,需要消耗大约 7×10^6 MJ 的能量,相当于 240t 标准煤完全燃烧的能量[2]。我国预计在 2030 年 CO_2 排放量达到峰值,我国交通运输行业 CO_2 排放量在六大行业中占比增速排名第一,排放量位居第二,仅次于工业[3-4]。

绿色发展已经成为当今重要趋势。在交通运输领域,交通运输部于 2016 年印发了《关于实施绿色公路建设的指导意见》,明确了绿色公路的发展思路和建设目标,提出了五大建设任务,决定开展五个专项行动,推动公路建设发展转型升级。2017 年,交通运输部又出台了《关于全面深入推进绿色交通发展的意见》等文件,基于顶层设计,对交通生态文明建设提出了切实可行措施。2019 年,全国交通运输工作会议强调,必须加快推动绿色交通发展,提升交通运输科技创新能力。

尽管我国对公路建设与养护制定了大量的标准和技术规程,但由于种种原因,业界对道路生命周期的环境影响并没有形成清晰且统一的认识。相较于被普遍接受的道路经济评价,长久以来业界并没有对道路生命周期的环境影响进行充分考虑。即使在新一代路面设计系统,力学-经验法路面设计指南(Mechanistic-Empirical Pavement Design Guide,MEPDG)以及我国的《公路沥青路面设计规范》(JTG D50—2017),也几乎没有涉及道路生命周期的环境影响评价。然而,能源需求的不断增加,筑路材料的快速消耗和紧迫的环境保护要求都在推动着环境友好型路面设计与养护的发展,而这依赖于清晰地认识道路生命周期的环境影响。

1.2 道路生命周期系统思维

四季更迭、水的循环、动植物的生老病死等都是我们熟悉的生命周期发展现象。我们通常会赋予生命周期的每一阶段一个特定的术语,比如人的幼年、少年、青年、中年及老年等,尽管人生的每一个阶段都是连续的,不存在明显的界限。自然界的生命周期现象同样可以运用于人造产品或者各类服务中。如:铁矿石从开采到锻铸成钢材,运用于汽车生产,而后汽车报废,钢材被回收利用;冰激凌被消费前也经历了原材料生产、产品生产、产品储存、冷链运输及销售等阶段。

生命周期包括不同类型。产品生命周期是指产品从设计、制造、使用/维护到回收处理的全过程,称之为"从摇篮到坟墓"。"摇篮"指诞生地,"坟墓"则代表其损坏后的处置方式,通常为丢入垃圾填埋场。对于有些厂家,比如生产地毯的厂商,其关注的阶段局限于产品制造的过程(产品出厂后的使用等阶段不再关注),称之为"从摇篮到大门(Cradle to Gate)"。而许多产品,如塑料瓶、废钢材等,将被回收利用,称之为"从摇篮到摇篮(Cradle to Cradle)"。对于道路工程,因研究对象和目标的不同,上述三种生命周期类型都存在。例如,比较不同路面设计方案在生命周期内环境负荷可视为"从摇篮到坟墓",计算温拌和热拌沥青混合料(Hot Mixture Asphalt,HMA)的碳排放则是"从摇篮到大门",评价铣刨料再生利用的生命周期环境影响则涉及"从摇篮到摇篮"。

道路是交通基础设施中的重要组成部分。中国公路货运大数据报告显示,公路运输在综合运输体系的地位不断提高:2019 年公路货运总量 344 亿 t,货物周转量 59636 亿吨公里;客运量 130.12 亿人次,旅客周转量 8857.08 亿人公里。这些数据的背后是海量的能源消耗和空气污染物排放。因此,运营阶段的节能减排长期以来一直是旨在减少交通运输活动影响的政府政策所关注的焦点。相关资料显示,美国每年投入交通基础设施维护中的费用近1000亿美元,但现有的投入力度依然使交通基础设施的长期服役能力和安全状况受到了广泛质疑;我国每年仅投入干线公路网的维护费用就达到近4000亿元,但仅做到了维持公路的现有状况。考虑到全球每年在道路建设和养护方面庞大的资金和资源投入,我们有理由相信道路建设行业存在巨大的节能减排潜力。事实上,已有研究指出,以客运公里数(Passenger-Kilometer-Traveled,PKT)为计量单位,道路建设、运行和养护等能源消耗为0.3~0.4MJ/PKT;在交通运输体系中,如果计算单位客运公里数所产生的温室气体排放,那么道路建设、运行和养护等贡献比例大约为10%[5]。

而且现有研究表明,道路所产生的影响远远不止路面材料的开采和生产所造成的影响。例如,涉及作业区交通延误,车辆-路面交互影响和路面反射的研究显示道路生命周期具有巨大的碳减排潜力[6]。美国加利福尼亚州2016年通过环境法案(SB32),计划到2030年相比1990年温室气体排放量减少40%。加利福尼亚大学伯克利分校分析研究了不同措施(如限制小汽车出行、提升路面状况、发展新能源汽车)对公路能源消耗的影响[7]。将道路生命周期作为环境改善策略的一部分开展评估,综合比较不同的行业减排政策,积极寻求多维度减排点,将对改善环境起到重要作用。

从生命周期的视角而言,道路工程中道路材料生产、运输,道路施工、养护和修复,通车后的路面使用以及回收利用等各个阶段都会对环境产生影响。上述阶段对环境有多大程度的影响以及如何改进以减少环境负荷,皆是建设环境友好型道路需要考虑的关键问题。以路面再生阶段为例,沥青路面再生的目的是充分利用旧有材料,减少能源消耗和空气污染物的排放,然而沥青路面再生实施过程本身也会对环境造成巨大的影响。目前,国内外对沥青路面再生过程的环境影响评价多处于定性而非定量的阶段。例如,人们认为冷再生与热再生相比,冷再生因大幅降低了拌和温度,所以具有显著的环保优势;厂拌热再生与就地热再生相比,厂拌热再生缺点之一在于需要额外往返运输沥青混合料。这样的定性理解能够帮助道路工作者在一定程度上比较不同沥青路面再生方案的环境影响,然而对回答下列诸多问题无能为力:①不同沥青路面再生技术对回收单位质量老化沥青混合料究竟造成了多大的环境影响?②在相同工程条件下,尽管省略了运输环节,就地热再生是否一定比厂拌热再生更为环保,若如此,环保达到何种程度?③对于不同沥青路面再生过程,何种(哪些)工序消耗最多(较多)的能源,释放最多(较多)的空气污染物,如何提出改进措施?④相较于新拌沥青混合料,不同路面再生方案到底收获了多大的环境效益?⑤不同比例再生沥青混合料利用对长期路用性能是否存在显著影响,对运营养护阶段环境负荷影响如何?

道路交通是交通运输行业节能减排的核心部分,而上述问题只是道路在整个生命周期中环境影响分析的冰山一角。因此,本书致力于建立面向道路工程环境影响评价的生命周期系统思维,形成面向道路生命周期全过程的环境影响分析方法,从源头、过程和结果评价分析道路建设与养护行为的环境影响,建立适用于我国国情的道路碳足迹计算模型,说明如何选择道路建设材料、优化交通组织以及制订低碳养护策略等;借助生命周期内影响因素分析,确定节能减排主要影响因子,帮助交通运输行业识别碳减排的主要立足点,为道路交通低碳化发展提出行动指引;同时,面向减排目标,全面、客观、量化评估道路行业碳排放水平及减排潜力,为我国交通运输行业的低碳化发展提供科学基础和决策依据。

1.3 生命周期评价方法

产品生命周期评价是对产品生命周期的全过程进行全面的环境影响分析和评估。它主要是运用系统的观点,对产品体系在整个生命周期中资源消耗和环境影响的数据和信息进行收集、鉴定、量化、分析和评价,并为改善产品的环境性能提供全面、准确的信息。

1.3.1 生命周期评价的发展

生命周期评价的思想萌芽于20世纪60年代末至70年代初。经过20多年的发展,生命周期评价于1993年被纳入ISO 14000环境管理系列标准而成为国际上环境管理和产品设计的一个重要支持工具。从发展的历程来看,产品生命周期评价大致可以分为三个阶段。

(1) 思想萌芽阶段(20世纪60年代末至70年代初)

生命周期评价最早出现于20世纪60年代末至70年代初美国开展的一系列针对包装品的分析、评价,当时被称为资源与环境状况分析(Resource and Environmental Property Analysis, REPA)[8]。对生命周期评价开始进行研究的标志是1969年由美国中西部资源研究所(Midwest Research Institute, MRI)开展的针对可口可乐公司的饮料包装瓶进行评价的研究。

(2) 学术探讨阶段(20世纪70年代中至80年代末)

20世纪70年代中期,各国政府开始积极支持并参与生命周期评价的研究。1975年,美国国家环保局开始放弃对单个产品的分析、评价,继而转向研究如何制订能源保护和固体废弃物减量目标。1984年,受REPA方法的启发,瑞士联邦材料测试与研究实验室为瑞士环境部开展了一项有关包装材料的研究。该研究首次采用了健康标准评估系统。该实验室据此理论建立了一个详细的列表数据库,包括一些重要工业部门的生产工艺数据和能源利用数据。1991年该实验室又开发了一个商业化的计算机软件,为后来生命周期评价发展奠定重要基础[9]。

(3) 广泛关注、迅速发展阶段(20世纪90年代以后)

随着全球性与区域性环境问题的日益严重以及全球环境保护意识的加强,可持续发展思想的普及以及可持续行动计划的兴起,大量的REPA研究被重新启动,社会和公众开始日益关注研究结果。1989年荷兰居住、规划与环境部(Ministerie van Volkshuisvesting, Ruimtlijke Ordening en Milieu, VROM)针对传统的"末端控制"环境政策,首次提出了制定面向产品的环境政策。1990年国际环境毒理学会与化学学会(The Society of Environmental Toxicology and Chemistry, SETAC)首次主持召开了有关生命周期评价的国际研讨会。1993年国际标准化组织(International Organization Standardization for, ISO)开始起草ISO 14000国际标准,正式将生命周期评价纳入该体系。

1.3.2 生命周期评价概念框架

生命周期评价需依托相应的标准和方法。生命周期评价概念框架的发展得益于两个权威组织,即SETAC与ISO。

(1) SETAC概念框架

最早提出生命周期评价概念框架的是SETAC。该学会于1993年制定的《生命周期评价纲要:实用指南》依然是目前国际学术界和工业界开展生命周期评价工作的主要指南。SETAC 提出的 LCA 概念框架,将生命周期评价的基本结构归纳为四个有机联系的部分,包括:①定义目标与确定范围(Goal and Scope Definition);②清单分析(Inventory Analysis);③影响评价(Impact Assessment);④改善评价(Improvement Assessment)。LCA 概念框架如图 1-1 所示。

①定义目标与确定范围。

定义目标与确定范围是进行生命周期评价的第一步,它直接影响整个评价工作程序和最终的研究结论。定义目标即清楚地说明开展此项生命周期评价的目的、原因和研究结果可能应用的领域。研究范围的确定应保证能实现研究目的,包括定义所研究的系统、确定系统边界、说明数据要求、指出重要假设和限制等。

②清单分析。

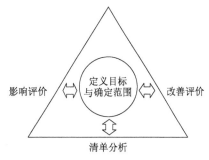

图 1-1 SETAC 提出的 LCA 概念框架

清单分析是指对一种产品、工艺和活动在整个生命周期内的能量、材料需要量以及对环境排放物(包括废气、废水、固体废物及其他环境排放物)进行以数据为基础的客观量化过程。该分析贯穿产品的整个生命周期。

③影响评价。

影响评价是指对清单分析阶段所识别的环境影响负荷进行定量或定性的表征评价,即确定产品系统的物质和能量交换对其外部环境的影响。这种评价应考虑对生态系统、人体健康以及其他方面的影响。

④改善评价。

改善评价是指系统地评估产品、工艺或活动在整个生命周期内削减能源消耗、材料使用以及环境污染物排放的需求与机会。这种评价包括定量和定性地改进措施,例如改变产品结构、重新选择材料、改变制造工艺和消费方式以及废弃物管理等[10]。

(2)ISO 概念框架

ISO 于 1997 年 6 月颁布了 ISO 14040(《环境管理 生命周期评价 原则与框架》)标准,并在此标准基础上更新到目前的 ISO 14040:2006(主要由两个相关的标准组成,即 ISO 14040:2006 和 ISO 14044:2006)[11-12]。中国国家标准化管理委员会采用 ISO 14040:2006 国际标准,并将其转换为我国全生命周期评价的环境管理标准《环境管理 生命周期评价 原则与框架》(GB/T 24040—2008)[13]。ISO 标准在原来 SETAC 框架的基础上做了一些改动,成为指导企业界进入 ISO 14000 环境管理体系的一个国际标准。ISO 14040 将生命周期评价分为互相联系的、不断重复进行的四个步骤:定义目标与确定范围、清单分析、影响评价、解释与说明,如图 1-2 所示。ISO 对 SETAC 框架的一个重要改进是去掉了改善评价阶段。因为 ISO 认为,改善是开展 LCA 的目的,而不是它本身的一个必需阶段。同时,增加了生命周期解释与说明环节,对前三个互相联系的步骤进行解释与说明。

按照 ISO 的定义,生命周期评价被定义为"一种汇总和评估某一产品、活动、技术或服务系统在其整个生命周期过程中的所有投入及产出对环境造成的潜在影响的方法",用来分析某一产品、工艺、活动或服务系统从材料开采到产品加工生产、使用、维护和最终处置整个生命周期内有关的环境影响[14]。该方法通过量化整个生命周期能量和物质的消耗以及环境污染物排放,可以有效识别并避免生命周期内的阶段或过程之间的环境影响转移[13]。生命周期评价关注产品系统中的环境因素和环境影响,通常不考虑社会和经济因素及其影响,但是 LCA 可以与经济、社会分析工具结合实现更客观的评价。

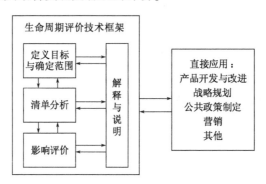

图1-2 ISO 生命周期评价技术框架概述(来源:ISO 14040:2006)

图1-2 总结了 ISO 生命周期评价标准的四个阶段:定义目标与确定范围、清单分析、影响评价、解释与说明,具体如下[15]:

①定义目标与确定范围,即定义和描述产品、过程或活动,创建目标的评估范围,并确定评估审查边界和受到的环境影响。定义目标与确定范围通常有以下六种目的:

a. 热点确定。

许多 LCA 研究是为了确定对环境影响较大的热点系统(产品)。热点确定可以在不同的细节层次上进行。以道路系统为例,LCA 的目的通常是识别系统内部对环境有重大影响的道路等级(主干路、次干路等)、单种材料(沥青、水泥等),或某个生命周期阶段。

b. 改进设计方案或比较不同设计方案。

有的研究者使用 LCA 的目的是利用其结果改进现有的设计方案或在几种设计方案之间做出选择。因此需要对不同的设计方案分别开展 LCA 研究,比较不同方案的 LCA 结果,确定最佳方案。同样以道路系统为例,利用 LCA 结果在不同层面进行方案比较,例如比较不同的路面结构、不同的筑路元素或筑路材料产生的环境影响差异。

c. 相关性、不确定性和敏感性分析。

当研究目的是针对不同规范标准进行相对应的优化设计时,对参数或指标进行相关性分析就显得尤为重要。利用 LCA 结果可以从环境角度对参数的相关性进行分析,进而选择合适的设计参数。例如在 Kiss 和 Szalay 的研究中[16],利用 LCA 结果对建筑物的几何形状、包络线、固定装置以及加热能源这4种参数进行分析,确定了环境最优相关参数。结果显示,从环境角度确定的参数值,可以有效减少建筑物所产生的 60%~80% 的环境影响。总体而言,相关性分析可以为优化设计提供理论支持,其适用于在多个参数或指标中优选适当的参数或指标。

不确定性分析是分析 LCA 模型中存在的各种不确定性。LCA 中的不确定性,通常是指 LCA 实施过程中由于模型不精确、输入不确定和数据变异等情况而导致的生命周期清单分析结果的不确定性,需要计算分析上述不确定性因素的累积影响。

敏感性分析是评价建模参数、方法等对 LCA 结果的影响程度。敏感性分析通常在 LCA 的解释与说明阶段进行,其目的是测试建模时的选择(如系统边界、分配方法或特定数据集[17]的选择)对总体评估结果的影响。

d. 基准检验。

利用 LCA 进行基准检验,其目的是判断系统(目标)是否达到相关规范[如《建设工程质量管理条例》或《城市道路工程设计规范》(CJJ 37—2012)]规定指标的阈值。其他基准参考指标包括全国性的平均值(如全国平均碳排放量等)、公司先前建设项目的平均水平等。

e. 空间分布确定。

空间分布确定,主要是为了确定系统中造成主要环境影响的具体位置。因此,在研究环境影响的空间分布时,常常结合地图、地理信息系统进行展示。

f. 时间分布确定。

很多 LCA 分析的目的是确定系统何时会造成环境影响。当研究目的为确定时间分布时,通常会使用图表,绘制系统环境影响随时间的发展情况,例如在道路使用生命周期内产生环境影响的时间变化特征。

在确定研究目标后,可以界定相应的研究范围,内容包括系统边界、功能单元、数据源、影响指标等。

②清单分析,即生命周期清单分析,是指为待分析系统建立环境影响数据库,利用数据库识别并量化系统生命周期内的输入和输出流。例如对材料、能源以及废气、废水、固体废弃物进行识别和量化时,建立对应的环境影响数据库[18]。例如,生产每吨 AC-13 沥青混合料的能源消耗和温室气体排放量。

清单分析应根据确定的目标和范围,收集系统边界内每个阶段的输入和输出数据。特别地,当使用 LCA 方法是对某(几)个阶段进行分析时,需要确定待研究生命周期阶段的开始和结束位置,而后进行有针对性的收集。数据的来源可以分为两种[19]:主要来源(数据直接在生产现场获得或由生产过程中涉及的相关单位提供)和次要来源(数据来自数据库、文献、估计值)。许多现有的道路 LCA 研究,往往停留于清单分析[20-23]。

③影响评价,是在得到与系统生命周期相关的生命周期清单数据后,计算系统产生的排放量。在得到排放量(例如 CO_2、SO_2 等)后,与特征系数相乘,得到对应的环境影响(例如温室效应、酸化效应等)。

④解释与说明。生命周期解释与说明需要合并产品、系统的清单分析和影响评价得到的结果;或针对产品、系统的目标和范围界定阶段的要求,评估和总结其清单分析和影响评价得到的结果。在检查 LCA 的完整性、一致性和敏感性后,针对对比结果优劣情况或者结果的局限性提出相应的建议和改进方案。例如,提出改进沥青路面养护以减少碳排放的建议或其他改进方案,以减少对环境的影响。

在满足决策要求的同时,生命周期解释与说明应该保证透明性、可重复性。

对于上述 LCA 各个阶段的更进一步介绍,详见第 2 章和第 3 章相关内容。值得注意的是,图 1-2 中各个阶段的箭头都是双向的,意味着上述的四个阶段互相影响,研究是不断迭代的。例如,研究者可能会在收集清单数据时意识到这项工作的挑战太大,而后调整研究目标和范围。也可能在解释与说明阶段意识到收集的数据不能回答预期问题,因此修正前面的环节。同时,因为数据采集或者系统边界选择的问题,得到了意想不到的结果而难以得出结论时,则需要引入其他的影响评价方法。因此,直到研究完成,没有一个阶段是真正完整的。根据经验,研究的过程就是不断修正的过程,也是逐渐完善的过程,这也是迭代的意义所在[15]。

1.4 生命周期评价模型

生命周期评价中的清单分析直接决定了影响评价结果的客观性和真实性。根据数据采集方式和系统边界设定,清单分析方法可分为基于过程的生命周期评价方法(Process Based LCA,P-LCA)、经济投入-产出生命周期评价方法(Economic Input-Output Based LCA,EIO-LCA)以及混合性生命周期评价方法(Hybrid LCA,H-LCA)三大类。

1.4.1 P-LCA

基于过程的生命周期评价方法是最早也是最普遍使用的清单分析方法。自 LCA 诞生以来,P-LCA 就一直被人们使用并不断完善,也是 ISO 推荐使用的方法,现已形成一种系统的分析体系。该方法是以产品系统的生命周期过程为基础,根据目标和范围的确定,将生命周期过程细化为若干个次一级过程,从而详尽地研究次一级过程中每一阶段的能耗和污染物排放量,最终通过累计得到产品系统在整个生命周期内的能耗和污染物排放总量。因此,P-LCA 需要详尽的过程分析,以利于产品环境清单数据的比较和工艺过程的改善,但同时也面临着巨大的分析成本问题。

P-LCA 的突出优点是直接面向目标。该方法中的每一步都是离散化的,通过逐一分析得到详细的结果和特定过程的结果。利用 P-LCA 结果,我们可以回答以下问题:

①在所有被研究的产品中,对产品能耗(或碳排放等)贡献最大的过程是什么?
②在减轻产品的环境负荷方面,改善产品最有效的方法是什么?
③与其他设计相比,该种设计的优势在哪里?

然而,P-LCA 的优势也正是其弱点所在。对 P-LCA 模型的负面评价可能源于其固有的截断误差。对于 P-LCA 模型,即使再全面的模型也只能考虑整个系统的一部分。因此设置系统边界是 P-LCA 模型必不可少的环节,而系统边界的设置往往是不完整的,其完备性取决于设置边界的深度和广度。这里提出一个有趣的问题:

"某一沥青养护工程拟计算施工阶段产生的能耗和碳排放。显而易见,应该把与沥青混合料从筑路材料生产、拌和到运输乃至施工阶段等直接相关阶段的能耗和碳排放包括进来(称之为直接影响)。那么施工机械本身生产能耗摊派于每一次施工活动直至其生命周期末期的环境影响需要考虑吗? 更进一步分析,施工工人在养护工程期间清洗衣服产生的环境影响是否包括在内(统称为间接影响)?"

理论上,间接影响可以无限地追溯上游起源及与其相关的环境影响指标。实际上,在绘制 P-LCA 模型的系统边界时,其基本假设为任何上游阶段的输入对所研究产品或过程的清单分析的影响可以忽略不计。基于此,P-LCA 的清单分析结果引入了截断误差,原因在于此种假设常常是无效的。

截断误差的大小根据研究产品或过程的类型以及研究的深度而发生变化,但根据 Lave 等[23]、Lenzen 等[24-26]的研究,截断误差可能达到10%,甚至50%。虽然这些例子来自建筑施工领域,但也确实证明了 P-LCA 模型中截断误差的存在以及这种误差带来的显著影响。

图 1-3 显示了 P-LCA 模型典型的上游截断误差。三角形表示从过程数据获得的基本产品1(BP1)的直接能量输入,圆形表示 BP1 产品数量[27]。上游阶段在图中显示被截断。

上游(Upstream)——→

● 基于过程的产品数量 (Process-Based Product Quantities)
—— 商品和服务的流动 (Flow of Goods and Services)
▼ 基于过程的直接能量输入 (Process-Based Direct Energy Input)
基本产品1(Basic Product 1, BP1)

图 1-3　P-LCA 模型中的上游截断(Crawford[27])

1.4.2　EIO-LCA

EIO-LCA 是一种通过使用各产业部门平均数据来确定直接归因于该产业部门的环境影响数量,以及从其他产业部门产生的环境影响数量的方法。这种方法结合了生命周期评价和国家经济投入-产出表(Economic Input-Output Table),是基于 Wassily Leontief[28]的工作而形成的。

EIO-LCA 依赖于各产业部门的平均数据,这些平均数据不一定代表与特定产业相关的特定产品,而代表一种泛化的产品。例如,在卡内基梅隆大学提供的在线 EIO-LCA 工具中[29],选择美国2007年产业模型(388个产业部门),选择建筑施工产业,进一步选择公路、城市道路和桥梁产业(Highways, Streets and Bridges Sector),则100万美元经济活动产生的碳排放当量和能源消耗如图1-4、图1-5所示。

产业编号	Sector(行业)	总量 (t CO_{2-eq})	CO_2 (t CO_{2-eq})	CH_4 (t CO_{2-eq})	N_2O (t CO_{2-eq})	其他温室气体 (t CO_{2-eq})
	Total for all Sectors(所有行业总量)	623	579	3.74	36.4	3.59
233293	Highways, Streets, and Bridges(高速公路、城市道路和桥梁)	230	230	0.249	0.140	0.230
327310	Cement(水泥)	99.5	99.3	0.127	0.064	0.000
221100	Electricity(电力)	54.7	54.0	0.505	0.019	0.137
484000	Truck Transport(货车运输)	32.5	31.4	0.088	0.008	1.01
211000	Unrefined Oil and Gas(未精炼的石油和天然气)	30.3	14.0	0.013	16.2	0.005
324122	Asphalt Shingles(沥青瓦)	27.4	27.4	0.042	0.021	0.009
324110	Gasoline, Fuels, and By-Products of Petroleum Refining (汽油、燃料和石油炼制的副产品)	19.0	18.1	0.005	0.808	0.000
331110	Primary Iron, Steel, and Ferroalloy Products (原铁、钢和钛合金产品)	15.7	15.5	0.004	0.142	0.004
212310	Dimensional Stone(尺寸石料)	14.8	14.6	0.149	0.031	0.000
221200	Natural Gas(天然气)	13.6	10.9	0.067	2.60	0.021

图　1-4

■ 233293 公路、城市道路和桥梁(Highways,Streets and Bridges)		230.5
■ 327310 水泥(Cement)		99.5
■ 221100 电力(Electricity)		54.7
■ 484000 货车运输(Truck Transport)		32.5
■ 211000 未精炼的石油和天然气(Unrefined Oil and Gas)		30.3
■ 其他所有部门(486剩余部门)[All Other Sectors(486 Remaining Sectors)]		175.6

图 1-4　公路、城市道路和桥梁产业 100 万美元经济活动产生的碳排放当量

由图 1-4 可知,公路、城市道路和桥梁产业 100 万美元经济活动产生的碳排放总当量为 623t $CO_{2\text{-eq}}$,贡献气体分别为 CO_2(579t $CO_{2\text{-eq}}$)、CH_4(3.74t $CO_{2\text{-eq}}$)、N_2O(36.4t $CO_{2\text{-eq}}$)以及其他各种温室气体(3.59t $CO_{2\text{-eq}}$)。可以发现,公路、城市道路和桥梁产业活动产生的碳排放并不仅仅源于本部门,虽然贡献位列第一,但是只占据了 36.9% 的份额,其余前 9 名分别是水泥(Cement)、电力(Electricity)、货车运输(Truck Transport)、未精炼的石油和天然气(Unrefined Oil and Gas)、沥青瓦(Asphalt Shingles)、汽油、燃料和石油炼制的副产品(Gasoline, Fuels, and By-Products of Petroleum Refining)、原铁、钢和钛合金产品(Primary Iron, Steel, and Ferroalloy Products)、尺寸石料(Dimensional Stone)、天然气(Natural Gas)。可以看出,其余 9 个部门(部分和建筑施工非属同一产业)的产品也被广泛运用于道路桥梁的施工,例如水泥为筑路材料,燃油为施工能源等。

对于能源消耗,结果如图 1-5 所示,可做类似分析,在此不再赘述。

从上述两个例子可清楚观察到 P-LCA 和 EIO-LCA 的区别,前者只关注设定的研究范围和系统边界,后者关注所有相关部门(供应链)对分析问题的贡献。这也解释了 P-LCA 截断误差的来源。

产业编号	Sector(行业)	总能源(TJ)	煤(TJ)	干燥天然气(TJ)	液态天然气(TJ)	原油(TJ)	核能源(TJ)	生物质(TJ)	水能(TJ)	太阳能(TJ)	风能(TJ)
	Total for all Sectors(所有行业总量)	10.5	1.62	4.52	0.693	3.14	0.267	0.180	0.031	0.021	0.076
211000	Unrefined Oil and Gas(未精炼的石油和天然气)	7.97	0.000	4.31	0.662	3.00	0.000	0.000	0.000	0.000	0.000
212100	Coal(煤)	1.62	1.62	0.000	0.000	0.000	0.000	0.000	0.000	0.000	0.000
221100	Electricity(电力)	0.388	0.000	0.000	0.000	0.000	0.232	0.045	0.027	0.018	0.066
324110	Gasoline, Fuels, and By-Products of Petroleum Refining(汽油、燃油和石油炼制的副产品)	0.359	0.000	0.094	0.030	0.135	0.000	0.000	0.000	0.000	0.000
221200	Natural Gas(天然气)	0.058	0.000	0.000	0.000	0.000	0.035	0.007	0.004	0.003	0.010
322130	Cardboard(纸板)	0.045	0.000	0.000	0.000	0.000	0.000	0.045	0.000	0.000	0.000
322120	Paper(纸)	0.044	0.000	0.000	0.000	0.000	0.000	0.044	0.000	0.000	0.000
322110	Wood Pulp(木浆)	0.022	0.000	0.000	0.000	0.000	0.000	0.022	0.000	0.000	0.000
2123A0	Sand, Gravel, Clay, Phosphate, Other Nonmetallic Minerals(盐、砂砾、黏土、磷酸盐,其他非金属矿物)	0.015	0.000	0.008	0.001	0.006	0.000	0.000	0.000	0.000	0.000
321100	Lumber and Treated Lumber(木材和处理过的木材)	0.007	0.000	0.000	0.000	0.000	0.000	0.007	0.000	0.000	0.000

图 1-5

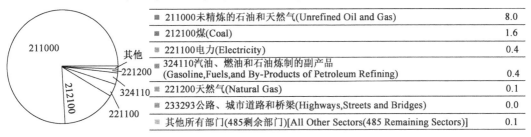

图1-5　公路、城市道路和桥梁产业100万美元经济活动产生的能源消耗

基于上述案例读者也可推断,EIO-LCA的分析是基于部门平均数据,而非特定产品。在研究的商品或服务代表该部门的情况下,EIO-LCA模型可以快速估计完整的供应链影响。此外,要开展EIO-LCA研究,需要国家经济投入-产出表。美国EIO表的最新版本是根据2007年的经济资料形成的,由388个经济部门组成;而中国的EIO表是根据2002年的经济资料形成的,由122个经济部门组成。具体对EIO-LCA的介绍和使用参见第6章内容。

1.4.3　P-LCA和EIO-LCA比较

P-LCA中上游供应链(部门)有限,通常只包括三到四个上游阶段;而EIO-LCA可以评估无限数量的上游阶段,包括对产品或生产过程全方位的直接和间接的输入,从而彻底避免截断误差[30]。

图1-6描述了EIO-LCA模型的系统边界完整性[27]。白色三角形代表基础产品或生产过程中基于EIO-LCA的直接能量,黑色圆形代表BP1产品数量。

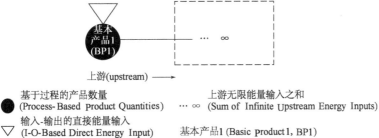

图1-6　EIO-LCA模型的系统边界完整性(Crawford[27])

但是,EIO-LCA不应被视为优于P-LCA。因为其所体现的是源于宏观经济数据的集合而非项目级的清单分析,不能很好地反映项目级的影响。EIO-LCA方法也存在不足,以下几个疑问和假设困扰着EIO-LCA模型的应用,包括同构型假设、数据精确性、折旧问题、产业部门聚合。

①同构型假设:EIO-LCA模型规定了每个经济部门的单一产出,无论产出是固定比例还是可以相互替代。沥青是美国EIO表中石油炼制部门的副产品,其他产品还包括汽油、柴油、蜡等。来自不同地区的进口原油的性质存在差异,由于技术会改进或精炼设备会更新,这些产品的组成也各不相同,且产品的价格会有波动。EIO-LCA忽略了这些可能的变化,在相应部分中将沥青(和其他产品)的组成成分或者比例固定,并按比例评估环境影响。

②数据精确性:在许多LCA研究中,为了使结果具有代表性,需要首选项目级别或区域级别数据,而使用EIO-LCA无法满足此要求。例如,EIO-LCA模型中水泥生产部门使用的数据

是源于水泥生产单位与成本相关的国家级的环境污染物排放资料,而各制造商水泥生产成本因购买石灰石来源(运输距离、运输方式、提取过程中的能源消耗等)、材料的质量、生产技术等发生显著变化。因此,EIO-LCA使用国家级数据而不是项目级数据的简化处理导致了生命周期清单(Life Cycle Inventory,LCI)的精确性存在问题。

③折旧问题:EIO-LCA不考虑行业的购买/投入资本设备,而是作为经济系统的产出[31]。以沥青拌和场站拌和楼为例,其初始投资在整个生命周期内进行分配,因此诸如确定设备的剩余寿命及其更换周期使得EIO-LCA分析更为复杂。

④产业部门聚合:对于EIO-LCA,各产业部门的高度聚合也饱受批评。由于这种聚合,当前EIO表中的产业部门数量极为有限。例如,水泥制造企业主要包括生产波特兰水泥混凝土、天然水泥、砖石、火山灰和其他水泥的企业;水泥制造企业可以烧土或采矿、采石、制造或购买石灰(引自美国2002年EIO表)。一种特定类型的水泥与所有的同种产品共同占据市场,因此几乎不可能对某种特定水泥产品的能耗和环境污染物排放进行具体的评估。

EIO-LCA模型中各个产业的数据源于国家统计数据。而由于统计数据中存在抽样误差、数据丢失或不完整,或者采用估计值等,会导致数据不确定性,进而必然导致EIO-LCA计算结果的不确定性。

另外,尽管EIO-LCA提供的参数值具有较大的方差,但EIO-LCA模型仍然被视为对P-LCA模型的有效补充工具。二者的对比如表1-1所示[32-34]。

P-LCA模型和EIO-LCA模型对比 表1-1

项目		P-LCA	EIO-LCA
研究目标		直接描述产品生命周期内各过程环境影响	以全部经济活动为系统边界评估产品环境影响
系统边界		产品生命周期全过程"从摇篮到坟墓"各个环节、内容	产品生命周期全过程直接或间接环节、内容
数据类型		各个环节采集实际数据或平均数据	国家层面统计数据
优点		结果详细,过程具体	结果是整个经济范围内的综合评估
		可以对特定产品进行比较	可以系统进行比较
		确定过程改进、弱点分析领域	使用公开的、可重复的结果
		对未来产品进行开发评估	对未来产品进行开发评估
		—	提供经济活动中每种商品的信息
		—	涵盖间接影响
缺点		主观设置系统边界	产品评估仅能反映行业平均水平
		数据采集成本高	过程评估困难
		难以应用于新工艺设计	必须将货币价值与实物单位联系起来
		使用内部或者专有数据	进口被视为经济边界内的产品
		如果使用保密数据,则结果无法复制	完整环境影响数据的可用性
		资料的不确定性	难以适用于开放型经济体(进口数量巨大且不可比较)
		未考虑间接影响	资料的不确定性,无法区别能源结构

从表 1-1 中可以看出,上述两种方法是相辅相成的。P-LCA 在提供具体、详细结果的同时,主要存在截断误差问题;EIO-LCA 在数据和结果存在较大不确定性的情况下,有效地消除了截断误差。

1.4.4 H-LCA

1.4.3 节论述了 P-LCA 和 EIO-LCA 的优缺点,自然引出了 H-LCA 的开发和利用。从基本原理出发,H-LCA 可进一步划分为基于层次(Tier-Based)的 H-LCA(为保持一致性,简称 P-H-LCA)和基于 EIO 的混合 LCA(简称 EIO-H-LCA)。

(1) P-H-LCA

20 世纪 70 年代 Bullard 等[35-36]提出了 P-H-LCA 的概念,将基于流程图(Flow Charts)的过程分析与 EIO 表相结合,以计算产品或过程的环境影响。P-H-LCA 方法可以简单地通过向基于 P-LCA 的生命周期清单添加基于 EIO 的生命周期清单来执行。但由于已经计算了基于 P-LCA 的结果,因此需要消除重复计算。

与 P-LCA 相比,P-H-LCA 可以产生令人满意、完整和有效的生命周期清单。但是,必须注意以下几个方面以确保 P-H-LCA 的有效性[37]:

①应特别注意 P-LCA 和 EIO-LCA 之间的边界选择,以避免聚合 EIO 信息而导致重要过程建模引入错误。

②谨慎对待 P-H-LCA 模型中的重复计算问题。基于过程系统的商品流已经在 EIO 表中予以考虑,需要减去重复部分。

③P-H-LCA 以单独的方式分别处理基于过程的系统和基于 EIO 表的系统,因此无法以系统的方式评估它们之间的相互作用。例如,再生沥青混合料(Reclaimed Asphalt Pavement,RAP)经常在新建沥青路面项目中被回收利用。这些项目通过向基于 EIO 表的系统提供材料或能源来改变行业相互依赖性,P-H-LCA 难以对此准确建模。

此外,P-H-LCA 与 P-LCA 在使用上存在类似的限制,因为这两种方法背后的机制相同,不同的是前者通过用 EIO 表数据替代过程级的数据而消除了截断误差。图 1-7 描述了 P-H-LCA 的逻辑,它部分地解决了 P-LCA 模型的完整性不足,但仍然没有消除下游截断,例如省略了进入主要产品的其他材料和直接能量[27]。

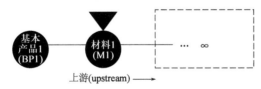

图 1-7 P-H-LCA 模型中的下游截断(Crawford[27])

(2) EIO-H-LCA

与 P-LCA 相比,EIO-LCA 系统边界完整,因此 EIO-H-LCA 较为简单。使用过程级的数据作为产品或过程的直接输入,并替换 EIO-LCA 模型中相应 EIO 值,而不改变上游过程或截断系统边界,从而避免截断误差[38]。

Treloar 等[39]提出并开发了 EIO-H-LCA 模型的框架,并概述了使用混合技术进行 LCA 建模的步骤,具体如下:

①建立 EIO-LCA 模型。
②提取合适部门相关数据的最重要路径。
③获取研究的产品或过程案例中特定过程的 LCA 数据。
④将步骤③特定过程的 LCA 数据载入 EIO-LCA 模型。

这种方法易于理解和操作,因此已被应用于道路工程领域[40]。虽然过程级数据已经被用来替代 EIO 数据,在一定程度上解决了 EIO-LCA 模型固有的数据粗糙问题,但它仍然具有与 EIO 相同的属性及相应的缺点。图 1-8 为 EIO-H-LCA 的原理示意图[27]。

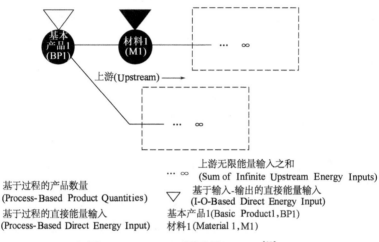

图 1-8　EIO-H-LCA 系统边界(Crawford[27])

迄今为止,道路工程中使用这两类方法的研究非常有限,因此 P-H-LCA 和 EIO-H-LCA 在后续中不区分对待,统称为 H-LCA。此处提供一个关于水泥混凝土路面项目利用 H-LCA 建模的示意图(图 1-9),以展示 H-LCA 在道路工程中运用的原理和过程。具体而言,过程级数据由 EIO 数据替代,EIO 数据一方面能够捕捉与水泥混凝土生产相关的截断误差,另一方面可以利用项目特定过程数据来提高生命周期清单的可靠性。

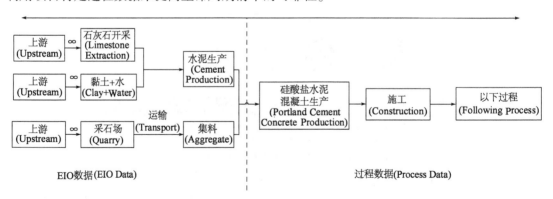

图 1-9　H-LCA 方法应用于水泥混凝土路面项目

1.5 道路生命周期评价局限性

道路工程领域的首个 LCA 为 Häkkinen 和 Mäkelä 对芬兰沥青和水泥路面的环境影响开展的研究[37],尽管对于 LCA 的研究已经有半个多世纪的历史,对于道路 LCA 的研究也有 30 年历史,然而必须清醒认识到 LCA 不是万能药,也存在一系列问题[15-16,42-43]。

(1) LCA 的研究存在局限性

①LCA 对确定评价项目和因素是有选择性和主观性的。在 LCA 的目标与范围的确定中,确定系统边界尤为关键。通常从三个方面定义系统边界:生命周期边界、地域和时间边界以及环境负荷边界。定义生命周期边界时,很难考虑真正意义上的生命周期全过程,其边界具有不完整性、不统一性。有学者认为应围绕产业活动来划定评价边界,也有学者认为应将自然过程包括在内。后者虽然更加全面,但大大增加了数据采集的难度。

②LCA 在一定程度上对数据的评价和预测精度有限。LCA 研究过程中总是无法避免一些必要的折中做法,如忽略催化剂和添加剂,不考虑硬件设备,忽略供货商的材料流等。由此有必要开展不确定性分析以判定数据变异性及其对最终结果造成的影响。其结果既可用于清单分析也可用于环境影响评价,并且对决策制订过程中如何使用这些结果具有很重要的影响。迄今为止,对 LCA 结果的可靠性评价还欠缺深入的研究,没有形成系统、广受认可的方法论。

③LCA 最终的研究结果不够可靠。环境影响评价工作是 LCA 的核心内容,特点之一是其因地域和时间的不同而不同。虽然清单分析中对清单数据进行选择、分类、特征化等一系列处理,但是环境影响评价方法目前也没有一个被广泛接受的标准。不同的环境影响评价模型的侧重点各有不同,使得采用不同方法计算的环境影响可比性相对较差,得到的结果也不尽相同,从而难以得出明确的、绝对可靠的评价结论。有研究表明,当使用具有明确地域特征变量的模型进行模拟时,气候变化和当地环境的敏感性能够使欧洲各地区的酸化和富营养化的影响程度相差 3 个数量级。

(2) LCA 的功能存在局限性

LCA 并非解决复杂能源和环境问题的唯一方法。它只是一条途径,能够让用户构建或组织产品或服务在生命周期内进行环境影响评价的手段,并基于评价结果,改善当前的环境影响或者减少未来的环境影响。然而,它无法替代风险分析、环境影响审计、效益成本分析等。所有其他相关的方法通过多年的研究发展,对解决能源和环境问题仍然大有裨益。很多情况下,LCA 可以和其他方法协同使用,以便用户做出更为全面的优化决策。

(3) LCA 的数据质量存在局限性

尽管目前国内外已经有了商业的数据库,然而 LCA 数据库的完善工作仍然任重道远,尤其是适用于我国的数据库。此外,由于缺乏具体的资料选择标准,很多情况下资料的收集只能依靠研究者根据生产工艺、行业平均水平和现场收集等方式进行,这也使得数据的质量受到影响。

(4) 花费时间长

LCA 需要大量的基础数据,一个充分的 LCA 项目涉及的数据条目往往成千上万,花费的时间可能长达数月,完成一个 LCA 项目非常费时、费力。

本章参考文献

[1] 刘竹,耿涌,薛冰,等.中国低碳试点省份经济增长与碳排放关系研究[J].资源科学,2011,33(4):620-625.

[2] 杨博,尚同羊,张慧鲜,等.沥青路面建设阶段能耗与排放量化预估方法研究[J].中外公路,2014,34(1):7-13.

[3] BUENO G. Analysis of scenarios for the reduction of energy consumption and GHG emissions in transport in the Basque Country[J]. Renewable and Sustainable Energy Reviews,2012,16(4):1988-1998.

[4] 张诗青,王建伟,郑文龙.中国交通运输碳排放及影响因素时空差异分析[J].环境科学学报,2017,37(12):4787-4797.

[5] CHESTER M V, HORVATH A. Environmental assessment of passenger transportation should include infrastructure and supply chains[J]. Environmental Research Letters,2009,4(2):237-266.

[6] SANTERO N J, MASAMNET E, HORVATH A. Life-cycle assessment of pavements. Part I: Critical review[J]. Resources, Conservation and Recycling,2011,55(9/10):801-809.

[7] WANG T, LEE I-S, KENDALL A, et al. Life cycle energy consumption and GHG emission from pavement rehabilitation with different rolling resistance[J]. Journal of Cleaner Production,2012,33:86-96.

[8] 王寿兵,王祥荣,王如松.工业产品生命周期环境成本评估方法初探[J].上海环境科学,2002,21(12):742-744.

[9] World Commission on Environment Development. Our common future[M]. Oxford, England: Oxford University Press,1987.

[10] 杨建新,王如松.生命周期评价的回顾与展望[J].环境科学进展,1998,6(2):21-28.

[11] ISO. ISO 14040: International Standards: Environmental management-Life cycle assessment-Principles and framework[S].2006.

[12] ISO. ISO 14044: International Standards: Environmental management-Life cycle assessment-Requirements and guidelines[S].2006.

[13] 中国国家标准化管理委员会.环境管理 生命周期评价 原则与框架:GB/T 24040—2008[S].北京:中国标准出版社,2008.

[14] FINKBEINER M, INABA A, TAN R B H, et al. The new international standards for life cycle assessment: ISO 14040 and ISO 14044[J]. The International Journal of Life Cycle Assessment,2006,11(2):80-85.

[15] MATTHEWS H S, HENDRICKSON C T, MATTHEWS D H. Life cycle assessment: quantitative approaches for decisions that matter[M].2014.

[16] KISS B G, SZALAY Z. Modular approach to multi-objective environmental optimization of buildings[J]. Automation in Construction,2020,111:103044.

[17] GUO M, MURPHY R J. LCA data quality: sensitivity and uncertainty analysis[J]. Science of the Total Environment, 2012, 435/436: 230-243.

[18] CUENCA-MOYANO G M, ZANNI S, BONOLI A, et al. Development of the life cycle inventory of masonry mortar made of natural and recycled aggregates[J]. Journal of Cleaner Production, 2017, 140: 1272-1286.

[19] LANDI D, MARCONI M, BOCCI E, et al. Comparative life cycle assessment of standard, cellulose-reinforced and end of life tires fiber-reinforced hot mix asphalt mixtures[J]. Journal of Cleaner Production, 2020, 248: 119295.

[20] YU B, LU Q. Life cycle assessment of pavement: methodology and case study[J]. Transportation Research Part D: Transport and Environment, 2012, 17(5): 380-388.

[21] SANTOS J, BRYCE J, FLINTSCH G, et al. A life cycle assessment of in-place recycling and conventional pavement construction and maintenance practices[J]. Structure and Infrastructure Engineering, 2015, 11(7/9): 1199-1217.

[22] CAO RJ, LENG Z, YU HY, et al. Comparative life cycle assessment of warm mix technologies in asphalt rubber pavements with uncertainty analysis[J]. Resources, Conservation and Recycling, 2019, 147: 137-144.

[23] LAVE L B, HENDRICKSON C T, MCMICHAEL F C, et al. Using input-output analysis to estimate economy-wide discharges[J]. Environmental Science and Technology, 1995, 29(9): 420-426.

[24] LENZEN M. Life cycle assessment of Australian transport[C]. Proceedings: 2nd National Conference on Life Cycle Assessment, Melbourne, 2000.

[25] LENZEN M. Errors in conventional and input-output-based life-cycle inventories[J]. Journal of Industrial Ecology, 2000, 4(4): 127-148.

[26] LENZEN M. Differential convergence of life-cycle inventories toward upstream production layers[J]. Journal of Industrial Ecology, 2002, 6(3/4): 137-160.

[27] CRAWFORD R H. Using input-output data in life cycle inventory analysis[D]. PhD dissertation, Deakin University, 2004.

[28] LEONTIEF W W. Quantitative input and output relations in the economic systems of the United States[J]. The Review of Economic and Statistics, 1936, 18(3): 105-125.

[29] Carnegie Mellon University Green Design Institute. Economic input-output life cycle assessment (EIO-LCA) China 2002 (122 sectors) producer model[Z/OL]. [2021-01-07]. http://www.eiolca.net/.

[30] LENZEN M. A guide for compiling inventories in hybrid life-cycle assessments: some Australian results[J]. Journal of Cleaner Production, 2002, 10(6): 545-572.

[31] LENZEN M. A generalized input-output multiplier calculus for Australia[J]. Economic Systems Research, 2001, 13(1): 65-92.

[32] HENDRICKSON C T, LAVE L B, MATTHEWS H S. Environmental life cycle assessment of goods and services: an input-output approach[M]. New York: Routledge, 2006.

[33] 刘圆圆. 基于 ALCA 的公路生命周期二氧化碳计量理论与方法研究[D]. 西安:长安大学,2019.

[34] 罗智星. 建筑生命周期二氧化碳排放计算方法与减排策略研究[D]. 西安:西安建筑科技大学,2016.

[35] BULLARD C W,PILATI D A. Reducing uncertainty in energy analysis[R]. University of Illinois,Urbana,USA:Center for Advanced Computation,1976.

[36] BULLARD C W,PENNER P S,PILATI D A. Net energy analysis:handbook for combining process and input-output analysis[J]. Resources and Energy,1978,1(3):267-313.

[37] SUH S,HUPPES G. Methods for life cycle inventory of a product[J]. Journal of Cleaner Production,2005,13(7):687-697.

[38] TRELOAR G J,GUPTA H,LOVE P E D,et al. An analysis of factors influencing waste minimisation and use of recycled materials for the construction of residential buildings[J]. Management of Environmental Quality:An International Journal,2003,14(1):134-145.

[39] TRELOAR G J,LOVE P E D,FANIRAN O O,et al. A hybrid life cycle assessment method for construction[J]. Construction Management and Economics,2000,18(1):5-9.

[40] TRELOAR G J,LOVE P E D,CRAWFORD R H. Hybrid Life-Cycle inventory for road construction and use[J]. Journal of Construction Engineering and Management,2004,130(1).

[41] HÄKKINEN T,MÄKELÄ K. Environmental adaption of concrete-environmental impact of concrete and asphalt pavements[R]. Technical Research Center of Finland,1996.

[42] YU B. Environmental implications of pavements:a life cycle view[D]. Los Angeles:University of South Florida,2013.

[43] 佟景贵,曹烨. 生命周期评价在环境管理中应用的局限性及其技术进展研究[J]. 环境科学与管理,2017,42(10):169-172.

第 2 章　道路生命周期评价理论

生命周期评价虽然存在国际标准,但是标准中仅规定了开展生命周期评价的一般性流程和要求,具体应用到某个行业或对象,需要"量体裁衣",并构建有针对性的评价模型。因此本章主要介绍 ISO 生命周期评价标准,以及道路工程目前使用的生命周期评价模型,并引入常用的清单数据库和商业软件。

2.1　ISO 生命周期评价标准

目前已有多个生命周期评价的实施框架,但主要的、全球公认的方式是遵循 ISO 生命周期评价标准(ISO 14040:2006),如图 2-1 所示,这也是本书所遵循的评价标准。ISO 生命周期评价标准包含四个步骤:定义目标与确定范围、清单分析、影响评价、解释与说明。

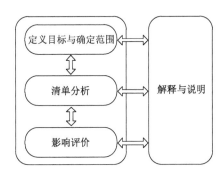

图 2-1　生命周期评价框架(来源:ISO 14040:2006)

生命周期评价研究应首先定义研究的原因、目标以及研究的范围。清单分析阶段不仅仅是关于生命周期各个模块的数据集合与分析,也可能包括数据源、采集过程、可靠性评价与改进措施等。影响评价则是将清单分析的结果转化为具体的环境影响,例如排放的 CO_2 和 SO_2 造成了多大的温室效应和酸化效应。在评估出具体的环境影响之后,则是对其进行原因的解释与说明,以及提出基于评价结果优化生产工艺的建议等。

2.1.1　定义目标与确定范围

同其他研究类似,生命周期评价应该明确定义其研究目标,包括:应用场景、研究原因、服务对象以及结果可公开性等。道路工程领域常见的研究目标定义如下:比较两种沥青混合料或路面结构设计的碳排放强度,进而选择更为低碳环保的设计方案。但是明确的研究目标并不能保证生命周期评价结果的合理性。例如:比较单位里程二级公路和一级公路的生命周期能耗。对于这样的研究,其结果的合理性会引发质疑,因为二者并没有可比性。换言之,生命周期评价研究需要在相同的基础上开展,因此需要定义研究的功能单元。此外,在生命周期评价中还涉及另外两个重要概念,即分析周期与系统边界。

ISO 标准要求对产品体系的功能进行讨论。功能,即产品能够提供的服务。有些产品的功能非常明确,如电灯泡用来照明,冰激凌可以为人体提供能量,水杯用来接水,它们的功能单元定义相对简单。功能单元定义示例如表 2-1 所示。

功能单元定义示例　　　　　　　　　　表 2-1

产品	功能	功能单元定义	生命周期研究对象	生命周期清单举例
电灯泡	照明	提供 100Lm·h 的光	白炽灯、荧光灯、LED 灯	每提供 100Lm·h 的光的玻璃消耗
冰激凌	为人体提供能量	生产 1kg 冰激凌	香草冰激凌、巧克力冰激凌	生产 1kg 冰激凌的电力消耗
水杯	接水	接 100mL 水	玻璃杯、一次性纸杯、一次性塑料杯	每接 100mL 水的 CO_2 排放

功能单元的定义对道路工程生命周期评价研究同样具有挑战性,目前还没有被广泛接受的功能单元定义。道路工程生命周期评价研究中使用了多种功能单元,功能单元的选取取决于研究的目标。例如,使用 1t 或 $1m^3$ 的沥青混合料生产比较不同的沥青混合料设计方案;使用 1km 或 1km-车道的道路或沥青面层来比较不同道路大修方案或者沥青路面养护方案;使用结构强度来比较不同路面结构设计方案。使用不同的功能单元定义阻碍了对现有研究的比较综合。即使对于两个使用相同边界条件、影响因素或其他因素相同的生命周期评价研究,不同的功能单元定义使得生命周期清单并不一致。现有的生命周期评价文献包含了一些看上去类似,实际上差别甚大的研究。功能单元的巨大差异导致许多研究基于不同的功能单元假定,使得彼此间的横向比较缺乏同一基础。因此,目前的生命周期评价研究的结论仅仅适用于各自设定的背景条件。对基于不同区域的生命周期评价研究结果的解读同样面临困难。现有的道路生命周期评价研究覆盖极广泛的地理区域,包括七大洲的众多国家。研究背景所在地的变异性,如发电、材料生产、养护方案、车辆轴重及其他地区性的因素,将会造成不一致的研究结论。因此,源于不同区域的研究结论并不适宜互相比较。

此外,功能单位应当尽可能地与产品功能而不是实体产品相关联。参照这一标准,对于道路设计而言,可行的功能单元定义为"在 40 年分析周期内,对于 1km-车道的道路,其能够提供相似的、令人满意的服务质量"。可以看到,功能单元的定义需要以服务(产品功能)为基础,即非常明确地指出不同设计方案之间的服务水平相当。这也解释了直接比较二级公路和一级公路的生命周期能耗不合理的原因,即二者的服务水平差距过大。此外,"令人满意"则意味着设计方案的产品功能不仅相当,还需要满足特定服务水平要求。对此,可以简化为满足相关规范的设计要求。

生命周期评价的分析周期确定是一个非常重要的衡量基准。道路的设计寿命波动较大,常规沥青路面设计寿命为 8~15 年,常规水泥路面设计寿命为 10~30 年,而目前越来越受关注的长寿命路面,其预期设计寿命能够达到 40~50 年。比较具有相同的设计寿命的道路,分析周期可以直接采用道路设计寿命。但是对于不同设计寿命道路之间的比较,其分析周期的确定就存在难题。常用的做法是:①选择较长的设计寿命作为分析周期,对于较短设计寿命的道路根据性能发展趋势,在设计寿命后实施养护维修计划,延长服役寿命至分析周期结束;

②采用较短的设计寿命作为分析周期,则将长寿命道路的剩余服役寿命视为残余价值进行处理。

产品的系统边界界定同样是生命周期评价中的一个重要命题。图 2-2 为 ISO 14040:2006 中提供的通用的产品系统边界的示意图。对于许多产品,包括道路,生命周期包含不同的阶段,存在着多种物质的输入与输出。图 2-2 中的实线方框代表了各种形式的过程,如施工、运输、使用等;箭头代表各种流,包括基本流和产品流。与质量衡算或物质流分析相似,虚线方框代表系统边界,即框定了生命周期的研究范围。

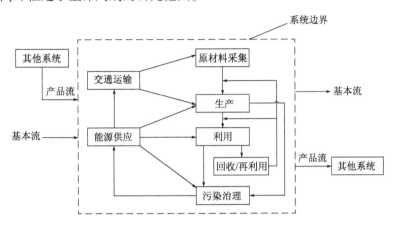

图 2-2　产品的系统边界示意图(来源:ISO 14040:2006)

从生命周期评价角度,为了提升评价结果的准确性和代表性,应该尽可能地扩大系统边界(虚线方框范围),即包括更多的过程,然而想要囊括全部活动的物质流及能量流无疑是天方夜谭。例如,我们认为施工过程纳入道路生命周期是合理的,而进一步扩展到施工机械的生产(按照施工使用时间与施工机械寿命等比例换算)似乎也是合理的,再往外延伸如施工工人清洗衣物的洗衣液消耗、项目经理的通勤费用,则无穷无尽,因此对于生命周期评价而言,设定合适的系统边界的重要性就不言而喻。

生命周期评价模型能够捕捉系统的直接影响和间接影响。一般来说,直接影响是我们所关心的过程中的活动所直接导致的影响,如施工过程的电力消耗。间接影响也是活动引发的结果,如施工过程前期的地质勘探。对于生命周期评价,需要合理地选择、清晰地展示影响因子,并且详细地解释产品系统的边界设置,以证明其合理性。

图 2-2 中的另一个重要元素是流,包括基本流和产品流。产品系统都有基本流的输入和输出。按照 ISO 14040:2006 的定义,基本流是"源于环境,进入研究系统前没有经过人为转化的物质或能量,或是离开研究系统,进入环境后不再进行人为转化的物质或能量"。而产品流是"产品从一个产品系统进入本产品系统或离开本产品系统而进入其他产品系统"。生命周期评价的对象可能是分层级的,如道路的使用阶段。因此,对于高层级过程,需要将其分解为各个低层级过程。对于生命周期评价研究,单元过程是问题研究中的输入和输出数据量化的最小元素。图 2-3 显示了某产品子系统单元过程之间的输入、输出关系。

参照图 2-3,以沥青混合料的生产为例,其生产过程包含材料生产(仅以沥青为例)、运输、加热拌和三个单元,物质和能量的输入、输出关系如图 2-4 所示。输入、输出在单元的层面上,建立与产品系统的相互作用关系。按照 ISO 14040:2006 的定义,输入是"进入一个单元过程的产品、物质或能量流",输出是"离开一个单元过程的产品、物质或能量流",二者还可能包括原材料、中间产物、副产品和排放物。中间产物是在单元之间流动的,例如沥青。

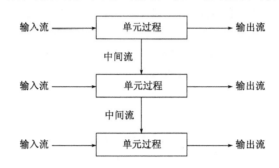

图 2-3 单元过程关系示意图(来源:ISO 14040:2006)

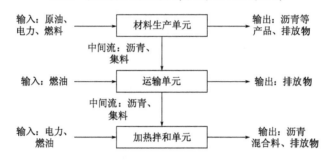

图 2-4 沥青混合料生产过程示意图

2.1.2 清单分析

生命周期评价的成果是生命周期清单,许多的生命周期评价研究往往停留在清单分析阶段而不进一步开展影响评价。生命周期清单分析涉及到每个单元过程收集有关能量流、物质流以及空气污染物排放、水和土地相关信息输入和输出数据。由于材料的多样性及阶段的动态性,道路工程的清单分析非常复杂。与其他过程相比,由于数据缺失、数据采集困难、采用不同的计算方法,运营过程的清单分析较为复杂。此外,诸多因素还会影响道路工程的清单计算,例如设计、利益相关者标准、成本、环境目标、用户行为等。

清单数据可从道路行业、数据库、环境产品声明中获取。表 2-2 列出了道路工程领域常见的生命周期评价模型与清单数据库。除了数据源,数据采集方法不同、数据的时效性不同都会影响沥青路面的清单数据,从而可能会导致基于生命周期评价结果的决策偏差,甚至会导致很难准确比较不同沥青路面生命周期评价结果。

所以标准 ISO 14040:2006 指出:绝对精确不是 LCA 的必要要求,但是必须承认不确定性存在,也必须对公众指出信息存在不确定性。标准中虽然明确了不确定性的重要性,但是并没有提供具体、翔实、可操作的不确定性评价方法。在道路 LCA 中亦是如此。资料的差异性、缺乏科学并普适的数据收集方法、数据缺失,被认为是清单分析面临的严峻问题。鉴于此,在开展道路生命周期评价时应当谨慎、合理地基于研究目标及范围选择相关模型与数据库。

道路工程领域常见生命周期评价模型与清单数据库　　　表2-2

开发者	模型/数据库	描述
Mroueh 等[1]	基于 Excel 的 LCI 分析程序	基于 Excel 的 LCI 道路施工分析程序,用于表征建筑材料
Stripple[2]	道路生命周期评价模型	基于 Excel 开发,由用于输入和输出数据的许多工作表建立。道路模型包括建设、运营和维护,清单分析包括资源使用、能源参数以及 CO_2、NO_x 和 SO_2 基本排放量
Birgisdottir 等[3]	ROAD-RES 模型	基于 C++ 和 Paradox 数据库,用于道路建设和废物焚烧中的残留物处理
Hoang 等[4]	ERM/GRM 模型	该模型可计算道路的初始建设、运营和维护过程中筑路材料的使用量、能源的消耗量和污染物的排放量。ERM 是环境负荷的列表,GRM 是环境影响的评估
Huang 等[5]	基于 Excel 的模型	基于 Excel 中电子数据表的 LCA 模型,用于估算和显示库存结果。共有五个电子表格:工艺参数、路面参数、单元列表、项目列表和特性结果
Wayman 等[6]	asPECT	用于计算沥青路面的温室气体排放量
Huang 等[7]	CHANGER	为道路建设和修复项目量身定制的 GHG 计算工具
Santos 等[8]	道路管理 LCA 工具	基于西班牙背景的道路 LCA 工具,包括六大模块,可输出七类环境影响
Green Design Institute of Carnegie Mellon University[9]（卡内基梅隆大学绿色设计研究所）	经济投入-产出生命周期评价模型（EIO-LCA）	估算了经济活动所需的材料和能源,以及由此产生的环境污染物排放量

2.1.3　影响评价

生命周期清单与生命周期影响评价(Life Cycle Impact Assessment,LCIA)有很大的区别。影响评价的目的是基于清单分析,评估潜在的环境影响并估算所使用的资源。与其他领域研究一样,能耗和温室气体排放是道路生命周期评价研究中最常用的环境影响评估指标。在道路生命周期评价研究中,影响指标的选择取决于哪些指标更容易理解,哪些指标与研究目标更相关。然而,目前有关影响指标的选择仍缺乏统一标准和支撑,并且生命周期评价工具或方法无法考虑全部影响因素。

生命周期影响评价分为三步:影响类别的选择、分类(生命周期清单结果的分配)和表征。生命周期影响评价有两种方法,即中点方法和终点方法。中点方法是一种面向问题的方法,着眼于潜在的压力源,包括全球变暖潜能(Global Warming Potential,GWP)、空气酸化、富营养化、光化学臭氧生成等。中点方法下又派生了各种方法,例如莱顿大学环境科学中心基线方法、工业产品环境设计 EDIP 97 方法、EDIP 2003 方法和 IMPACT 2002+ 方法等[10]。终点方法侧重于压力源的影响,包括气候变化、对人类健康的影响以及对生物多样性的影响等,例如 Eco-indicator 99 和 IMPACT 2002+[10]。

关于生命周期清单分析和环境影响评价,将在第3章详细讨论。

2.1.4 解释与说明

如图 2-1 所示,解释与说明阶段与其他三个阶段是迭代进行的,由于许多研究止步于生命周期清单分析,多数讨论和案例都和解释与说明生命周期清单结果有关,但是同样类型的解释与说明也适用于影响评价的结果。

解释与说明的典型任务是分析 LCA 研究结果,研判是否可以在设定的研究目标和范围下得出有效结论。最显而易见也是最重要的解释与说明任务是确定哪个(些)生命周期阶段占据生命周期清单的主导地位,进而为后续的分析指明方向。例如,某个沥青路面 LCA 研究表明材料生产阶段、使用阶段产生了较多的碳排放,而施工阶段和运输阶段的影响可以忽略不计。因此,为了有效减少碳排放,可以重点考虑采用低碳材料(如温拌技术、旧料回收利用)以及通过合适的养护规划,减少使用阶段碳排放(通过改善路况进而减少车辆燃油消耗与碳排放)。

假设研究目标是比较两类产品,并评估哪类产品的生命周期碳排放更少;而生命周期清单结果显示两类产品的碳排放基本一致(例如仅相差 1%),那么考虑到 LCA 研究中掺杂的各类不确定性因素,很难科学地得出结论表明哪类产品更为低碳。基于此,研究者可以得出二者无明显差异的研究结果,或者修改 LCA 研究的前序阶段,例如调整系统边界,重启研究。

敏感性分析是解释与说明的常用手段。敏感性分析可以帮助研究者定性考察研究结果是否因参数变化而波动。同样以两类产品比较为例,初步的研究结果表明产品 A 和产品 B 的生命周期碳排放大体相同,则敏感性分析可能显示一些参数的变化导致产品 A 的碳排放低于产品 B,抑或相反。后两种结果显然与原始结论存在定性差别,所以敏感性分析非常重要,它能够清晰表明存在某个(些)变量,其取值变化将改变 LCA 研究结论。在评价与比较 LCA 结果时,研究者常常采用"20% 原则"来检验结果差异。即两个 LCA 结果的差异只有大于 20% 才被认为存在显著差异,尽管 20% 这一数值背后并没有详细的定量论证支撑。敏感性分析的启发性做法应用普遍,因为其粗略地表达了 LCA 研究中存在的不确定性;通过设定 20% 这一强制性的差异下限,我们能够将一些差异相对较小的研究结果判定为并不存在显著差异。对 LCA 结果可靠性的分析将在第 4 章详细讨论。

此外,解释与说明还可以作为对研究目标和范围的一个额外检验,检验系统边界的合理性。例如,尽管 ISO 标准鼓励研究的系统边界涵盖整个生命周期阶段,但是并没有规定每个 LCA 研究都要涵盖所有的阶段。研究者可以将对沥青路面生命周期的研究设定为仅关注生产阶段(从摇篮到大门)或者使用阶段,并对其合理性进行阐释。基于此,解释与说明的结果能够在研究内部权衡研究目标的合理性。如果可以得到一个(合理的)结论,则系统边界可以维持原样;反之,则应考虑扩大系统边界。

无论如何,解释与说明的目的是提高 LCA 研究的质量,尤其是提升基于定量 LCA 结果而给出的一些建议的质量。

2.2 道路生命周期评价模型

ISO 标准体系提供了生命周期评价的方法论,需要针对不同的研究对象设计相应的生命周期评价模型。具体到道路生命周期评价,Santero 等[11]将道路生命周期评价系统边界分为 5

个阶段,分别是材料生产阶段、施工阶段、使用阶段、维护阶段和生命周期末期阶段。每个阶段都会对环境产生直接影响。

对于道路生命周期评价模型,在不同的研究中,主要评价环节(即 ISO 标准的过程)术语存在多样性,如"模块""单元""阶段""过程""组分"等。为了保持一致性,本书统一采用"阶段"以描述道路生命周期评价中的主要分析对象。

道路生命周期评价模型也有不同的阶段分类,主要差异在于各个阶段的边界定义不一致,如有单独把拥堵作为独立阶段[12],也有把拥堵包括在各个阶段当中。值得庆幸的是,目前业界对道路生命周期评价系统边界的划分较为统一。为了便于讨论,本书综合现有的各种阶段分类,将道路生命周期按照时序,分为 5 个阶段,分别为:材料生产阶段、施工阶段、养护阶段、使用阶段以及生命周期末期阶段,如图 2-5 所示。值得注意的是,在上述 5 大阶段中,实际上还隐含了 2 个阶段,分别是运输阶段和拥堵阶段。这两个阶段与其他阶段关系密切,如施工阶段涉及筑路材料的运输,养护阶段因车道封闭而造成过往交通的拥堵。虽然运输阶段和拥堵阶段没有作为独立阶段单独体现在道路生命周期评价模型中,但是下文仍将分别对其进行分析。

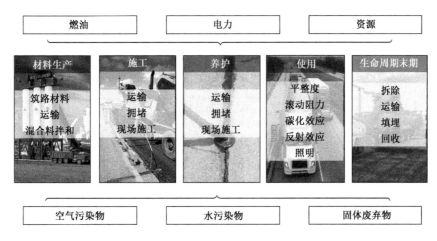

图 2-5　道路生命周期评价模型

2.2.1　材料生产阶段

材料生产阶段,也称为物化阶段,即描述道路筑路材料生产过程中的环境影响,包括从筑路材料的提取到离开生产商的大门,即"从摇篮到大门"。材料生产阶段被视为道路生命周期评价模型中最重要的阶段之一,也有许多研究仅关注材料生产阶段,例如 Butt 等研究了沥青和改性剂材料的生产能耗[13],Tatari 等比较了热拌沥青混合料和温拌沥青混合料能耗和有效能的差异[14](有效能指理论上可以转化为任何其他能量形式的能量,或者说,是以热力学平衡环境为基准,通过可逆变化可以转化为有用功的能量)。材料生产阶段的清单计算如式(2-1)所示:

$$E_{\mathrm{mp}} = \sum_{i=1}^{n} E_i \times M_i \qquad (2\text{-}1)$$

式中,E_{mp} 为材料生产阶段环境负荷清单(能耗、碳排放等);n 为所有材料的数目;E_i 为第

i 类材料的环境负荷因子(生产单位质量材料的环境负荷);M_i 为第 i 类材料质量。

通过式(2-1)可知,准确计算材料生产阶段的环境清单依赖于各类材料质量 M 和对应的环境负荷因子 E。前者计算相对容易,而后者则并不统一。根据 Santero 等[15]的调研(图 2-6),水泥生产的能耗强度范围为 4.6~7.3MJ/kg,沥青生产的能耗强度范围为 0.7~6.0MJ/kg。

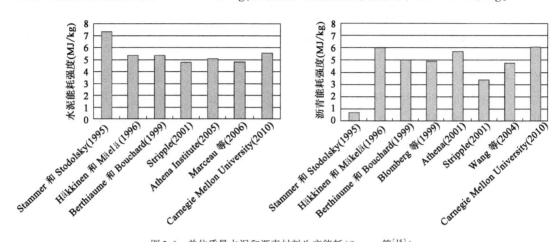

图 2-6 单位质量水泥和沥青材料生产能耗(Santero 等[15])

如此之大的差异并不令人吃惊,因为系统边界的差异、生产工艺的不同、依赖于局部区域的生产流程等诸多因素都会导致计算结果的波动。此外,对于沥青材料,环境影响依赖于不同化工产品之间的分配,如汽油、柴油、塑料等,环境负荷清单分配方式的不同同样使得计算结果差异甚大。

沥青是炼油行业的产品,而炼油行业是一个典型的多产品系统。沥青作为道路的重要材料,其环境负荷十分显著,采用不同的分配方式将显著影响清单数据。欧洲沥青协会(European Bitumen Association,EBA)发布的 *Life Cycle Inventory:Bitumen*[16]中,对沥青生产的各个阶段采用了不同的分配方式。

沥青分配说明

分配过程:对于多产品系统,分配是在目标产品和其他一个或多个产品之间对整个产品系统的输入输出流进行划分的过程。

产品系统:沥青是原油精炼过程的副产品。为了评估其环境影响,必须确定一种方法来评估在沥青和其他副产品(液化石油气、汽油、煤油、瓦斯油、重质燃料油等)之间分配生产链的环境影响。

分配目的:分配目的是确定合适的参数,以便将所研究系统的输入和输出分配给目标产品,即沥青。

分配方法:按照 ISO 14040:2006 和 ISO 14044:2006,可采用不同的方法来执行分配过程。优先考虑基于物理量(例如基于质量、热值等)的分配,否则,考虑基于经济价值的分配。

沥青生产清单分配过程:

①原油开采:清单数据按照石油当量(能量)分配。

②运输:未提及。

③精炼:在2011年发布的版本中按照经济价值分配,在第三版(2020年)中遵循ISO标准,采用沥青和原油加热所需能量分配。这导致了前者沥青生产的 CO_2 equivalent 排放为189kg/t,后者则为150kg/t。

④沥青存贮:按照质量分配。

分配案例

案例背景:某一产品系统的输入输出如图2-7所示,包含产品A和B,试分别进行 CO_2 排放的清单分配。

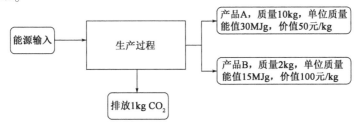

图2-7 某产品系统生产过程示意图

物理量分配:

按照质量分配:产品A分配的 $CO_2 = 1 \times \dfrac{10}{10+2} = 0.833(\text{kg})$

$\qquad\qquad$ 产品B分配的 $CO_2 = 1 \times \dfrac{2}{10+2} = 0.167(\text{kg})$

按照能值分配:产品A分配的 $CO_2 = 1 \times \dfrac{10 \times 30}{10 \times 30 + 2 \times 15} = 0.909(\text{kg})$

$\qquad\qquad$ 产品B分配的 $CO_2 = 1 \times \dfrac{2 \times 15}{10 \times 30 + 2 \times 15} = 0.091(\text{kg})$

按照经济价值分配:产品A分配的 $CO_2 = 1 \times \dfrac{10 \times 50}{10 \times 50 + 2 \times 100} = 0.714(\text{kg})$

$\qquad\qquad\quad$ 产品B分配的 $CO_2 = 1 \times \dfrac{2 \times 100}{10 \times 50 + 2 \times 100} = 0.286(\text{kg})$

对于道路工程常用的材料碳排放数据,刘圆圆[17]在其博士论文中,梳理和总结了常用道路建材的碳排放因子,如表2-3所示。

常用道路建材碳排放因子　　　　　　　　　　表2-3

序号	材料类型	单位	碳排放(kg)	数据源	资料代表性
1	木材	kg	0.026	CLCD数据库[18]	国内生产平均水平
2	热轧钢材	t	3755	文献[19]	行业平均
3	冷轧钢材	t	4524	文献[19]	行业平均
4	中小钢材	t	3589	文献[19]	行业平均
5	型钢	t	4339	文献[19]	行业平均
6	线材	t	3551	文献[19]	行业平均

续上表

序号	材料类型	单位	碳排放(kg)	数据源	资料代表性
7	铁	t	2500	文献[20]	行业平均
8	铸铁管	t	1810	CLCD数据库[18]	国内生产平均水平
9	油漆	kg	3.6	文献[21]	行业平均
10	热熔型标线漆	kg	2.6	文献[21]	行业平均
11	高密度聚乙烯	kg	0.569	CLCD数据库[18]	国内生产平均水平
12	橡胶	kg	0.098	CLCD数据库[18]	欧洲生产平均水平
13	聚氯乙烯塑料	kg	1.39	CLCD数据库[18]	国内生产平均水平
14	水泥(P·I52.5)	t	1041.56	文献[22]	行业平均(新型干法)
15	水泥(P·O42.5)	t	920.03	文献[22]	行业平均(新型干法)
16	水泥(P·S32.5)	t	677.68	文献[22]	行业平均(新型干法)
17	石油沥青	t	174.24	欧洲沥青协会[16]	欧洲行业平均
18	改性沥青	t	295.91	欧洲沥青协会[16]	欧洲行业平均
19	乳化沥青	t	221	文献[23]	行业平均
20	青(红)砖	kg	0.14	文献[20]	国内生产平均水平
21	生石灰	kg	0.8	CLCD数据库[18]	国内生产平均水平
22	粉煤灰	kg	0.084	CLCD数据库[18]	国内生产平均水平
23	矿粉	t	84.4	CLCD数据库[18]	国内生产平均水平
24	碎石/砂	m³	3	文献[24]	行业平均

注:表中的碳排放为每单位材料的对应的碳排放

道路工程的建设与养护主要面向对象是面层和半刚性基层,涉及的主要筑路材料包括沥青类材料(含改性沥青、乳化沥青等)、水泥、石料和其他少量改性添加剂。由于生产技术的进步和资源来源的变动等原因,各种筑路材料的单位生产能耗会发生动态变化。因此,表2-3仅供参考(实际上表2-3的部分数据与其他文献的数据也存在较大差异),在进行具体计算时,需要详细地提供各种筑路材料单位生产能耗的计算方法或者基础数据源,以保证计算结果的透明性。

2.2.2 运输阶段

运输阶段即描述通过公路、铁路、水路或组合运输方式,筑路材料运输所产生的环境影响。可通过式(2-2)计算相应燃料消耗和尾气排放等:

$$E_{\text{transportation}} = \sum_{i=1}^{n} u_i \times d_i \times C_i \qquad (2-2)$$

式中,$E_{\text{transportation}}$为运输阶段环境负荷清单;$u_i$为运输第$i$类材料环境负荷;$d_i$为第$i$类材料的运输距离;$C_i$为运输单位距离和质量的第$i$种材料的环境负荷因子。

运输阶段为材料生产阶段、施工阶段、养护阶段和生命周期末期阶段提供支持。现有不同的模型可以计算运输阶段的环境负荷清单,如美国阿贡国家实验室开发的"Greenhouse Gases,

Regulated Emissions, and Energy Use in Transportation(GREET V1.5)"[25]模型,以及美国环境保护署(Environmental Protection Agency, EPA)开发的"Motor Vehicle Emission Simulator(MOVES)"模型[26]等。

2.2.3 施工与养护阶段

道路施工与养护阶段的环境负荷清单计算较为简单。参照杨博的研究[27],可将道路施工能耗量化计算方法分为实测法、理论法和定额法,如表2-4所示。

施工与养护阶段环境负荷清单计算方法　　　　表2-4

计算方法	计算原理	计算关键/流程	优缺点
实测法	以某个特定生产工艺流程能耗的实测资料为基础,在具体工程中,根据实际使用的生产设备及其运转状况,测定单位产量能耗	以设备能耗平均值为核心,其关键在于合理获取平均值	考虑了不同生产设备、生产商、设备运转等实际情况,计算结果比较准确,但仅局限于特定的工程,适用范围有限
理论法	以生产设备的标准参数为依据,计算其在标准工况下的能耗。在资料缺失的情况下,理论法也可以采用相关行业单位产量能耗的平均值作为代表值,用于能耗的量化计算	以理想状况下设备参数为核心,其关键在于设备参数的获取及量化计算	充分考虑了行业的普遍情况,具有一定的代表性,尤其在目前国内相关统计资料缺失的情况下,具有较好的适应性,但具体到某一特定情况,可能会出现高估或低估等误差
定额法	以《公路工程预算定额(上、下册)》(JTG/T 3832—2018)和《公路工程机械台班费用定额》(JTG/T 3833—2018)为依据	首先,根据预算定额规定的施工工艺流程,确定单位产量的机械台班数量;然后,根据机械台班费用定额规定的机械设备单位台班能耗参数,确定能耗总量;最终,计算得到单位产量的能耗	采用现代管理技术建立的一套系统、完整的量化体系,由国家权威部门管理和完善,具有较高的权威性、稳定性和实效性,但仅适用于定额中规定的机械设备的能耗计算

根据表2-4,实测法考虑了不同生产设备、生产商、设备运转等实际情况,计算结果比较准确。如果能够通过调研获得大量现场数据,则生命周期评价可充分保证施工阶段环境负荷清单的计算精度。

对于理论法,施工和养护阶段的环境负荷主要源于施工和养护现场使用的施工设备。由于施工机械的燃料消耗是该阶段温室气体排放的主要来源,因此在这一阶段仅考虑压实机、摊铺机、铣刨机等施工设备的燃料消耗(对于施工和养护行为导致对过往交通的干扰,在拥堵阶段考虑)。则施工阶段的环境负荷清单计算如式(2-3)所示:

$$E_{\text{construction}} = \sum_{i=1}^{n} C_i \frac{Q_i}{q_i} i \qquad (2-3)$$

式中,$E_{\text{construction}}$为施工和养护阶段环境负荷清单;C_i为设备i的排放因子;Q_i为设备i需完成的工作量;q_i为设备i油耗系数。

对于施工和养护阶段的环境负荷清单,常用的工具为美国环境保护署开发的NONROAD非道路移动源计算模型。该软件可以通过输入污染物排放参数,对施工和养护机械设备一定时间内的污染物排放量进行计算。NONROAD非道路移动源计算模型已广泛应用于各种类型施工过程的能耗与排放计算,且取得了较好的效果,但是我国在运用该模型的时候,需要进行排放标准的转换。

NONROAD 模型内嵌的污染物排放参数为 2010 年美国环境保护署公布的 *Exhaust and crankcase emission factors for non-road engine modeling-compression ignition* 报告[28]。该报告重点介绍了对各设备的柴油发动机环保状况做出的一系列研究,总结了不同污染物排放的估测公式,通过查询各设备的能耗参数,可以实现施工和养护阶段的模拟能耗排放计算。

NONROAD 非道路移动源能耗计算模型如式(2-4)所示:

$$F = \text{BSFC} \times P \times \text{LF} \times H \tag{2-4}$$

式中,F 为能耗(L);BSFC 为制动比油耗,相当于在满载下每小时单位马力消耗的燃油数,此时功率为制动比油耗额定功率[L/(hp·h)],1kW = 1.34hp,可在 NONROAD 数据库查到具体数值;P 为设备功率(hp);LF 为负荷因子,为实际功率与额定功率之比;H 为工作时间(h)。

NONROAD 非道路移动源污染物排放量计算模型如式(2-5)所示:

$$E = R \times P \times \text{LF} \times H \tag{2-5}$$

式中,E 为污染物排放量(g);R 为排放率[g/(hp·h)];其他参数定义同式(2-4)。

对于各空气污染物,HC(碳氢化合物)、CO、NO_x(氮氧化合物)和 PM(颗粒污染物)的排放率可以从 NONROAD 数据库中得到,CO_2 和 SO_2 的排放率要通过计算得到,计算公式为式(2-6)和式(2-7):

$$R_{CO_2} = (\text{BSFC} \times 453.6 - R_{HC}) \times 0.87 \times (44/12) \tag{2-6}$$

$$R_{SO_2} = [\text{BSFC} \times 453.6 \times (1 - \text{soxcnv}) - R_{HC}] \times 0.01 \times \text{soxdsl} \times 2 \tag{2-7}$$

式中,R_{HC} 为 HC 的排放率;soxcnv 为 PM 中硫与燃料中硫的比值,取值 0.02247;soxdsl 为燃料中硫的质量百分比,取值 0.25。

为了便于计算,本书进一步参照 ROADEO[*Road emissions optimization: a toolkit for greenhouse gas emissions mitigation in road construction and rehabilitation*(道路排放优化:道路建设和改造中缓解温室气体排放的工具箱)]工具[29],总结了建造新路面的主要工作、相应的施工器械与油耗情况,如表 2-5 所示。工作量可以从工程列表中获得,对于每项工作,燃料总消耗量等于工作量乘以燃料消耗因子。

施工和养护阶段主要任务汇总　　　　表 2-5

任务	单位	设备	燃料类型	单位油耗(L)
土方工程				
清表工作	m²	推土机	柴油	0.0830
开凿	m³	挖掘机	柴油	0.1130
硬石填充	m³	挖掘装载机	柴油	0.0615
土方回填	m³	自卸车	柴油	0.0714
土方回填	m³	挖掘装载机	柴油	0.0615
土壤排空	m³	挖掘装载机	柴油	0.0308
路基准备	m²	平地机	柴油	0.0020
路基准备	m²	喷水器	柴油	0.0007

续上表

任务	单位	设备	燃料类型	单位油耗(L)
路基准备	m^2	压土机	柴油	0.0300
路堤处理	m^3	松土拌和机	柴油	0.0050
路堤处理	m^3	喷水器	柴油	0.0014
路堤处理	m^3	黏结剂撒布机	柴油	0.0003
路基处理	m^3	松土拌和机	柴油	0.0050
路基处理	m^3	喷水器	柴油	0.0014
路基处理	m^3	黏结剂撒布机	柴油	0.0003
路面工程				
粒状底基层	m^3	平地机	柴油	0.0089
粒状底基层	m^3	喷水器	柴油	0.0031
粒状底基层	m^3	土壤压实机	柴油	0.1333
路基	m^3	沥青摊铺机	柴油	0.3400
路基	m^3	沥青压实机	柴油	0.0857
基层	m^3	沥青摊铺机	柴油	0.3400
基层	m^3	沥青压实机	柴油	0.3000
面层	m^3	沥青摊铺机	柴油	0.3400
面层	m^3	沥青压实机	柴油	0.3000
黏结层	m^3	沥青洒布机	柴油	0.0300

按照定额法计算流程,本书以中粒式沥青混合料生产过程为例,详细说明定额法的计算过程。由于预算定额中以1000m^3沥青路面为计量单位,因此,根据实际路面实体土方量$V(m^3)$,柴油的发热值(表2-5),最终可以计算得到铺筑$V(m^3)$路面实体所需机械设备的总能耗,也可确定相应的碳排放。以目前沥青路面大面积施工中常用的240t/h沥青混合料拌和设备的配套摊铺和碾压设备为例,其计算过程如表2-6和表2-7所示。

铺筑1000m^3中粒式沥青混合料路面实体的机械台班及油耗 表2-6

设备		拌和设备生产能力(t/h)						油耗(kg/台班)
		30	60	120	160	240	320	
摊铺设备(摊铺宽度,m)	4.5	10.47	—	—	—	—	—	32.00
	4.5	—	7.32	—	—	—	—	42.06
	6	—	—	3.96	—	—	—	46.63
	8	—	—	—	2.79	—	—	96.69
	12.5	—	—	—	—	1.86	1.42	136.41
光轮压路机/轮胎压路机(t)	6~8	10.3	7.20	7.79	5.49	3.67	2.80	54.86
	12~15	10.3	7.20	5.84	5.49	3.67	4.19	80.92
	9~16	10.04	7.02	3.80	2.68	1.79	2.73	33.71

铺筑 $V(m^3)$ 中粒式沥青混合料路面实体的机械设备能耗计算表　　　表2-7

设备		台班 ①	柴油消耗(kg/台班) ②	累计油耗(kg) ③=①×②	累计能耗(MJ) ④=③×43.0[①]×V/1000
12.5m以内摊铺设备		1.86	136.41	253.72	10.91V
光轮压路机/轮胎压路机(t)	6~8	3.67	54.86	201.34	8.66V
	12~15	3.67	80.92	296.98	12.77V
	9~16	1.79	33.71	60.34	2.59V
所有设备总能耗(MJ)					34.93V

注:①"43.0"为柴油的燃烧热值,单位为 MJ/kg。

根据施工预算或施工计划确定的水泥沥青基层的运输设备及与之匹配的摊铺和碾压设备,按照上述方法就可以计算得到铺筑细粒式、粗粒式等其他沥青混合料,以及水泥混凝土和水稳基层过程中,各种用于运输、施工机械设备的能耗,从而可确定路基路面施工和养护过程的能耗和碳排放数值。

2.2.4 拥堵阶段

施工和养护活动导致的道路(或车道)封闭可能会引发交通拥堵,而交通延误和车辆排队会增加油耗和相关排放。因此,在拥堵阶段需考虑施工和养护行为带来的附加环境影响,计算过程中需要确定如下参数:年平均日交通量(AADT)、工作区速度限制、车道通行能力、绕行距离和车道封闭的数量等。

在拥堵情况下,造成交通延迟的模式有三种:降速延迟、工作区限速延迟和排队延迟。降速延迟是指将车辆从不受限制的上游行进速度(假定原速度为80km/h)减速到工作区速度(假定工作区限速为40km/h),以及在经过工作区后继续加速回到无限制速度(假定为80km/h)所需的额外时间。工作区限速延迟是指以较低的速度通过工作区的额外时间。排队延迟是指当道路通行能力不能满足实际车辆流量需求时,排队通过工作区的额外时间。

交通流量的变化与交通量、速度变化、行驶公里数(Vehicle Kilometer Traveled, VKT)和燃油经济性相结合,可以计算额外的燃油消耗和相关排放。由于客车、单体货车和组合货车的燃油经济性和速度分布不一致,计算时应分别考虑,具体过程如下:

$$\Delta \text{VKT}_{(a)i} = \sum_{j=1}^{24} \Delta \text{VKT}_{(a)i,j} \tag{2-8}$$

$$\Delta \text{VKT}_{(a)i,j} = T_{(a)} \cdot N_{(a)j} \cdot P_i \cdot V_{(a)} \tag{2-9}$$

式中,$\Delta \text{VKT}_{(a)i}$ 为第i种类型的车辆因降速延迟而行驶的额外公里数(km);$\Delta \text{VKT}_{(a)i,j}$ 为第i种类型的车辆在第j小时因降速延迟而行驶的额外公里数(km);$T_{(a)}$ 为由于工作区限速延迟而产生的额外行驶时间(h/辆);$N_{(a)j}$ 为第j小时降速的车辆数量(辆);P_i 为第i种类型车辆的比例(%);$V_{(a)}$ 为工作区车辆速度变化量(km/h)。

$$\Delta \text{VKT}_{(b)i} = \sum_{j=1}^{24} \Delta \text{VKT}_{(b)i,j} \tag{2-10}$$

$$\Delta \text{VKT}_{(b)i,j} = T_{(b)} \cdot N_{(b)j} \cdot P_i \cdot V_{(b)} \tag{2-11}$$

式中，$\Delta \text{VKT}_{(b)i}$ 为第 i 种类型的车辆因工作区限速延迟而行驶的额外公里数(km)；$\Delta \text{VKT}_{(b)i,j}$ 为第 i 种类型的车辆在第 j 小时因工作区限速延迟而行驶的额外公里数(km)；$T_{(b)}$ 为因工作区限速延迟而产生的额外行驶时间(h/辆)；$N_{(b)j}$ 为第 j 小时经过工作区车辆数量(辆)；P_i 为第 i 种类型车辆的比例(%)；$V_{(b)}$ 为工作区车速变化量(km/h)。

$$\Delta \text{VKT}_{(c)i} = \sum_{j=1}^{24} \Delta \text{VKT}_{(c)i,j} \qquad (2\text{-}12)$$

$$\Delta \text{VKT}_{(c)i,j} = T_{(c)} \cdot N_{(c)j} \cdot P_i \cdot V_{(c)} \qquad (2\text{-}13)$$

式中，$\Delta \text{VKT}_{(c)i}$ 为第 i 种类型的车辆因排队延迟而行驶的额外公里数(km)；$\Delta \text{VKT}_{(c)i,j}$ 为第 i 种类型的车辆在第 j 小时因排队延迟而行驶的额外公里数(km)；$T_{(c)}$ 为由于排队延迟产生的额外行驶时间(h/辆)；$N_{(c)j}$ 为第 j 小时经过工作区车辆数量(辆)；P_i 为第 i 种类型车辆的比例(%)；$V_{(c)}$ 为排队时车速变化量(km/h)。

第 i 种类型的车辆行驶的额外公里数(ΔVKT)是上述三类独立的额外 VKT 之和，如式(2-14)所示。额外的燃油消耗量(ΔFC)可通过式(2-15)计算。将额外的燃料消耗与能源消耗和空气污染物排放因子相结合，就能评估其造成的环境影响。对于本研究中的每个设计方案，将以上结果乘以施工和养护活动的窗口工作计划，即可对道路拥堵阶段的总体环境影响开展评估。

$$\Delta \text{VKT}_i = \Delta \text{VKT}_{(a)i} + \Delta \text{VKT}_{(b)i} + \Delta \text{VKT}_{(c)i} \qquad (2\text{-}14)$$

$$\Delta \text{FC}_i = \frac{\Delta \text{VKT}_i}{\text{FE}_i} \qquad (2\text{-}15)$$

式中，ΔVKT_i 为第 i 种类型车辆总的额外行驶公里数(km)；ΔFC_i 为第 i 种类型车辆额外燃油消耗量(L)；FE_i 为第 i 种类型车辆的燃油经济性(km/L)。

根据拥堵阶段的计算思路，需要计算出车辆减速、通过工作区限速以及因为车道封闭等造成的排队而产生的能源消耗和空气污染物排放等。上述参数的估算可以利用 VISSIM、QUEWZ 或者 QuickZone 等工具。

另一个重要参数施工窗口计划，可以通过施工计划确定，或者使用计算软件(如 CA4PRS[30])计算得到。

2.2.5 使用阶段

相较于其他模块，使用阶段建模更为复杂。广义而言，使用阶段的目标是路面开放交通后所有发生在路面的活动。众多因素影响使用阶段，目前在道路 LCA 研究中主要考虑的因素包括：路面平整度、路面结构特性、路面反射效应、城市热岛效应、碳化效应、照明、沥滤物等。

(1) 路面平整度

随着路面的劣化，其表面平整度会不断下降。路面不平整可能会影响车辆的运行，使车速降低、燃油消耗量增加以及车辆运行成本提高等。粗糙度通常使用国际平整度指数 IRI 来衡量，IRI 是标准车辆累计悬架运动(以米或英寸为单位)与车辆行进距离(以公里或英里为单位)的比值，因此，IRI 的常用单位是米每公里(m/km)或英寸每英里(in/mi)。

目前,已经有很多研究表明路面的平整度与运行其上车辆的燃油经济性密切相关。美国联邦高速公路局(Federal Highway Administration,FHWA)在内华达州开展的 Westrack 项目中,测试了平整度对货车燃油经济性的影响,结果发现:IRI 从 2.4m/km 降至 1.2m/km,燃油经济性提高了 4.5%[31-32]。而美国国家沥青技术中心(National Center for Asphalt Technology,NCAT)在亚拉巴马州的环道项目也发现:IRI 从 1.08m/km 变为 1.18m/km,燃油消耗量增加 2%[32]。此外,Yu 和 Lu[33]通过采集 32 个路段 8 年的资料,发现路面平整度每增加 1m/km,路段平均车速降低 0.84km/h。降低的车速可以转化为燃油消耗量的增加。

上述的研究一致认为燃油消耗量与路面平整度呈现正相关关系,但是二者的回归系数却尚未明确。实际上,还有许多外部因素会对燃油消耗产生影响,如风速、温度、轮胎花纹和接地压力等。此外,由于路面平整度影响了汽车行进的滚动阻力,而滚动阻力只是车辆受力的一部分,车辆受力还包括风阻力、上坡的重力分量、惯性力等,因此很难量化其对燃油消耗的影响。

因此,公路部门面临着一个有趣的问题:在进行养护活动后,是否可以通过减少在平整道路上车辆的燃油消耗抵消来自养护活动的环境负荷。图 2-8 示意三种不同沥青路面设计方案(对应三个交通量)在 40 年生命周期内的 IRI 发展情况[34]。在 IRI 接近临界值时,实施养护活动,使得 IRI 值恢复至初始水平。

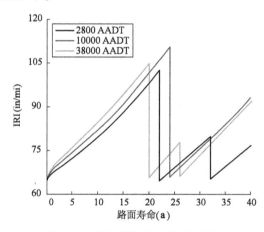

图 2-8　三种沥青路面 IRI 发展示意图

(2)路面结构特性

路面结构同样会对车辆燃油经济性产生影响。其基本原理是:柔性路面弯沉较大,则轮胎需要克服更大的变形以维持行车速度。加拿大国家研究委员会(National Research Council,NRC)地面运输技术中心和加拿大波特兰水泥协会进行了一项多阶段研究,以评估路面类型对燃油消耗的影响。研究的第二阶段发现对于满载牵引车半挂车,在 60km/h、75km/h 和 100km/h 的速度下,沥青路面的燃油消耗比水泥混凝土路面分别高出 6%、8% 和 11%[35]。

后续对资料进行的更为严格的统计分析表明[36]:在 100km/h 的速度下,车辆在沥青路面比水泥混凝土路面燃油消耗高出 4.1%~4.9%;在 60km/h 的速度下,车辆在沥青路面比水泥混凝土路面燃油消耗高出 5.4%~6.9%。类似的结论同样适用于复合路面(水泥混凝土路面上加铺沥青层)。在 100km/h 的速度下,车辆在复合路面比水泥混凝土路面燃油消耗高出 2.7%~3.2%;在 60km/h 的速度下,车辆在复合路面比水泥混凝土路面燃油消耗高出 3.6%~

4.6%。然而,比较复合路面和沥青路面,发现车辆在两种路面上燃油消耗在95%置信区间内并无显著差异。还有类似的一系列基于现场试验的研究可以揭示路面结构与燃油经济性的相关性,如 Ardekani 和 Sumitsawan、Bienvenu 和 Jiao 以及 Hultqvist 的研究[37-39]。

上述研究为这种现象提供了一些有益的见解,即路面结构可能会影响车辆燃油消耗量,具体取决于路面类型和结构。然而,这些研究仅提供了路面类型的一般描述,没有从路面力学响应特性角度出发进行研究,从而导致这些研究的结果难以描述所有路面类型和结构的燃油经济性。因此,需要基于力学的方法来评估路面结构响应与相关车辆燃油消耗之间的关系。

因为路面结构响应产生的附加滚动阻力的力学描述存在两种不同的方法:耗散能方法[40-41]和基于路面弯沉的方法[42]。从理论上讲,这两种方法可以得到相同的结果。Loughalam 等[43]建立车路相互作用(Pavement Vehicle Interaction,PVI)理论模型,提供了一种定量评估路面特性(例如路基模量、路面厚度、刚度和黏度)和气候条件对车辆燃油消耗的影响的方法。利用建立的三种燃油消耗模型,Coleri 等[44]预测了美国加利福尼亚州17个现场路段,在车辆荷载作用下沥青路面材料黏弹性变形引起的路面结构响应能量消耗。结果表明模型预测趋势一致,但结果差异较大。

PVI 对路面损伤和车辆滚动阻力的影响仍在研究中。对于 PVI 研究结果,建议进行敏感性分析,以评估影响使用阶段计算的关键变量和模型。

(3) 路面反射效应

当太阳短波辐射到达路面时,有可能被路面吸收,或者作为长波辐射反射回大气中。可以用反射率这一参数表征物体表面反射辐射的程度,范围从0(完全吸收)到1(完全反射)。就道路工程而言,反射率较高的路面意味着减少了地球表面吸收的太阳辐射量,进而缓解了城市热岛效应(这可能导致城市地区用电量增加),有助于缓解温室效应。

作为一种表面覆盖物,道路可以将一部分入射的太阳辐射反射回大气中,从而调整全球能量平衡。反射率可以调整地球表面的辐射强迫(Radiative Forcing,RF),其效果可以转化为碳排放削减。Akbari 等[45]和 Santero 等[46]估计由于辐射强迫的增加,反射率每增加0.01,每平方米可以抵消2.55~4.90kg 二氧化碳排放。这表明在道路工程广泛使用高反射率路面材料可以成为缓解温室效应的潜在方法。值得注意的是,辐射强迫抵消的二氧化碳排放仅提供一次性效益,应在路面的整个生命周期内进行平均,其计算见式(2-16):

$$m_{CO_2} = \sum_{n=1}^{N} 100 \times (\alpha_{new}^n - \alpha_{ref}) \times f_{RF} \times A \tag{2-16}$$

式中,m_{CO_2} 为抵消的 CO_2 的当量(kg);α_{new}^n 为直至下一次道路表面维护的周期平均反射率;α_{ref} 为基准反射率,路面改建时可使用旧路面的反射率,在各个对象互相对比时,也可采用表面的最小反射率;f_{RF} 为 CO_2 抵消常数($kgCO_2/m^2$);A 为道路表面面积(m^2);N 为道路表面处治次数。

根据式(2-16),计算辐射强迫相关二氧化碳补偿或增益所需的清单参数,包括道路表面类型、路面生命期间的反射率范围(如果是源于施工阶段,则止于下一次表面处治),以及道路表面面积和处治次数。

(4) 城市热岛效应

城市热岛效应(Urban Heat Island,UHI)是指城市地区和周围农村地区之间的温差,由多种因素引起。城市热岛效应通过增加夏季空调峰值能源需求、影响电网可靠性、影响空调成本、空气污染物和温室气体排放、与热相关的疾病和死亡增加以及影响水质等方式影响城市[47]。

在这些影响因素中,增加建筑物的能源使用,能够量化城市热岛效应产生的间接影响[48],并作为生命周期评价的一部分。然而,在城市环境中,由于地表异质性和城市冠层的复杂物理特性,城市热岛效应的形成与地表类型之间的关系非常复杂。目前,还较少有道路生命周期评价涉及城市热岛效应。

(5) 碳化效应(Carbonation)

碳化效应是指二氧化碳在混凝土中被重新吸收的过程,二氧化碳与氢氧化钙和水反应生成碳酸钙。碳化程度取决于混凝土表面暴露在空气中的程度、湿度和混凝土的渗透性。氢氧化钙吸收二氧化碳的速率很难确定。根据混凝土的化学成分、结构尺寸和周围环境,碳化过程可能需要数年到数千年才能完成。基于假设,混凝土的碳化可以使用菲克第二扩散定律描述:

$$d_C = k\sqrt{t} \tag{2-17}$$

式中,d_C 为碳化深度(mm);k 为碳化速率系数($mm/\sqrt{a}$);t 为时间(a)。

根据 Lagerblad 的研究[49],碳化速率系数范围为 $0.5 \sim 15 mm/\sqrt{a}$,具体取决于混凝土强度等级和暴露类型。

碳化深度 d_C 是指混凝土中的钙与大气中二氧化碳可能结合的深度。然而,混凝土中并非所有的钙都会与二氧化碳结合,结合率约为 75%[50]。通过碳化效应固结的二氧化碳质量计算见式(2-18):

$$m_{CO_2} = d_C \times A \times \rho_{concrete} \times m_{cement/concrete} \times \frac{M_{CO_2}}{M_{CaO}} \times \varepsilon \tag{2-18}$$

式中,m_{CO_2} 为碳化固结的二氧化碳质量(kg);d_C 为碳化深度(mm);A 为道路表面面积(m^2);$\rho_{concrete}$ 为混凝土密度(kg/m^3);$m_{cement/concrete}$ 为水泥在混凝土中的质量比;M_{CO_2} 为 CO_2 的摩尔质量(g/mol);M_{CaO} 为 CaO 的摩尔质量(g/mol);ε 为 CO_2 与 CaO 的结合率。

(6) 照明

道路照明需要消耗电能。当路面类型本身影响照明需求时,应该考虑照明作为生命周期评价的一部分。尤其是当道路生命周期评价的预期目标是比较两类路面的照明需求,照明则应该成为使用阶段评价的主要对象。类似于反射率,不同路面的光反射率不同。材质类型、龄期、集料选择和其他因素会影响反射率,从而影响道路照明功率。

在进行道路路面照明设计时,路面的平均亮度和亮度均匀度是所有指标考虑和计算的基础,而上述两项指标又与道路路面反射特性紧密相关。根据国际照明委员会(Commission on Illumination,法语简称为 CIE)的规定,道路照明设计中针对路面反射特性,主要是依靠在计算其他参数的时候将亮度衰减系数表格即标准 r 表纳入考虑。

长期以来,道路一直根据其反射可见光的能力进行分类。依照 CIE 的规定,将干燥路面表层根据试验实测的平均亮度系数 Q_0 和镜面反射因子 S_1 划分为 R、N、C 类。R 类标准是荷兰等国家采用的分类方式,N 类标准是丹麦等国家采用的分类方式,C 类标准则是由 CIE 在 1984

年联合技术报告《道路表面与照明》中提出。针对我国道路,由于缺乏 N 类数据,计算时一般采用 R 类和 C 类。

R 类主要分为四个等级,即 R1、R2、R3、R4,它们具有截然不同的平均亮度系数 Q_0 和镜面反射因子 S_1。通常,混凝土路面分类为 R1,而沥青路面分类为 R2 或 R3。根据这一假设,美国国家公路与运输协会(American Association of State Highway and Transportation Officials,AASHTO)设计指南提出,相较于水泥混凝土路面,需要增加33%～50%的光照才能满足照明需求。在 Häkkinen 和 Mäkelä[51]、Stripple[52] 的道路生命周期评价研究中,包括了照明因素。根据 Häkkinen 和 Mäkelä 的研究,在 50 年的分析期间,路面之间的照明电力需求差异为 2.6GJ。这相当于路面生命周期内能耗的10%～23%,具体取决于路面材料。

路面生命周期评价应包括照明需求,因为它可能是路面生命周期能耗的重要贡献者。然而,此类研究还应考虑到这样一个事实,即照明技术随着时间的推移变得更加高效,因此照明对生命周期能耗的相对贡献可能会随着时间的推移而减少。此外,还建议路面生命周期中的任何照明能源需求计算,应明确其计算中假设的照明技术类型,以便在适当的背景下解释结果[47]。

(7)沥滤物

道路在服役周期内可能对周边水体和土壤释放沥滤物,包括路表径流和道路旧料填埋两种途径。使用固废材料,如钢渣等,可能会造成沥滤物风险。一般而言,大多数路面材料不会渗滤到水中,尽管它们可能会影响水的 pH 值,对于沥青路面有时还会影响多环芳烃(PAH)聚集程度。

目前,很少有道路生命周期评价研究考虑沥滤物的影响,Mroueh 等[1]所进行的研究是为数不多的考虑道路沥滤物对环境影响的道路生命周期评价研究。鉴于这一研究领域的不确定性,很难在生命周期评价研究范围内定量地、以可接受的不确定性水平纳入沥滤物因素。

道路生命周期的使用阶段包括路面运行时发生的一切,并受路面的结构和材料特性及其表面特性的影响。与道路生命周期评价相关的使用阶段可能考虑的因素包括滚动阻力、平整度、反射率、碳化效应、照明和沥滤物,具体包含哪些因素取决于研究的目标和范围。

Harvey 等[53]总结了道路生命周期评价使用阶段的因素、相关输入和输出需求等信息,如表 2-8 所示。

道路生命周期评价使用阶段相关模型与参数 表 2-8

使用阶段因素	相关输入参数	能耗/排放模型	清单数据
车辆油耗	①交通量、组成与增长率; ②车速分布及平整度、纹理的影响; ③各种车型燃油经济性; ④路面类型; ⑤道路功能分类与几何设计参数; ⑥平整度、纹理模型; ⑦材料和结构能量耗散特征	道路相关的阻抗模型: ①平整度能耗/排放模型; ②纹理能耗/排放模型; ③结构能耗/排放模型	路面特性和结构响应变化引起的车辆油耗和排放变化

续上表

使用阶段因素	相关输入参数	能耗/排放模型	清单数据
路面反射效应	①路面材料反射率演变；②道路表面面积	单位反射率改变引起的路面反射效应改变	路面反射率变化引起的二氧化碳减排或增加
城市热岛效应	①路面材料反射率演变；②太阳辐射；③渗透率；④导热系数；⑤辐射系数；⑥热容；⑦空调使用电耗；⑧历史温度；⑨气候数据和反射率对温度的影响	①城市冠层模型,用于确定路面热力学参数与城市能源消耗(空气温度)的相互关系；②建筑能耗与温度的关系	能源使用变化及使用时间(峰值、非峰值等)导致的现场和发电站的排放变化
碳化效应	①路面类型和孔隙率；②温度、湿度；③水泥用量和成分	碳化率菲克第二扩散模型	二氧化碳固化
照明	①照明需求；②道路面积；③路面反射率；④总使用	技术效果	道路照明需求变化导致的电力消耗和排放量变化

尽管使用阶段在生命周期评价中非常重要,然而相关研究文献并不丰富,即使一些涉及使用阶段的研究也没有形成被广泛接受的方法论。总体看来,使用阶段的描述处于发展的初级阶段,尤其是适用于我国道路路面结构的车路作用油耗模型还未构建,仍需要大量的研究推进其发展。

2.2.6 生命周期末期阶段

道路结构服役周期达到设计寿命时,此时对原有路面结构存在三种处理方式:掩埋、回收、再利用。对于生命周期末期阶段,计算较为简单,涉及施工设备的使用和旧料运输,其计算可以参照施工阶段的相关方法实施。三种处理方式的相关信息总结如表2-9所示[53]。

生命周期末期阶段场景与参数　　表2-9

处理方式		单位(每功能单元)	包含的过程
掩埋		kg,单独回收	拆除并运输至填埋场
回收	现场	kg,回收至原项目	现场处理,一般堆积以供后续使用,回收过程涉及铣刨、破碎、筛分等
	场外	kg,回收至场外	拆除、运输并回收中心堆积
再利用		kg,再利用	拆除、运输并在回收中心堆积,现场路面处理(如碎石化)

值得注意的是,生命周期末期阶段涉及清单数据的分配问题,即末期阶段掩埋、回收或再利用过程中的环境负荷和相应的资源节约在上下游生产商中如何分配。

不同的分配方式会对生命周期清单产生一定的影响。在道路生命周期评价中,常用的分配方式包括"50/50"分配和截断分配。"50/50"分配方式将回收的效益平均分配一半给上游生产商,即一半属于原项目,将另一半分配给后续使用回收材料的项目,即下游生产商。而采用截断分配方式,上游项目不会因材料回收而获得任何益处,而下游项目(新路面施工)负责回收活动(如拆除、填埋或运输至回收中心),并享有使用再生材料的好处,比如使用再生材料可减少使用部分筑路材料。

2.3 道路生命周期评价工具

目前,业界已经开发了很多工具来协助进行生命周期评价研究,现有的生命周期评价工具可以分为两种类型:通用的商业生命周期评价工具和特定的路面生命周期评价模型。商业生命周期评价工具(如 SimaPro 和 GaBi 等)也可用于路面研究。表 2-10 列出了部分商业生命周期评价软件。

商业生命周期评价软件 表 2-10

软件	开发者	特点
Boustead	Boustead Consulting Ltd., U. K.	Boustead 是基于功能的 LCA,面向 LCA 专家、设计和环境工程师
SimaPro	PRé Consultants bv, the Netherlands	SimaPro 是基于功能的筛选和计算 LCA,适用于从"摇篮到坟墓"、寿命终止研究和其他部分 LCA 研究
GaBi	University of Stuttgart, Germany	GaBi 是基于功能的 LCA,面向 LCA 专家和相关人员
KCL-ECO	The Finnish Pulp & Paper Research Institute, Finland	KCL-ECO 为所有类型的 LCA 设计,即基于功能的筛选和核算 LCA。它适用于所有类型的用户,面向 LCA 专家、环境和设计工程师
TEAM	Ecobalan, France	TEAM 可用于所有类型的 LCA,面向 LCA 专家和环境工程师
eBalance	成都亿科环境科技有限公司,中国	eBalance 是国内首个具有自主知识产权的通用型 LCA 软件,并提供中国以及世界范围的高质量数据库支持,适用于各种产品的 LCA 分析

道路工程领域也存在一些具有代表性的生命周期评价模型,介绍如下:

(1) PaLATE/Roadprint

PaLATE 是一种 LCA 工具,用于估算与美国公路路面项目相关的环境和经济负荷[54]。PaLATE 是一个于 2003 年在加利福尼亚大学伯克利分校首次发布,并被命名为 Roadprint Online 的 Web 工具[54]。该工具遵循混合 LCA 方法,涵盖了除使用阶段以外的整个生命周期。PaLATE 会生成 12 种不同的环境参数,包括能耗、CO_2 排放量、水消耗量、NO_x 排放量、PM_{10} 排放量、SO_2 排放量、CO 排放量、汞排放量、铅排放量、RCRA(资源保护及恢复法案,Resource Conservation and Recovery Act)产生的有害废物、HTP(人类潜在毒性,Humans Toxicity Potential)致癌物质和 HTP 非致癌物质。环境产出报告为原始价值,而不是环境影响,这使 PaLATE 主要成为 LCA(而不是 LCIA)工具。除了环境评估之外,该工具还提供了一个简单的生命周期成本估算,该估算仅限于材料,不包括人工、设备租赁或使用者成本。

PaLATE 的一个重要特征是它具有生成有关回收材料的使用和现场回收过程的信息的能力,但该工具的缺点是不能提供路面性能数据[55],因此必须手动输入分析期间的所有初始构造和维护活动。此外,PaLATE 不考虑与交通相关的环境损害。

(2) ROAD-RES

ROAD-RES 是丹麦技术大学开发的模型,用于评估道路生命周期中的材料生产、建造、维护和报废阶段对环境的影响[3]。ROAD-RES 可以评估使用工业副产品(例如路面中的底灰)的影响。将道路对环境的影响分为八类,包括全球变暖潜能、光化学臭氧形成、营养物富集、酸化、平流层臭氧消耗、人类潜在毒性、生态毒性和储存的生态毒性。

(3) asPECT

asPECT 于 2009 年发布,用于量化道路生命周期中除使用阶段外沥青路面的碳足迹[6]。asPECT 有助于评估沥青路面对气候变化的影响。

(4) PE-2

PE-2 是用于在高速公路路面上实施 LCA 的一种基于 Web 的工具[56],是密歇根理工大学和密歇根州交通部共同的研究成果。该工具考虑了工作区交通拥堵情况,其目的是对高速公路路面项目的生命周期排放进行基准检验。

(5) Pavement LCA web app

Pavement LCA web app 是 Athena Sustainable Materials Institute[57]开发的基于 LCA 的网页计算软件。该软件考虑了平整度效应,已将车辆燃油消耗对环境的影响纳入其中。

该软件工具及数据库为量化和评估道路工程的环境负荷提供了便捷、高效的手段,但由于地域、系统边界、施工技术、数据有效性等差异,难以将其直接用于我国道路环境影响评估,需要对其进行本土化及修正使用。

本章参考文献

[1] MROUEH U M, ESKOLA P, LAINE-YLIJOKI J, et al. Life cycle assessment of road construction[R]. Helsinki: Finnish National Road Administration, FIN-00521 HELSINKI, 2000.

[2] STRIPPLE H. Life cycle assessment of road: A pilot study for inventory analysis[M]. 2nd Rev. ed. IVL Rapport, 2001.

[3] BIRGISDOTTIR H, BHANDER G S, HAUSCHILD M Z, et al. Life cycle assessment of disposal of residues from municipal solid waste incineration: recycling of bottom ash in road construction or landfilling in Denmark evaluated in the ROAD-RES model[J]. Waste Management, 2007, 27(8): S75-S84.

[4] HOANG T, JULLIEN A, VENTURA A, et al. A global methodology for sustainable road-application to the environmental assessment of French highway[A]. 10DBMC International Conference On Durability of Building Materials and Components[C]. Lyon(France), 2005: 17-20.

[5] HUANG Y, BIRD R, BELL M. A comparative study of the emissions by road maintenance works and the disrupted traffic using life cycle assessment and micro-simulation[J]. Transportation Research Part D: Transport and Environment, 2009, 14(3): 197-204.

[6] WAYMAN M, SCHIAVI-MELLOR I, CORDELL B. Protocol for the calculation of whole life cycle greenhouse gas emissions generated by asphalt: part of the asphalt pavement embodied car-

bon tool(asPECT):IHS[R].2013.

[7] HUANG Y,HAKIM B,ZAMMATARO S. Measuring the carbon footprint of road construction using CHANGER[J]. International Journal of Pavement Engineering,2013,14(6):590-600.

[8] SANTOS J,FERREIRA A,FLINTSCH G. A life cycle assessment model for pavement management:methodology and computational framework[J]. International Journal of Pavement Engineering, 2015,16(3):268-286.

[9] Green Design Institute of Carnegie Mellon University. Economic input-output life cycle assessment[Z/OL]. http://www.eiolca.net.[Acess Date Novementz,2022].

[10] ORTIZ O,CASTELLS F,SONNEMAN G. Sustainability in the construction industry:a review of recent developments based on LCA[J]. Construction and Building Materials,2009,23(1):28-39.

[11] SANTERO N J. Pavements and the environment:a life-cycle assessment approach[D]. State of California:University of California,Berkeley,2009.

[12] YU B,LU Q. Life cycle assessment of pavement:methodology and case study[J]. Transportation Research Part D,2012,17(5):380-388.

[13] BUTT A A,MIRZADEH I,TOLLER S,et al. Life cycle assessment framework for asphalt pavements:methods to calculate and allocate energy of binder and additives[J]. International Journal of Pavement Engineering,2014,15(4):290-302.

[14] TATARI O,NAZZAL M,KUCUKVAR M. Comparative sustainability assessment of warm-mix asphalts:a thermodynamic based hybrid life cycle analysis[J]. Resources,Conservation and Recycling,2012,58:18-24.

[15] SANTERO N J,MASANET E,HORVATH A. Life-cycle assessment of pavements. Part I:critical review[J]. Resources,Conservation and Recycling,2011,55(9/10):801-809.

[16] BLOMBERG T,BARNES J,BERNARD F,et al. Life cycle inventory:bitumen(version 2)[R]. brussels,Belgium:The European Bitumen Association,2011.

[17] 刘圆圆. 基于 ALCA 的公路生命周期二氧化碳计量理论与方法研究[D]. 西安:长安大学,2019.

[18] 刘夏璐,王洪涛,陈建,等. 中国生命周期参考数据库的建立方法与基础模型[J]. 环境科学学报,2010,30(10):2136-2144.

[19] 龚志起,张智慧. 建筑材料物化环境状况的定量评价[J]. 清华大学学报(自然科学版),2004,44(9):1209-1213.

[20] YAN H,SHEN Q,FAN L C H,et al. Greenhouse gas emissions in building construction:a case study of One Peking in Hong Kong[J]. Building and Environment,2010,45(4):949-955.

[21] 刘娜. 建筑全生命周期碳排放计算与减排策略研究[D]. 石家庄:石家庄铁道大学,2014.

[22] 龚志起,张智慧. 水泥生命周期中物化环境状况的研究[J]. 土木工程学报,2004,37(5):86-91.

[23] 潘美萍. 基于 LCA 的高速公路能耗与碳排放计算方法研究及应用[D]. 广州:华南理工

大学,2011.

[24] 张又升. 建筑物生命周期二氧化碳减量评估[D]. 台南:台湾成功大学,2002.

[25] WANG M Q. GREET V1.5-transportation fuel-cycle model-Vol. 1:methodology, development, use, and results[R]. United States:N. p. ,1999.

[26] U. S. EPA. Moves(motor vehicle emission simulator)[CP/OL]. http://www.epa.gov/otaq/models/moves[Accessed Date May 11,2023].

[27] 杨博. 沥青路面节能减排量化分析方法及评价体系研究[D]. 西安:长安大学,2012.

[28] U. S. EPA. Exhaust and crankcase emission factors for non-road engine modeling-compression ignition[R]. Washington D. C. EPA-420-R-10-018, NR-009d,2010.

[29] Word bank and ASTAE, ROADEO-Road Emissions Optimization:A Toolkit for Greenhouse Gas Emissions Mitigation in Road Construction and Rehabilitation[CP/OL]. https://www.esmap.org/node/70768[Accessed Date May 11,2023].

[30] SAMADIAN M, LEE E B, CA4PRS-Construction Analysis for Pavement Rehabilitation Strategies[CP/OL]. http://www.ucprc.ucdavis.edu/pdf/CA4PRS_Brochure_V2_Rev-07.pdf [Accessed Date May 11,2023].

[31] EPPS J A, LEAHY R, MITCHELL T, et al. Westrack-the road to performance-related Specifications[C]. Reno, NV. :Proceedings of International Conference on Accelerated Pavement Testing, 1999.

[32] HUGO F, MARTIN A E. NCHRP Synthesis 325:significant findings from full-scale accelerated pavement testing[M]. Washington, D. C. :Transportation Research Board,2004.

[33] YU B, LU Q. Empirical model of roughness effect on vehicle speed[J]. International Journal of Pavement Engineering,2014,15(4):345-351.

[34] CHEN F, ZHU H R, YU B P, et al. Environmental burdens of regular and long-term pavement designs:a life cycle view[J]. International Journal of Pavement Engineering,2016,17(4):300-313.

[35] TAYLOR G, MARSH P, OXELGREN E. Effect of pavement surface type on fuel consumption-phase Ⅱ:seasonal tests[R]. Portland Cement Association. CSTT-HWV-CTR-041.2000.

[36] G. W. Taylor Consulting. Additional analysis of the effect of pavement structure on truck fuel consumption[R]. Prepared for Government of Canada Action Plan 2000 on Climate Change:Concrete Roads Advisory Committee,2002.

[37] ARDEKANI S A, SUMITSAWAN P. Effect of pavement type on fuel consumption and emissions in city driving[M]. RMC Research and Education Foundation, Silver Spring, MD,2010.

[38] BIENVENU M, JIAO X. Comparison of fuel consumption on rigid versus flexible pavements along I-95 in Florida[R]. Miami, FL:Florida International University,2013.

[39] HULTQVIST B A. Measurement of fuel consumption on asphalt and concrete pavements north of uppsala-measurements with light and heavy goods vehicle[R]. Linköping, Sweden:Swedish National Road and Transport Research Institute(VTI) ,2013.

[40] POUGET S, SAUZEAT C, BENEDETTO H D, et al. Viscous energy dissipation in asphalt

pavement structures and implication for vehicle fuel consumption[J]. Journal of Materials in Civil Engineering,2012,24(5):568-576.

[41] CHUPIN O,PIAU J M,CHABOT A. Evaluation of the structure-induced rolling resistance (SRR) for pavements including viscoelastic material layers[J]. Materials and Structures,2013,46(4):683-696.

[42] AKBARIAN M,MOEINI-ARDAKANI S S,ULM F-J,et al. Mechanistic approach to pavement-vehicle interaction and its impact on life-cycle assessment[J]. Transportation Research Record Journal of the Transportation Research Board,2012,2306(1):171-179.

[43] LOUHGHALAM A,AKBARIAN M,ULM F-J. Flügge's conjecture:dissipation-versus deflection-induced pavement vehicle interactions[J]. Journal of Engineering Mechanics,2013,140(8):04014053.

[44] COLERI E,HARVEY J T,ZAABAR I,et al. Model development,field section characterization and model comparison for excess vehicle fuel use due to pavement structural Response[J]. Transportation Research Record Journal of the Transportation Research Board,2016,2589.

[45] AKBARI H,MENON S,ROSENFELD A. Global cooling:increasing world-wide urban albedos to offset CO_2[J]. Climatic Change,2009,94(3/4):275-286.

[46] SANTERO N A,LOIJOS M A,OCHSENDORD J. Methods,impacts,and opportunities in the concrete pavement life cycle[R]. Cambridge,MA:Massachusetts Institute of Technology,2011.

[47] VAN DAM T J,HARVEY J T,MUENCH S T,et al. Toward sustainable pavement systems:a reference document[R]. FHWA-HIF-15-002. Washington D. C:Federal Highway Administration,2015.

[48] TAHA H. Meso-urban meteorological and photochemical modeling of heat island mitigation[J]. Atmospheric Environment,2008,42(38):8795-8809.

[49] LAGERBLAD B. Carbon dioxide uptake during concrete life cycle-state of the art[R]. Swedish Cement and Concrete Research Institute,2006.

[50] STOLAROFF J K,LOWRY G V,KEITH D W. Using CaO-and MgO-rich industrial waste streams for carbon sequestration[J]. Energy Conversion and Management,2005,46(5):687-699.

[51] HÄKKINEN T,MÄKELÄ K. Environmental impact of concrete and asphalt pavements,in environmental adaption of concrete[R]. Technical Research Center of Finland,1996.

[52] STRIPPLE H. Life cycle inventory of asphalt pavements[M]. IVL Swedish Environmental Research Institute Ltd. ,2000.

[53] HARVEY J T,MEIJER J,OZER H,et al. Pavement life cycle assessment framework[R]. Federal Highway Administration,2016.

[54] HORVATH A. Pavement life-cycle assessment tool for environmental and economic effects (PaLATE)[J]. Journal of Architecture Planning and Environmental Engineering,2004.

[55] NATHMAN R,MCNEIL S,DAM T V. Integrating environmental perspectives into pavement management[J]. Transportation Research Record:Journal of the Transportation Research

Board,2009,2093(1):40-49.

[56] MUKHERJEE A, CASS D. Project emissions estimator: implementation of a project-based framework for monitoring the greenhouse gas emissions of pavement[J]. Transportation Research Record:Journal of the Transportation on Research Board,2012,2282(1):91-99.

[57] Athena Sustainable Materials Institute. Pavement LCA web app[CP/OL]. https://calculatelca.com/software/pavement-lca/,[Access Date November 2,2022].

第3章 生命周期清单分析与环境影响评价

生命周期清单分析,是指为待分析系统建立环境影响数据库,利用数据库识别并量化系统生命周期内的输入和输出流。清单分析的步骤和流程是本章的重点。需要指出的是,生命周期清单分析并不等同于具体的环境影响评价。环境影响评价,是在建立生命周期清单数据后,将排放量(例如CO_2、SO_2等)与特征系数相乘,得到具体的环境影响。清单分析和环境影响评价分别对应生命周期评价的不同阶段,二者的异同和使用方法也是本章的重点。

3.1 生命周期清单分析概述

前文介绍了道路生命周期所涵盖的主要阶段,以及为了获得每个阶段及整个生命周期环境负荷所涉及的各种模型和工具。使用ISO标准开展生命周期评价的研究都必然经历清单分析过程,所获得的清单称为生命周期清单。现有的大部分LCA研究并非真正意义上的环境影响评价,其止步于清单分析,即LCI研究[1-3];而部分研究基于清单数据,进一步开展环境影响评价(例如根据SO_2排放量评价其对土壤酸化影响)[4]。值得注意的是,多数研究止步于清单分析阶段并不代表其比完整的LCA研究更有优势。LCA研究涉及各种环境影响评价方法的选用,这将增加计算的工作量以及结果分析的不确定性,但是也将更为直观地揭示具体的环境影响。

表3-1[5]为生产1t SBS热拌沥青混合料的生命周期清单,除了常规的能源消耗和CO_2排放等,还包含其他空气污染物,如挥发性有机化合物(VOC)、空气悬浮颗粒物($PM_{2.5}$、PM_{10})等。通过构建的生命周期清单,可以得知在表3-1的研究背景下,生产1t SBS沥青混合料共计排放40.4kg的CO_2;在生产热拌沥青混合料过程中,沥青混合料拌和是CO_2排放的主要贡献因素,其次是基质沥青生产和SBS改性剂生产。进一步分析可知,为了有效降低SBS沥青混合料生产的碳排放,可采取如下措施:着眼于沥青混合料拌和阶段,例如采用较低的拌和温度(温拌沥青混合料);通过优化配合比设计,降低沥青及SBS改性剂的用量等。由这个案例可以看出,即便LCA研究止步于清单分析阶段,也已经可以给用户提供很多有效信息,并据此开展一定程度的方案比较、设计改进以及节能减排量化等。这也是为什么现有道路LCA研究往往止步于清单分析。

值得注意的是,本案例给出的分析边界仅局限于沥青混合料生产阶段,并没有涉及后续的施工、运营以及养护等阶段。这很有可能导致材料生产阶段的所谓"低碳"设计方案在整个生命周期内并不一定仍然"低碳"。比如生产同质量、同样配合比设计的基质沥青混合料,其碳排放要小于SBS改性沥青混合料,仅关注生产阶段时,"低碳"的设计方案是前者;然而SBS改性沥青混合料相较于基质沥青混合料,可以有效提升路用性能,降低生命周期内的养护频次,减少对主线交通的干扰,降低汽车运行燃油消耗等。因此从生命周期的角度,SBS改性沥青混合料可能是更为低碳环保的设计方案。而这也恰恰反映了生命周期分析的重要性。

生产 1t SBS 热拌沥青混合料生命周期清单　　　　　表 3-1

输入-输出	能耗(MJ)	CO_2(kg)	CH_4(g)	N_2O(g)	VOC(g)	NO_x(g)	CO(g)	SO_2(g)	PM_{10}(g)	$PM_{2.5}$(g)
基质沥青生产	125.4	8.1	27.6	—	15.4	35.7	28.4	36.2	7.5	—
集料生产	82.9	1.4	4×10^{-4}	0.03	0.02	11.7	1.44	0.7	0.4	—
SBS 改性剂生产	98.8	5.5	20.3	0.76	9.7	14.8	16.4	12.5	3.4	1.4
沥青混合料拌和	401.0	22.6	5×10^{-3}	2×10^{-3}	4×10^{-3}	45.9	3.8	38.4	2.9	—
SBS 改性剂粉碎	8.6	0.7	1.1	—	0.06	1.3	0.2	2.1	0.6	—
运输	27.1	2.1	3.1	0.04	0.8	2.5	1.21	0.6	0.3	0.2

注:"—"意味该项清单在计算过程中使用的方法没有该输出项目,并不意味着没有该项环境污染物排放。

3.2　生命周期清单分析流程

如表 3-1 所示的生命周期清单是生命周期评价的中间阶段结果的汇总,是进行后续环境影响评价的基础。清单分析是对产品、工艺或活动在其整个生命周期的资源消耗或向环境排放的污染物进行数据量化分析。清单分析的步骤可以用图 3-1 简要表示,可以看出它是一个不断重复的过程。下面将详细讨论清单分析的具体步骤,并配有简单案例以供讨论。

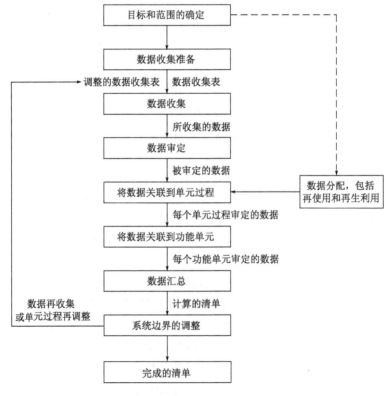

图 3-1　清单分析的简化流程

3.2.1 数据收集准备

当研究目标和范围确定后,其系统边界就已确定,即可开展数据的收集与准备工作。首先需要明确系统边界内所涉及的各个阶段(单元过程),如第2章中描述的材料生产、运输阶段等。对于系统边界内的每一个阶段,需要准确描述其含义,并且收集反映输入-输出的量化数据。典型的输入数据包括材料使用、能量使用等,输出数据包括产品或共生产品的比例(涉及环境清单的分配)、污染物排放量等。生产热拌沥青混合料的环境影响分析如图3-2所示。其中涉及的资料至少包括:①材料的配合比设计,沥青、集料用量,是否使用改性剂;②单位质量材料生产所消耗的能源及空气污染物排放等,即能耗因子和排放因子;③各种材料的运输距离及采用的运输工具,以估算运输阶段的输入和输出;④加热拌和时的电力、汽(柴)油消耗及空气污染物排放等。

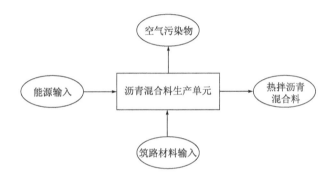

图3-2 生产热拌沥青混合料的环境影响分析

3.2.2 数据收集

有效的数据收集是进行LCA研究的基础。对于道路工程而言,其涉及的阶段多,跨越的时间长,对数据收集的广度和精度都有较高的要求。理想情况下,以收集的一手数据为宜,例如在沥青路面摊铺现场,设置独立的油表记录各类型施工设备的柴油消耗量,在施工设备排气孔安装尾气分析仪,在沥青拌和站长期监测电表、燃油消耗数据等,以获取污染物排放量和能耗清单。

然而,测量过程本身也存在误差。为了保障上述燃油消耗和污染物排放测量的准确性,有必要多次重复测量,以确保测量数据的可靠性,也能降低单次测量获取的数据过高或过低的概率。尽管现在ISO标准和《环境管理 生命周期评价 要求与指南》(GB/T 24044—2008)[6]对于如何重复抽样或抽样次数没有给出具体的指导或规定,但是应当遵循基本的统计学方法和原则。因此,采集的数据报告中应当显示测量的平均值、中位数、标准偏差及其他的统计学参数。基于统计参数,后续清单分析中可以分析不同方案在统计学上是否具有显著性差异。采用统计学参数描述LCI分析结果的可靠性,建立基于"可靠度"的LCA研究范式,扭转基于各个单元机械累加的"确定性"分析思维,对LCA研究具有重要的意义。

表3-2是笔者基于江苏省道养护工程现场收集的实际数据,包含了常规的沥青中上面层

养护技术。可以看出,不同养护技术之间存在显著差异,例如技术方案1和技术方案14的能耗及碳排放数据相差近乎一倍;然而,也存在技术方案之间差异并不显著的情况,如技术方案1和技术方案2、技术方案13和技术方案14。对于前者,可以放心地得出技术方案1更为节能环保的结论;对于后者,得出类似的结论则难以令人信服。

养护工程碳排放清单数据　　　　表 3-2

方案序号	养护技术	筑路材料		生产		运输	施工	能耗(kgce/t)	CO_2 排放(kg CO_2/t)
		沥青	集料	加热	拌和				
1	SMA-10 改性 HMA	20.14	2.94	11.89	0.25	2.24	1.20	38.66	94.98
2	SMA-13 改性 HMA	18.68	2.95	10.82	0.31	2.25	0.35	36.81	90.43
3	SUP-13 改性 HMA	15.11	2.99	11.30	0.31	2.27	0.79	32.77	80.51
4	AC-13C 改性沥青就地热再生	0.00	0.00	25.13	0.00	0.00	1.33	26.46	65.01
5	AC-16 HMA	8.11	2.99	10.99	0.18	2.27	1.27	25.82	63.43
6	SUP-13 厂拌热再生	6.01	2.24	10.29	0.49	2.08	0.90	22.00	54.05
7	AC-13 HMA	8.44	2.98	8.22	0.25	2.27	0.59	22.74	55.87
8	AC-20 HMA	7.63	3.00	11.02	0.18	2.27	0.91	25.01	61.44
9	SUP-25 HMA	7.63	3.00	11.02	0.18	2.27	0.80	24.89	61.16
10	AC-25 HMA	7.30	3.00	11.03	0.18	2.28	0.80	24.60	60.42
11	ATB-25 HMA	6.81	3.01	11.06	0.18	2.28	0.80	24.15	59.32
12	AC-20C 厂拌热再生	5.16	2.43	10.84	0.18	2.14	1.27	22.03	54.12
13	SUP-25 厂拌热再生	5.16	2.13	9.86	0.18	2.07	0.80	20.19	49.61
14	SUP-20 厂拌温再生	6.90	2.41	7.92	0.31	2.13	0.51	20.16	49.53

注:kgce 表示 1kg 标准煤,产生 29.3MJ 热值。

必须指出的是,由于研究周期或者成本制约,许多一手数据的收集工作无法依照上述流程完成。因此,大多数情况下,使用二手数据以替代一手数据。广义而言,二手数据收集的渠道众多,包括生命周期数据库(GaBi、SimaPro 等)、已发表的论文和研究报告、行业年鉴等。对于二手数据,其适用性往往不尽如人意:有可能会找到相近的数据,但和所需的单元过程并不完全匹配;也有可能数据与过程匹配,但是数据年代久远,可能已不再适用。由此引发一个问题:如何评价生命周期清单结果的可靠性?一个基本的要求是需要对清单数据采用统计参数而非确定性参数,至于如何基于统计参数进行生命周期清单的可靠性评价,留待第 4 章进行详细讨论。

不管是一手数据还是二手数据,根据 ISO 标准,均要求记录数据收集的过程,给出关于数据收集时间的详细信息,如果数据是从公开出版物中收集的,必须标明出处,以及关于数据质量的其他信息。

3.2.3　数据审定

数据收集往往费时费力,还容易产生误差或错误,因此需对收集的数据进行有效性检验,以确保数据的质量。

由于每个单元过程都遵循物质和能量守恒定律,因此物质和能量的守恒可以为单元过程的有效性检验提供有效途径。如下的数据审定,可以通过检验单元过程的质量守恒进行:

"对于沥青拌和场,可以合理认为输入的筑路材料(沥青、集料、矿粉)质量大于(或近似等于)输出(沥青混合料)的质量;对于原有旧水泥路面破碎回收,可以合理认为水泥碎石的质量应近似等于根据路面尺寸和密度计算得到的理论值。"

如果物质或能量并不守恒,就需要评估测量过程是否有效,或数据收集是否有问题。如果有问题,可能需要重新取样或者用其他数据代替。

可以通过已有的二手数据来检验一手数据。如果实测的一手数据收集过程和某个已发表的数据收集过程非常相似,可以将发表的二手数据作为检验一手数据质量的对照组。例如,为了考察拌和场热拌沥青混合料生产的能耗资料,可以与其他学者发表的论文/报告成果对比,具体数据检验解释如下:

"在此研究中,2020年某工程采用连续式沥青混合料拌和站,与2010年某篇论文采用了相似的生产工艺。连续监测该拌和站电力、燃油等能源消耗,获得生产单位质量沥青混合料的能耗(一手数据),比论文的平均数值(二手数据)低了约10%,差别较小,在可接受范围,因此一手数据可采用。"

即使发现差距较大,也并不意味该一手数据无效。有可能两个过程相似度不大,或这个产业变化很大,可参考如下解释:

"在此研究中,2020年某工程沥青混合料生产能耗与2010年某篇论文比较。发现一手数据的能耗值比二手数据低了30%,差距较大,但是由于该拌和站采用连续式拌和工艺,而论文研究背景为间断式拌和工艺,生产工艺发生很大变化,仍认为一手数据有效。"

3.2.4 数据分配

对于某一单元过程可能存在多种输出。以沥青为例,沥青是化工厂原油精炼的副产品,其他副产品包括汽油、柴油及其他燃料与油品。原油精炼能耗和环境影响巨大,将其归结为某一特定产品(如沥青)显然不合理。因此,需要建立能源输入与各种精炼产品输出之间的量化关系。这是第一种涉及数据分配的场景:共同产品系统。即两种或两种以上产品同时出自一个工艺过程或相互连接的生产工艺。根据ISO标准,存在不同的环境负荷分配方式:推荐采用基于物理量(如质量、能量)的分配;如果无法实施,可采用经济价值方式分配。

欧洲沥青协会在2011年出版了 *Life Cycle Inventory:Bitumen Version 2*[7]。该项研究主要针对道路铺装用沥青材料,包含了针入度等级20~220(0.1mm)的石油沥青、聚合物改性沥青和乳化沥青,生产工艺则考虑了直馏、半氧化、丙烷脱等多种加工流程,数据源则涵盖了欧洲主要工业国家,具有广泛的代表性。在2020年的有关报告中[8],沥青生产环境负荷在所有产品的分配根据不同的生产阶段,采用不同的分配方式:在原油开采阶段按照能量分配,存储阶段按照质量分配。清单数据的分配案例可参考2.2.1小节。

第二种涉及数据分配的场景是材料循环利用过程。工业生产过程实际上存在复杂的再循环利用过程,即边角料、副产品或废旧产品等经再生产工艺重新利用,例如铣刨的旧沥青路面运用于新建的沥青路面中。由于再循环的出现,改变了生产工艺中的物流、能流的方向和流量,构成了复杂的相互连接的工业生产系统。再循环通常存在两种方式,即闭合再循环和开环再循环。闭合再循环是指一个生产系统内,一些副产品、边角料或废弃物被重新利用或回收利用,例如沥青路面旧料回收利用。开环再循环是指一个产品系统的副产品、废弃物或产品在被消费后被重新收集、处理,然后被另一个产品系统作为原材料再利用,例如废旧橡胶轮胎经过破碎后被用作沥青改性剂。具体而言,对于材料循环利用过程中的环境负荷分配问题,可供选择的方法有截断法、质量损失法、死循环法、50/50法和替代法。Nicholson等[9]对上述使用方法和适用场景,Huang等[10]对钢材和RAP回收环境影响分配开展了相关研究。

3.2.5 数据与单元过程关联

在这一步,将各种收集到的数据以单元过程输入和输出的形式进行表征。沥青路面生命周期包含多个阶段(可表征为单元过程)。以材料生产阶段(物化单元)为例,根据Yu[11]等的研究,每生产1t SBS改性沥青混合料,其输入和输出如表3-3所示。从其可知,SBS沥青混合料生产是高能耗、高碳排放产业。

生产1t SBS改性沥青混合料的环境影响清单   表3-3

物质输入			能源输入(MJ)
SBS改性剂(kg)	基质沥青(kg)	集料(kg)	
2.2	46.4	951.4	743.8
空气污染物输出								
CO_2(kg)	CH_4(g)	N_2O(g)	VOC(g)	NO_x(g)	CO(g)	SO_2(g)	PM_{10}(g)	$PM_{2.5}$(g)
743.8	40.4	52.1	0.8	25.9	111.9	51.5	90.5	15.1

3.2.6 数据与功能单元关联

ISO标准和《环境管理 生命周期评价 原则与框架》(GB/T 24040—2008)中包含该步骤源于研究目的的进一步强调,即开展面向功能单元的清单输入和输出的总体研究。意味着在数据采集阶段或在后续的分析中,每个功能单元需要分解为单元过程,使得单元过程的产品或中间产品的相对量与整体功能单元的总量互相关联。最终,所有的单元过程的输入和输出都将以功能单元为基础。反之,对于整体功能单元的修改依赖于每个具体单元过程的更新。

3.2.7 数据汇总

所有的单元过程的数据需要整合以建立生命周期清单。简单的做法就是对各个单元过程的数据求和。数据汇总首先在各个单元过程层面实施,如材料生产、运输阶段等,然后将生命周期所有阶段结果汇总,形成以功能单元为单位的总体生命周期估计。汇总的数据通常以表格形式呈现,包含各个过程以及整个产品系统的总值。表3-4列出某路面大修方案生命周期清单研究结果[12]。

某路面大修方案生命周期清单　　　　表3-4

生命周期单元过程	能耗（GJ）	CO_2（t）	CH_4（kg）	N_2O（kg）	VOC（kg）	NO_x（kg）	CO（kg）	PM_{10}（kg）	SO_x（kg）
材料生产	9539	636	1535	1	140	1362	136	44	60
施工	192	50	10	1	26	323	148	25	11
拥堵	8190	551	—	—	1104	−1625	−15291	67	3
使用	56419	4340	—	—	4767	5227	115215	86	92
回收	79	21	4	0.1	12	165	93	12	5

注："—"表示分析过程中使用的工具/模型没该项条目。

3.2.8 系统边界调整

LCA 研究中对单元过程的量化描述是基于数据驱动的,数据的收集以及后续过程会因不同系统模型中的各单元过程不同而变化。如果没有可用或可获得的数据,那么产品系统、系统边界或目标可能需要相应地进行调整。例如,分析比较水泥混凝土路面和沥青路面生命周期环境影响时,开始设定的系统边界包括路面结构设计差异导致的行驶阻抗不同,导致运营期间的燃油经济性差异。但是由于没有发现适宜的路面结构阻抗模型,此时,系统边界可能需要进行调整(变小)。反之,一开始并没有考虑的某些单元,当有合适数据支撑时,系统边界也可相应扩大。

3.2.9 清单解释与说明

当完成清单后,需要开展清单的解释与说明,其结果常常以清单表(表3-4)的形式来展示和说明生命周期清单的重要信息。清单解释与说明可以用来对所研究产品系统的每一个过程单元的输入和输出进行详细清查,为诊断工艺流程物流、能流和废物流提供详细的数据支持。

清单解释与说明的任务之一是讨论哪个生命周期阶段会占 LCI 结果中较大部分。从表3-4中可知,材料生产和使用单元占据列表的主导部分,也是节能减排的主要工作对象;而施工和回收阶段的贡献则可以忽略。

清单解释与说明的任务之二是比较不同产品,并评估哪类产品的生命周期能耗会明显低于其他类。当评价比较结果或者差异时,通常采用"20%原则"来界定明显差异。即两个 LCI 结果的差异必须大于 20% 才被视为存在显著差异。但是,20% 这一阈值背后并没有理论支撑。如果得到的清单结果显示两类产品的能耗几乎相同,如表3-2中,技术方案4和技术方案5能耗仅相差2.5%,鉴于研究中存在各种不确定性因素,仍然难以令人信服地得出哪种技术方案更加节能的结论。

3.3　生命周期环境影响评价

在论述生命周期环境影响评价之前,先探讨一个虚拟的案例。方案 A 和方案 B 的生命周期清单如表3-5所示。

两种不同设计方案的生命周期清单 表 3-5

方案	CO_2(kg)	CH_4(kg)	N_2O(kg)	SO_2(g)	燃油(kg)
A	100	1	0.5	—	5
B	50	2	1	50	10

根据表 3-5,可以比较两个方案中不同的空气污染物的排放量。方案 A 的 CH_4 和 N_2O 排放量较少,燃油消耗少,而方案 B 的 CO_2 排放量少,但是存在 SO_2 排放。虽然知道了两种方案的 LCI 结果,但并不足以支持在方案 A 与方案 B 之间作出决策,这促使我们需要采用更为完善的方法去评价和选择不同方案,即采用影响评价。

为了将 LCA 应用于各种决策过程,需要对其潜在的环境影响进行评估,说明各个单元的环境影响贡献。这一过程是生命周期环境影响评价,是生命周期评价的组成部分之一。为了理解 LCIA,理解 LCI 结果如何作用于环境影响,图 3-3 展示了环境影响的一般因果链(也称环境机制)[12]。

位于图 3-3 因果链顶端的是排放,即 LCI 结果(可能是单一排放,也可能是多个导致相同影响或损害的排放)。链条中的下一个环节是聚集(气体或者液体聚集)。以温室气体为例,人为或自然的温室气体排放会导致地球的温室气体浓度增加,即气体的聚集。环境中气体浓度的变化会导致一系列影响,如温室气体浓度增加会导致全球变暖。最后,各种破坏随之产生,如海平面上升、珊瑚礁大面积死亡。

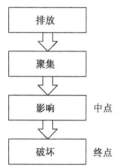

图 3-3 环境影响的一般因果链

随着生命周期评价在各行业中的应用日趋广泛,LCIA 方法体系也在不断发展。目前国内外主要的 LCIA 方法体系包括:EDIP 1997[13]、EPS 2000[14]、Ecoindicator 99[15]、CML2001[16]、IMPACT 2002 +[17]、EDIP 03[18]、ReCiPE 2016[19] 和 TRACI 2.1[20] 等。上述方法体系已得到广泛应用,虽然每一种方法都存在缺点,但是针对不同行业或不同产品的评价已取得了令人满意的结果,给诸多行业的决策者提供了有价值的参考[21]。

ISO 标准规定了开展 LCIA 的步骤:选择并定义影响类别、分类、特征化、标准化、分组、权重分配以及 LCIA 评估结果与报告。其中前三个步骤(选择并定义影响类别、分类、特征化)是 LCIA 研究的必备要素,而后续四个步骤为可选要素。

3.3.1 选择并定义影响类别

LCIA 的第一个必备要素就是对影响类别、影响类别的指标、要用的特征化模型和 LCIA 方法的选择。选择并定义影响类别应作为确定初始目标和范围的部分工作内容,以指导 LCI 数据收集。对于 LCIA,影响被定义为系统的输入和输出流对人类健康、植物和动物或未来自然资源可用性可能造成的后果。例如,LCI 中确定的环境污染物排放可能会导致人们患肺癌而危害人类健康,也可能导致酸雨、全球变暖进而影响环境。

通常,LCIA 关注三大类的潜在影响:人类健康、气候变化和资源消耗,从区域上则划分为全球、地区和本地影响。另外,所选择的 LCIA 方法应当与研究所在的地理区域相关。然而,大多数的LCIA模型在建立时都是只针对美国或者欧洲的。所以如果考虑位于亚洲的产品体系时,在选择模型方面会存在障碍。在此情况下,多选择几个针对其他地理区域的模型以考察结果的范围,总结研究结论时会比较合理。

3.3.2 分类

分类的目的是将LCI的清单组织合并,以映射到研究所选的相关影响类别框架体系。如表3-5所示,如果某研究选择了气候变化作为影响类别,则CO_2、CH_4和N_2O将被分配到这一类别,因为这三种气体都是温室气体(燃油消耗和SO_2则不会被分配);如果选择能源消耗作为影响类别,则仅燃油输出(流)会被分配到这一类别;如果不选择其他的影响类别,那么SO_2就不会被分入任何类别,也将不会对影响评价产生任何影响。

由于清单分析的结果与产品和产品系统相联系的环境交换因子之间常常存在着复杂的因果链关系,因此对生态系统和人体健康造成威胁的环境影响也常常难以被归为某一因子的单独作用。由于环境影响最终造成的生态环境问题又总是与环境干扰的强度及人类的关注程度有关,因此分类阶段的一个重要假设是,环境干扰因子与环境影响类别之间存在着一种线性关系。

就道路工程LCA而言,业界最广泛使用的影响类别是气候变化和能源消耗。支撑对气候变化和能源消耗进行分析的两个方法分别是联合国政府间气候变化专门委员会(Intergovernmental Panel on Climate Change,IPCC)提出的100年全球变暖潜能方法[22]和累积能量需求法(CED)。相对于影响评价,只考虑能源消耗和全球变暖影响的研究有时会导致狭隘的研究视角,因为能源消耗和温室气体排放的结果往往非常类似。全球变暖(温室气体排放的影响)只是一类影响指标,还存在其他的影响类别及其相应的指标,如表3-6所示。

环境影响分类总结[23]　　　　　　　　　　　　　　　　表3-6

影响类别	范围	LCI数据
全球变暖	全球	二氧化碳(CO_2),一氧化二氮(N_2O),甲烷(CH_4),氯氟碳化合物(CFCs),含氢氯氟烃(HCFCs),甲基溴(CH_3Br)
臭氧层破坏	全球	氟氯碳化合物(CFCs),含氢氯氟烃(HCFCs),卤盐,甲基溴(CH_3Br)
土壤酸化	地区、本地	硫氧化物(SO_x),氮氧化物(NO_x),盐酸(HCl),氢氟酸(HF),氨(NH_3)
富营养化	本地	磷盐酸(PO_4),一氧化氮(NO),二氧化氮(NO_2),硝酸盐,氨(NH_3)
光化学烟雾	本地	非甲烷碳氢化合物(NMHC)
土壤毒性	本地	对啮齿生物产生致命毒性集聚作用的有毒物质
海水毒性	本地	对鱼类产生致命毒性集聚作用的有毒物质
人类健康	全球、地区、本地	所有被排放到空气、水和土壤的排放物
资源消耗	全球、地区、本地	用过的矿物质量、化石燃料量
土地利用	全球、地区、本地	垃圾填埋和土地改变量
水运用	地区、本地	用过的水量

对于只有一个影响类别的 LCI 项目,分配简单。例如,二氧化碳的排放可以被归为全球变暖的范畴。需要指出的是,LCI 结果可以被分配到多个影响类别。对于存在两个或多个不同影响类别的 LCI 项目,必须为其制定分配规则。将 LCI 结果分配给多个影响类别有两种方法[24]:

①将 LCI 结果的相应部分划分为其所属的影响类别,通常在效果相互依赖的情况下使用。
②将所有 LCI 结果分配给所贡献的所有影响类别,通常在效果彼此独立时使用。

各种类别的空气排放物可被分配给气候变化影响类别、酸化影响类别或其他类别。此情况下,整个清单都会被分别分配到每一个影响类别,而非分配给其中的某一类别,也不会将其拆分后分配到几个影响类别中。例如,二氧化氮可能同时影响地面臭氧的形成和酸化,因此二氧化氮的总量将被分配给这两个影响类别(即:100% 分配给地面臭氧的同时也 100% 分配给酸化),但是必须清楚地记录该程序。

3.3.3 特征化

LCIA 的特征化步骤是通过特征化因子(也称为当量因子)来定量地转化每组分类完毕的清单结果,从而建立与资源消耗、气候变化及人类健康相关的影响类别指标。特征化的目的是将分类完毕的清单结果换算到统一的影响类别。例如,特征化估计铅、铬对土壤毒性的影响。更多影响类别及其终点破坏如表 3-7 所示[23]。

影响类别及其终点破坏 表 3-7

范围	影响类别	终点破坏
全球	全球变暖	极地融化,土壤水分流失,夏季更长,森林减少/改变,风和海洋模式的改变
	臭氧层破坏	增加了紫外线辐射
	资源消耗	减少了供后代使用的资源
地区	光化学烟雾	降低能见度,刺激眼睛,损害呼吸道和肺部,损害植被
	土壤酸化	腐蚀建筑物,水体酸化,影响植被和土壤
本地	人类健康	增加各种疾病的发病率和死亡率
	土壤毒性	减少产量、生物多样性
	海水毒性	减少水生植物和昆虫的产量、生物多样性,损害商业或休闲渔业
	富营养化	营养成分(磷和氮)进入河口和缓慢流动的河流等水体,导致植物过度生长,消耗氧气
	土地利用	野生动物陆地栖息地和垃圾填埋场空间减少
	水运用	来源于地下水和地表水的有效水减少

利用式(3-1)可将清单项目转化为影响类别指标:

$$清单数据 \times 特征化因子 = 影响类别指标 \tag{3-1}$$

在本章使用的气候变化影响例子中,特征化方法来自 IPCC 的研究[24]。其基本原理在于为温室气体建立了全球变暖潜能当量,其单位为 CO_{2-eq} 或 CO_{2-e}。定义 CO_2 的 GWP 特征化因子为 1,赋予其他温室气体相应的 GWP 特征化因子,如表 3-8 所示。

各种温室气体的特征化因子　　　　　　表3-8

名称	化学表达式	特征化因子($kg\ CO_{2-eq}/kg$ 物质)		
		20年	100年	500年
二氧化碳	CO_2	1	1	1
甲烷	CH_4	72	25	7.6
一氧化二氮	N_2O	289	298	153
CFC-11	CCl_3F	6730	4750	1620
CFC-12	CCl_2F_2	11000	10900	5200
CFC-13	$CClF_3$	10800	14400	16400
CFC-113	CCl_2FCClF_2	6540	6130	2700
CFC-114	$CClF_2CClF_2$	8040	10000	8730
CFC-115	$CClF_2CF_3$	5310	7370	9990
Halon-1301	$CBrF_3$	8480	7140	2760
Halon-1211	$CBrClF_2$	4750	1890	575
Halon-2402	$CBrF_2CBrF_2$	3680	1640	503
四氯化碳	CCl_4	2700	1400	435
甲基溴	CH_3Br	17	5	1
甲基氯仿	CH_3CCl_3	506	146	45
HCFC-21	$CHCl_2F$	530	151	46
HCFC-22	$CHClF_2$	5160	1810	549
HCFC-123	$CHCl_2CF_3$	273	77	24
HCFC-124	$CHClFCF_3$	2070	609	185
HCFC-141b	CH_3CCl_2F	2250	725	220
HCFC-142b	CH_3CClF_2	5490	2310	705
HCFC-225ca	$CHCl_2CF_2CF_3$	429	122	37
HCFC-225cb	$CHClFCF_2CClF_2$	2030	595	181

根据式(3-1),在20年的分析周期内,表3-5中的方案A和方案B中GWP分别为316.5kg CO_{2-eq}($100 \times 1 + 1 \times 72 + 0.5 \times 289$)和483kg CO_{2-eq}($50 \times 1 + 2 \times 72 + 1 \times 289$)。这提示对温室效应的计算,不仅应考虑$CO_2$排放,还应考虑其他温室气体排放。表3-9列出了CML2001方法体系中的影响类别与特征化因子[16]。

CML2001方法中的影响类别和特征化因子　　　　表3-9

影响类别	特征化因子	
	数值	单位
酸雨	3.35×10^{11}	$kg\ SO_{2-eq}$ 当量/a
气候变化(100年)	4.15×10^{13}	$kg\ CO_{2-eq}$ 当量/a

续上表

影响类别	特征化因子	
	数值	单位
富营养化	1.32×10^{11}	kg $PO_{4\text{-}eq}$ 当量/a
新鲜水水生生态毒性(100 年)	1.81×10^{12}	kg 1.4-DCB_{eq} 当量/a
新鲜水水生生态毒性(无限时间跨度)	2.04×10^{12}	kg 1.4-DCB_{eq} 当量/a
新鲜水沉积物生态毒性(100 年)	1.89×10^{12}	kg 1.4-DCB_{eq} 当量/a
新鲜水沉积物生态毒性(无限时间跨度)	2.46×10^{12}	kg 1.4-DCB_{eq} 当量/a
人体毒性(100 年)	5.67×10^{13}	kg 1.4-DCB_{eq} 当量/a
人体毒性(无限时间跨度)	5.71×10^{13}	kg 1.4-DCB_{eq} 当量/a
土地利用	1.24×10^{14}	m^2/a
海洋生态毒性(100 年)	1.90×10^{12}	kg 1.4-DCB_{eq} 当量/a
海洋生态毒性(无限时间跨度)	5.12×10^{14}	kg 1.4-DCB_{eq} 当量/a
海洋沉积物毒性(100 年)	2.40×10^{12}	kg 1.4-DCB_{eq} 当量/a
海洋沉积物毒性(无限时间跨度)	4.69×10^{14}	kg 1.4-DCB_{eq} 当量/a
光化学烟雾(高 NO_x)	9.59×10^{10}	kg $C_2H_{4\text{-}eq}$/a
光化学烟雾(低 NO_x)	8.69×10^{10}	kg $C_2H_{4\text{-}eq}$/a
平流层臭氧消耗(稳态)	5.15×10^{8}	kg CFC-11_{eq} 当量/a
陆地生态毒性(100 年)	1.40×10^{11}	kg 1.4-DCB_{eq} 当量/a
陆地生态毒性(无限时间跨度)	2.69×10^{11}	kg 1.4-DCB_{eq} 当量/a

3.3.4 标准化

标准化、分组、权重分配、LCIA 评估结果与报告是 LCIA 的可选步骤。可选步骤的基础概念比必选步骤的要简单。这些步骤之所以是可选的,一部分是因为其分析是基于必选步骤相对客观的结果上,一部分是可能给 LCIA 带入主观成分(即使研究人员并不认为是主观的)。正是在跨越必选步骤与可选步骤的门槛时,会出现在相同的特征化 LCIA 结果的情况下,后续可能生成不同的 LCIA 结果[25],这也是许多研究止步于特征化的缘由。

标准化通过选定一个参考值或信息来对结果进行比较。即通过选定的参考值进行 LCIA 结果标准化。有许多选择参考值的方法,例如:

①全球、区域或者地方总排放量或资源使用量。
②某一地区的人均总排放量或资源使用量。
③一个备选方案与另一个备选方案的比率(基线)。
④所有选项中的最高值。

ISO 标准并没有明确指出应当选用的参考值,但需要注意的是标准化需要在同一影响类别中进行。例如温室气体和土壤酸化无法进行标准化,因为两者在特征化时依赖于不同的科学原理。对于标准化可能引起的 LCIA 结果差异是显而易见的。例如一年内,A 公路修路总共消耗 100 万 t 筑路资源,其 AADT 为 10000pcu;B 公路修路总共消耗 200 万 t 筑路资源,其

AADT 为 3000pcu。以总的资源使用量而言,A 公路更为环保;以服务的车均资源使用量而言,则 B 公路更为环保。

3.3.5 分组

分组指将影响类别分配到一个或多个集合中,以便更好地将结果与研究目标关联。通常,分组涉及对指标进行排序。以下是对 LCIA 数据进行分组的两种可能方法:
①按排放量或位置(如本地、区域或全球)等特征对指标进行排序。
②按价值对指标进行排序,例如优先级高、中或低。

3.3.6 权重分配

LCIA 中权重分配主要包含三类方法,其背后则反映了不同的哲学观点,反映了所关心问题的时间跨度及对科技发展能够避免未来发生的灾害的信心:
①个人主义者代表了短期(相对自私)的利益、无可争议的影响和认为技术能够解决未来许多问题的乐观。因此,它依赖的特征化系数的时间跨度比较短(例如是 20 年而不是 100 年 GWP)。
②等级主义者代表了一种一致的观点,基于共同遵循的关于时间和技术的政策原则,通常被当作默认模型。它依赖于中等的时间跨度(例如 100 年 GWP)。
③平均主义者代表了基于广为流传的观点(预防性原则思想)的长期利益,考虑了那些被识别到了但还没有完全被建立起来的影响因素。它依赖的时间跨度最长(例如 500 年 GWP)。

表 3-10 列出了三类方法提供的权重因子。

三类 LCIA 方法的权重因子　　　表 3-10

关注点	气候变化	人类健康	资源消耗	总量
个人主义者	250	550	200	1000
等级主义者	400	300	300	1000
平均主义者	500	300	200	1000

3.3.7 LCIA 评估结果与报告

当完成了每个选定类别的潜在影响计算时,需要验证结果的准确性。验证结果的准确性需要满足目标和范围中定义的生命周期评价目的。在报告生命周期影响评价结果时,需要详尽描述分析中使用的方法,定义分析的系统和设定的边界,以及在执行 LCI 研究时采用的假设。

在 3.2.2 小节,初步讨论了 LCI 结果的可靠性问题;而对于 LCIA,虽然其实施过程遵循系统的程序,但也存在许多潜在的假设和简化以及主观的价值选择。具体可从以下几个大类讨论:
①LCIA 评价方法的选择。3.3 节列举了一系列主流的 LCIA 评价方法,选择特定 LCIA 方法即会导致不确定性。例如,计算 GWP 时,选择 TRACI 方法和 IPCC 方法的计算结果存在

差异。

②数据模块和数据质量。数据模块和数据质量取决于基于过程的 LCI 清单研究可靠性。LCI 所涉及技术过程以及相关技术领域的清单可能非常详尽，因此并非所有清单都能够被分配到所选的影响类别中。

③特征化因子取值。特征化因子取值取决于选用的 LCIA 设定的特征化因子参数。尽管基于相似的研究，LCIA 也不会总是使用相同的数值。自然而然，LCIA 结果存在差异。

④分组、标准化和权重分配这些可选（且时而主观的）步骤会导致不确定性。

本章参考文献

[1] YU B, LU Q. Life cycle assessment of pavement: methodology and case study[J]. Transportation Research Part D, 2012, 17(5): 380-388.

[2] WANG T, LEE I-S, KENDALL A, et al. Life cycle energy consumption and GHG emission from pavement rehabilitation with different rolling resistance[J]. Journal of Cleaner Production, 2012, 33: 86-96.

[3] SILVA I N, MAUÉS L M F. Inventory of sand and pebble production for use in hot mix asphalt: a case study in Brazil[J]. Journal of Cleaner Production, 2021(294): 126271.

[4] ESTHER L-A, PEDRO L-G, IRUNE I-V, et al. Comprehensive analysis of the environmental impact of electric arc furnace steel slag on asphalt mixtures[J]. Journal of Cleaner Production, 2020, 275: 123121.

[5] YU B, JIAO L Y, NI F J, et al. Evaluation of plastic-rubber asphalt: engineering property and environmental concern[J]. Construction and Building Materials, 2014, 71: 416-424.

[6] 国家标准化管理委员会. 环境管理 生命周期评价 要求与指南: GB/T 24044—2008[S]. 北京: 中国标准出版社, 2008.

[7] BLOMBERG T, BARNES J, BERNARD F, et al. Life cycle inventory: bitumen (version 2)[R]. Brussels: European Bitumen Association, 2011.

[8] DUCREUX D, LOPEZ L, MENTEN F, et al. Life cycle inventory: bitumen (version 3.1)[R]. Brussels: European Bitumen Association, 2020.

[9] NICHOLSON A L, OLIVETTI E A, GREGORY J R, et al. End-of-life LCA allocation methods: Open loop recycling impacts on robustness of material selection decisions[R]. IEEE, 2009.

[10] HUANG Y, SPARAY A, PARRY T. Sensitivity analysis of methodological choices in road pavement LCA[J]. The International Journal of Life Cycle Assessment, 2013, 18(1): 93-101.

[11] YU B. Environmental implications of pavements: a life cycle view[D]. PhD dissertation, University of South Florida, 2013.

[12] WENZEL H, HAUSCHILD M, ALTING L. Environmental assessment of products[M]. London: Chapman and Hall, 1998.

[13] STEEN B. A systematic approach to environmental priority strategies in product development

(EPS) version 2000—general system characteristics[M]. Sweden:Chalmers University of Technology,1999.

[14] GOEDKOOP M S. The Eco-indicator 99:a damage oriented method for life cycle impact assessment[M]. The Netherlands:PRé Consultants,Amersfoort,1999.

[15] GUIN E,GORR E H,et al. Life cycle assessment:an operational guide to the ISO standards[M]. The Netherlands:Spatial Planning and Environment(VROM) and Centre of Environmental Science(CML),Den Haag and Leiden,2001.

[16] JOLLIET O,MARGNI M,CHARLES R,et al. IMPACT 2002 +:a new life cycle impact assessment methodology[J]. The International Journal of Life Cycle Assessment,2003,8(6):324-330.

[17] HAUSCHILDM P. Background for spatial differentiation in LCA impact assessment:the EDIP 03 methodology[M]. Denmark:Institute for Product Development Technical University of Denmark,2005.

[18] HUIJBREGTS M A J,STEINMANN Z J N,ELSHOUT P M F,et al. ReCiPe 2016:a harmonised life cycle impact assessment method at midpoint and endpoint level[J]. The International Journal of Life Cycle Assessment,2017,22(2):138-147.

[19] RYBERG M,VIEIRA M D M,ZGOLA M,et al. Updated US and Canadian normalization factors for TRACI 2.1[J]. Clean Technologies and Environmental Policy,2014,16(2):329-339.

[20] 段宁,程胜高.生命周期评价方法体系及其对比分析[J].安徽农业科学,2008,36(32):13923-13925.

[21] IPCC Fourth Assessment Report:Climate Change 2007[R/OL]. www.ipcc.ch[Accessed Date March 30,2021].

[22] Life Cycle Assessment:Principles And Practice[R]. United States Environmental Protection Agency,EPA/600/R-06/060,May 2006.

[23] International Standards Organization. Life cycle assessment-impact assessment ISO 14042[S].1998.

[24] IPCC. Climate Change 2013:the physical science basis.[M]. Contribution of Working Group I to the Fifth Assessment Report of the Intergovernmental Panel on Climate Change. Cambridge,UK:Cambridge University Press,2014.

[25] MATTHEWS H S,HENDRICKSON C,MATTHEWS D H. Life cycle assessment:quantitative approaches for decisions that matter[M/OL]. 2014. https://www.lcatextbook.com/[Accessed Date May 11,2023].

第4章 生命周期评价结果可靠性分析

生命周期评价虽然已被众多领域广泛使用,然而由于其自身存在固有的方法论缺陷,其评价结果的可靠性一直备受关注,因此需要建立生命周期评价结果不确定性评价方法。不确定性分析,通常考虑生命周期评价过程中,是否存在模型不精确、输入不确定、数据变异、场景不确定等情况,需要计算分析这些不确定性因素的累积影响,进而判断评价结果的可靠性。本章将介绍道路生命周期评价结果可靠性分析理论、方法与案例,以期推动生命周期评价从"不确定性"向"可靠性"的思维转变。

4.1 可靠性分析的背景与目标

LCA 已经被广泛地应用于量化道路在整个生命周期内的环境影响。但是不可否认,作为一种辅助决策工具,现有的 LCA 也存在缺陷。Santero 等[1]指出现阶段 LCA 研究的几个关键的突破点:解决功能单元、系统边界可比性问题,数据质量和不确定性问题,以及规范环境指标。其中,数据质量和不确定性问题在生命周期清单中最为突出[2-3]。由于 LCA 是一项基于数据的评价技术,所以数据质量会对后续结果产生影响,不确定性则对最后结果的可靠性和稳健性具有重大意义。

LCA 结果的重要应用为支持同一系统的多个设计/产品进行比较。因而,经常会看到类似"A 型路面结构比 B 型路面结构多消耗 10% 的能源意味着 B 型路面更为节能环保"这样的结论。对于读者而言,这些结论的可信度很大程度上无法确定。道路 LCA 模型的计算依赖于大量的数据输入,这些数据定义了模型的特征,如道路设计参数、材料能源的输入流和输出流、环境影响数值等。LCA 模型的计算结果高度依赖于输入数据的质量。在进行 LCA 研究时可参考不同的数据库,如 Ecoinvent、GaBi 或 ELCD。Wang 等比较了利用四个不同的数据库分析路面设计环境影响[4]。结果表明,使用不同的数据库导致四分之一的环境影响结果发生变化。

Heijungs 和 Huijbregts 认为数据质量问题源于数据缺失、数据重复、数据不正确或是无关[5]。国内有些学者[6-7]认为不确定性是由不良的定义和数据收集过程以及数据质量的不确定性导致的。在 Heijungs 等[8]给出的不确定性分类中,我们也能在一定程度上了解 LCA 中不确定性的来源,分别是参数不确定性、模型不确定性、时空和来源变异性导致的不确定性。其他学者也基于不同的角度给出了很多其他的不确定性来源的解释[9-12]。不确定性对于现阶段存在诸多限制的 LCA 过程来说是无法避免的。所以标准 ISO 14040:2006 和 ISO 14044:2006 指出:绝对和精确不是 LCA 的必要要求,但是必须承认不确定性存在,也必须对公众指出信息存在不确定性。

在标准 ISO 14040:2006 和 ISO 14044:2006 中虽然明确了不确定性的重要性,但是并没有提供具体、翔实、可操作的不确定性评价方法。在道路 LCA 中亦是如此,研究者们为了明确不确定性带来的影响,尝试着量化不确定性,以此提高 LCA 结论的可靠性和稳健性。

大部分研究都针对道路全生命周期不同阶段的 LCA 不确定性进行量化,然而,由于时间、数据和知识的限制,这一过程并不容易。因此,几乎所有的评估都被迫缩小范围,只研究在各自的限制下能够实现的阶段和过程。其结果是,虽然多数研究的不确定性分析结果可信且有意义,但是由于它们的研究覆盖范围不同,没有一项研究达到真正和完整的生命周期不确定性分析的最终目标,也没有统一的量化不确定性的流程和框架。解决这些问题对于还处于发展阶段的道路 LCA 来说非常有价值,能推进道路 LCA 作为科学的决策辅助技术被广泛地接纳。

4.2 不确定性来源分类

4.2.1 一般性 LCA 不确定性

许多专家和学者已经开展了诸多卓有成效的对 LCA 不确定性的研究[13-14]。本书在前人研究基础上,将 LCA 的不确定性分为三大类:参数不确定性、模型/研究方法不确定性以及结果/场景不确定性,并分别展开论述。

(1) LCA 参数不确定性

LCA 研究过程中使用的数据源纷繁,有实测数据、经验性数据或专家估计数据,也有假设数据,在数据质量层面上,对于特定的 LCA 研究而言,其来源的可靠性千差万别。除了一些物理参数外,用于 LCA 模型中的其他所有参数都有不同程度的不确定性。具体的参数不确定性包括但不限于如下因素:

①不完整数据和数据缺失:LCA 理想的数据源是来自第一手的实测数据,然而很多情况下难以实现。因此会采用替代数据,即来自商业数据库、已经发表的文献报告中的数据,或者采用专家估计数据、经验数据。上述参数的准确性和覆盖范围可能与 LCA 的研究目标并不匹配。

②时间不确定性:数据具有时效性。以 2000 年的数据开展 2020 年的 LCA 研究可能会引入相当大的误差,因为 10 年中技术或者生产工艺可能发生很大革新。以沥青生产为例,随着炼油化工技术的进步,其单位质量的生产能耗和碳排放在逐渐减少。然而,在没有获得足够的原始数据的情况下,寻找适用临近年度的数据可能尤为困难,因此不得不采用过时的数据开展 LCA 研究。

③地理位置不确定性:对于同一生产流程,自然资源、技术方案、能源组成等随地理位置不同而发生变化。同样以沥青生产为例,美国和中国炼油厂其原油来源具有差异,炼油的能源构成也存在差异,必然会导致产品的环境清单数据存在差异。因此在 LCA 研究中,需要获取与采用数据的地理位置相关信息,并与研究所在地的地理位置进行比较。

④技术不确定性:在进行 LCA 数据采集时,应尽量使用具有类似生产工艺的数据清单。美国环境保护署于 2016 年提出了一种技术代表性评价方法,从工艺设计、操作条件、材料质量和工艺规模四个方面评价两种工艺的相似性。工艺设计是指对最终产品产生影响的工艺设置条件。例如,发动机的马力或分离过程中筛孔直径,这些是工艺设计中影响材料路径和/或产

品质量的固定参数。操作条件指生产过程中的各类参数(例如温度和压力),它们是根据生产质量而变化的参数。材料质量是指材料的类型和质量(如造纸用的纸浆、生产汽油用的原油)。

数据收集者应尽可能多地收集有关技术工艺设计、操作条件、材料质量和工艺规模的信息,以便尽可能详细地介绍给数据的未来用户。以单位质量沥青混合料生产而言,连续式和间歇式拌和工艺、温拌和热拌沥青混合料、再生与全新沥青混合料相差甚大。

(2) LCA 模型/研究方法不确定性

LCA 研究中除数据和输入信息存在不确定性之外,采用不同模型和研究方法同样会带来不确定性。相较于显而易见的参数不确定性,模型和研究方法中的不确定性往往容易被忽视。

① 数据库的不确定性:各种商业或者私有的 LCI 数据库的数据采集、记录、诠释与展现方式不尽相同。更为重要的是,不同数据库中相同的数据门类其采集过程中采用了不同的系统边界(如是否包含运输阶段)。LCA 研究结果因使用不同数据库的数据而导致结果的差异已有报道[4],值得引以注意。

② 研究方法不确定性:将环境污染物排放和能源消耗等在时间和空间尺度上累加是获得生命周期清单的常见方法,LCI 可为比较不同的设计方案提供基准。然而,这种数量直接累加的方式造成了时间和空间信息的丢失,很大程度上影响了环境影响评价。虽然目前已有关于空气污染物时间效益(如温室气体折扣机制)[15]和依赖于特定地点的环境影响评价模型[16],但是其很少被应用。此外,大多数 LCA 研究采用线性过程(也适用于道路 LCA),但线性过程并不适用于环境影响评价。因为污染物排放对环境和人类影响的程度取决于污染物浓度和与之接触时间,而不取决于整个生命周期的污染物排放的总量。

(3) LCA 结果/场景不确定性

结果/场景不确定性源于 LCA 研究场景的定义和 LCA 建模中一系列重要参数/设定的设置,包括但不限于功能单元、系统边界、分配方式、分析周期等。以分析周期为例,沥青路面在服役期间会面临养护,分析周期(10 年和 30 年)对养护方案决策产生很大影响,进一步影响生命周期内的用户运营阶段,从而对 LCA 分析结果产生显著影响。

4.2.2 道路 LCA 不确定性

(1) 道路 LCA 参数不确定性

对于参数不确定性,道路 LCA 生命周期各个阶段的输入参数都存在固有的不确定性,其来源如 4.2.1 节所述,在此不再赘述。

(2) 道路 LCA 模型/研究方法不确定性

现阶段,P-LCA 方法为主流的道路 LCA 分析工具,其主要包含阶段如图 4-1 所示。目前虽然图 4-1 中定义的系统边界被广泛认可,但还没有令人信服的证据表明当前系统完全涵盖了整个道路生命周期内的直接和间接影响,因此系统边界本身的设定就存在不确定性。Raynolds 等提出了一种相对质量-能源-经济的系统边界选择方法,即当系统贡献小于目标比值时,将单位过程排除在系统之外[17],读者可借鉴参考。本书仍然依据主流认可的道路 LCA 系统边界分析各个阶段目前研究存在的不确定性。

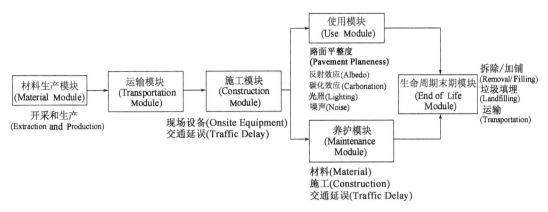

图 4-1 道路 LCA 研究示意图

①材料生产阶段。

材料生产阶段主要计算在修建和维护道路时生产所需筑路材料对环境的影响。常规筑路材料包括沥青、水泥、集料、钢材和水等。筑路材料生产的能源消耗和污染物排放取决于多种因素,如来源、运输方式和距离、生产工艺等。Butt 等开发了一种计算沥青混合料能耗的计算方法[18]。对于混合料而言,拌和过程(尤其是热拌沥青混合料)能源消耗占很大一部分,并且混合料配合比不同则能源消耗亦不同。Chong 等开发了沥青混合料生产能耗预测的热力学模型[19]。

②运输和施工阶段。

对于运输阶段建模,有些模型非常详细,考虑了行程数、等待时间、作业效率和卡车容量;有些模型则使用一些简单的指标,将运输过程与柴油消耗和温室气体排放联系起来。对于施工阶段,已经使用各种经验公式来确定施工设备的配置,例如类型、属性和数量[20]。在一些研究中,还采用负载因子来描述空载、排队等候和操作时的运行效率[21]。

③使用阶段。

使用阶段是道路生命周期中对环境影响最大的阶段,同时也是建模工作最复杂的阶段。使用阶段中对环境产生影响的主要因素包括路面平整度、噪声、光照、反射效应和碳化效应等。路面平整度是使用阶段中最主要的影响因素,因此单独对其进行讨论。路面平整度的影响主要有三个方面,交通信息、车辆燃油经济性和排放率以及车路相互作用。

估算路面平整度所需的交通信息包括交通量、组成和增长率。现有研究主要以年平均日交通量或等效单轴荷载(Equivalent Single Axle Load,ESAL)表征交通量。而进行项目级别的案例研究时,还需要收集更具体的交通信息。

车辆的燃油经济性和排放率是计算能耗和温室气体排放的重要因素。美国环境保护署开发的机动车排放仿真器(MOVES)是一种具有代表性的燃油经济性和排放率估算工具。

对于燃油发动机的耗油量和 PVI 导致的排放,许多研究进行了讨论。根据 Taylor 和 Patten 的研究,与热拌沥青混合料路面相比,水泥混凝土路面和复合路面可以大大降低燃油发动机的能耗量[22]。然而,Noshadravan 等研究发现水泥混凝土路面和热拌沥青混合料路面在全球变暖潜能方面不存在统计上的显著差异[23]。

④养护阶段。

许多道路 LCA 都考虑了路面的养护。养护阶段环境影响的估算取决于养护的方式和频率。因此,养护阶段 LCA 不确定性在很大程度上与路面性能和衰变速率有关。目前,在确定养护的时机和方式时,很少考虑路面状况衰变速率。但是道路 LCA 研究已经考虑了养护产生的直接和间接影响。直接影响是指路面材料的消耗,在材料生产阶段中已经进行了讨论。间接影响是指与正常交通运营相比,养护期间的交通延误和拥堵。Zhang 等估算了由拥堵导致的燃料消耗和温室气体排放,发现材料生产、交通拥堵和路面平整度是影响 LCA 结果的三个首要因素[24]。拥堵的描述关键在于拥堵参数的估计。在 QuickZone 和 VISSIM 等开发的拥堵计算仿真模型,一般需要假设拥堵仿真模型的建模参数,例如车辆绕行率、施工区降速、排队长度等。

⑤生命周期末期阶段。

生命周期末期阶段表征道路在生命结束时的处置方式,如掩埋、回收、再利用,其中回收再利用是较为常用的处置方式。生命周期末期阶段本身对 LCI 的影响有限(通常包括拆除、运输原有路面结构和材料),而再生沥青路面和再生混凝土材料(Reclaimed Concrete Material, RCM)的应用具有两方面的重要影响:a. 对应用层位的影响,即替代基层材料或面层材料所产生的回收价值与环境效益不同[25];b. 回收材料的使用量对新路面的性能有显著影响,因而对使用阶段的影响较为明显。但当研究人员估算回收效益时,并没有考虑到使用回收材料在未来可能带来的损失,因为一般只是简单地假设回收材料与新材料的性能相同。

(3)道路 LCA 结果/场景不确定性

①系统边界。

根据定义,道路 LCA 应该是评估道路在整个生命周期内的环境影响。然而,在现有的道路 LCA 研究中,许多案例评价仅仅涉及路面材料的获取、生产、运输和铺设,即材料生产、运输和施工阶段。根据系统边界的设置,一些研究将范围扩大到包括车路相互作用、拥堵、光照和碳吸收(水泥混凝土路面)。基于不同定义的系统边界,未进行完整的信息披露,在不同的研究基础上对道路设计进行比较是目前研究常见的问题。因此导致了一系列问题,如结果透明度不高,结论难以普适等。

②功能单元。

功能单元是衡量比较不同设计方案性能的参考基准。根据研究目的的不同,道路 LCA 中的功能单元有不同的形式,如长度(公里或英里)、面积(车道公里或平方米)、材料体积(立方米)和交通量(ESAL 或 AADT)。常用的三个功能单元是车道公里、平方米和路面结构能力[26]。功能单元的确定受设计规范、材料来源、气候、交通、养护方案等诸多因素的影响。这也是为什么 Santero 等认为功能单元的定义是现有道路 LCA 研究的一个主要不足,而且这一缺点现在仍然存在[1]。统一功能单元的缺乏,限制了业界对已有文献的进一步总结与对比。

③分析周期。

在全生命周期成本分析(Life Cycle Cost Analysis, LCCA)中,普遍采用折旧法对未来经济投资进行折旧,而在道路 LCA 分析中却较少考虑时间效应。道路 LCA 研究的时间尺度存在很大差异,从 5 年到 75 年不等[4,27],常规分析周期为 40 年。时间对 LCA 的影响体现在技术代表性、影响表征和清单编制三个方面。

a. 技术代表性:LCA 建模是一个数据驱动的过程。有些资料很容易获取,例如车辆燃油经济性和排放率,这些资料代表了当地的现有技术,但这些技术肯定会不断发展,例如达到更高的运行效率和更低的排放水平。然而,技术将提高到何种水平是很难精确预测的。此外,现有基于 LCA 的软件工具,如 GaBi、SimaPro 和 EIO-LCA,都是基于默认数据库执行计算。例如,卡内基梅隆大学绿色设计研究所开发的 EIO-LCA 的最新数据库是根据美国的经济资料建立的。

b. 影响表征:被排放到水和空气中的污染物不断衰减,因此对环境产生不同程度的影响。例如,在 100 年的时间范围内,CO_2、CH_4 和 N_2O 的全球变暖潜能分别为 1、25 和 298。LCA 中将后两种温室气体转化为二氧化碳当量($CO_{2\text{-eq}}$)以计算温室效应。然而,CH_4 和 N_2O 的 GWP 值随选定的时间范围变化而发生巨大变化,如图 4-2 所示。虽然使用以前研究得到的 100 年全球变暖潜能作为基准,也能够提供可比的依据,但不能反映真实的环境影响。

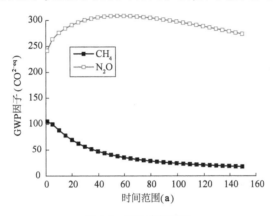

图 4-2 GWP 表征因子

c. 清单编制:道路一般按照目标寿命进行设计,如设计使用寿命为 20 年。在设计使用寿命结束时,路面结构一般不会立即拆除,而是通过及时和适当的表面处治来延长使用寿命。分析时间尺度的选择会显著影响生命周期中材料投入和施工的频率及规模。因此,清单分析很大程度上依赖于分析时间尺度的选择。在现有的道路 LCA 中,对分析周期的选择并没有达成共识,相应的选择也没有给出具体的解释。

④清单分配。

大多数路面材料在使用寿命结束时都可以被回收利用。由于材料(如 RAP 和 RCM)由相对同质的组分组成,其循环利用通常是死循环的。例如这些材料被回收后制成类似的产品,应用在新的路面结构中。

对于回收收益的评价,选择不同的方法会得到不同的结果。Huang 等比较了替代法(Substitution)和截断法(Cut-off)两种分配方法[28]。采用前者方法,材料回收的收益(回收材料减少了新材料的使用)被分配给材料生产商;采用后者方法,收益则被分配给下游的使用者。研究表明两种分配方法的环境影响差异性显著。

清单分配同样体现在拥有多种产品的系统中的环境影响分配。沥青是原油精炼过程的副产品。根据 ISO 14040:2006 和 ISO 14044:2006,可采用不同的清单分配方法:首选的是物理分配(基于质量、热值等);当物理分配不可行时,则采用经济分配(基于相对经济值)。Eurobitume 在原油开采和运输阶段采用了物理分配,而在炼油阶段采用了经济分配来估算生产 1t 沥青的环境影响[29]。

⑤物料能。

在道路 LCA 研究中,沥青的物料能广受争议,它的取舍将显著地影响结果。2001 年 Stripple 的报告中认为,如果考虑物料能,普通混凝土路面(JPCP)比 HMA 路面消耗的能源少,反之亦然[30]。2006 年 Athena Institute 的报告中给出了物料能占 HMA 生产总能源近 75% 的结论[31]。

虽然 ISO 14044:2006 标准要求将产品的物料能包括在内,但许多道路 LCA 中往往忽略了这一点,原因在于:a. 沥青是一种燃烧会产生大量污染物的燃烧材料;b. 沥青用于制备沥青混合料后其物料能并没有消耗。

后续的研究如果能回答以下三个问题,物料能的尴尬局面也许可以有所缓解。

a. 沥青在某些应用中可以直接用作燃料吗?如果可以,应用场合是什么?对环境有什么影响?

b. 什么样的萃取工艺可以将沥青精炼为更为普通的燃料?萃取过程对能源和环境的影响是什么?

c. 使用精炼后的沥青作为燃料的下游效应是什么?它可以完全高效燃烧吗?

⑥标准化和加权。

影响评价是 LCA 中的一个可选阶段,用于根据影响的环境相关性来解释 LCA 结果。标准化过程有多种选择,例如要使用的标准化和加权方法以及它们的参考周期和比例。这对影响类别重要性(权重)产生了显著影响,进而影响了最终解释。Benini 和 Sala 考虑了五个不确定性来源,以此建立计算标准化因子的选择方法[32]。

基于上述分析,表 4-1 中列出了与道路 LCA 相关的不确定性因素。

道路 LCA 的不确定性 表 4-1

流程	参数不确定性	模型/研究方法不确定性	结果/场景不确定性
生命周期清单分析	不适用	环境影响线性计算,排放累加	系统边界,功能单元,数据库使用,分析周期,清单分配,物料能,标准化和加权
影响评价	表征因子	计算表征因子的物质归宿和影响模型,线性响应	影响表征的时间范围,标准化方法,影响权重确定
材料生产阶段	筑路材料生产的污染物排放和能耗	筑路材料生产模型	筑路材料生产具体技术选择
运输阶段	距离,燃料消耗,排放率	运输模型	不适用
施工阶段	负荷系数,燃油经济性,排放率	施工模型	不适用
使用阶段	与模型相关的参数不确定性	路面平整度模型,反射效应模型,碳化效应模型,照明模型等	不适用

续上表

流程	参数不确定性	模型/研究方法不确定性	结果/场景不确定性
养护阶段	养护措施对路面性能的提高和随后的衰变速率	养护计划模型,养护导致拥堵模型	养护计划的时间安排,养护方式的选择,交通干扰情景建模
生命周期末期阶段	替代率,回收过程的材料和能源消耗	回收不同比例再生材料的路面性能模型	使用寿命结束时路面结构的处治方式,回收利用的具体技术选择,回收材料利用率

4.3 LCA不确定性评价方法

不确定性分析的一个基本依据是定义期望值,即希望通过不确定性分析达到什么目的。在解释LCA结果时,用户关注的是:a.了解重要的影响因素,以便更加有效地利用有限的资源,减少环境影响;b.了解结果的不确定性,以便评估结果的可靠性;c.识别不确定性的来源,提出改善措施,以提高LCA结果的可靠性。

对于不同的目标,可采用不同的方法。表4-2总结了LCA研究中可供选择的(从定性到定量)几种用于处理不确定性的方法[33]。

LCA不确定性评价方法总结　　　表4-2

类型	不确定性分析途径	简要说明
定性	对不确定性来源进行讨论	对不确定性的文字总结(没有使用数量词语)
半定量	显著性启发式方法	使用各个备选方案预先设置的门槛/阈值
半定量	谱系矩阵	主观评价数据的质量,从而生成参数不确定性系数
定量	敏感性分析	使用不同参数揭示其对研究结果的影响
定量	通过范围传递不确定性	追踪和使用不同数据与输入信息研究所得结果的范围
定量	通过分布传递不确定性	通过概率分布生成概率结果(不局限于生产阶段)

4.3.1 定性和半定量评价方法

对于定性评价方法,可以用一些文字性的描述评价LCA不确定性。根据4.2.1小节LCA参数不确定性涉及的四个因素,可分别描述其参数不确定性评价结论,如表4-3所示。

定性的LCA不确定性评价　　　表4-3

参数不确定性指标	评价结论
不完整数据和数据缺失	收集现场数据,因此可靠性很高;但是收集过程并没有涉及全部生产阶段,因此可能产生截断误差
时间不确定性	使用的数据为近三年的数据,因此可靠性很高
地理位置不确定性	使用的数据为美国数据,与中国本土差距较大,因此可靠性较低
技术不确定性	资料涉及的生产过程目前正经历技术变革,可能会对LCA结果造成较大影响,可靠性较低

基于前文的论述，读者应该明白"A 型路面结构比 B 型路面结构多消耗 10% 的能源意味着 B 型路面更为节能环保"这个结论并不可靠。然而，从半定量评价角度而言，这并不意味着比较能耗毫无意义。统计分析中有各种显著性检验的方法，然而由于 LCA 研究一般样本较少，无法进行统计差异分析。可以采用启发式的半定量评价方法，确定相应的评价门槛/阈值：当超过某一比例时，认为两个方案存在显著差异；反之亦然。一般而言，只有二者的差异超过 20%，我们才会认为存在显著差异。

也可以采用谱系矩阵（Pedigree Matrix）的方法，美国环境保护署[34]制定了数据质量谱系矩阵（Data Quality Pedigree Matrix，DQPM），可用于评价与流（Flow）相关的各个参数在相应评价指标上的表现（得分），如表 4-4 所示。

数据质量谱系矩阵评价指标 1   表 4-4

指标		1	2	3	4	5（默认值）
流可靠性		基于测量且验证①数据	基于计算且验证的数据或基于测量的非验证数据	基于计算的未验证数据	基于文献的估计值	估计值
流代表性	时间相关性	少于 3 年的时间差异②	少于 6 年的时间差异	少于 10 年的时间差异	少于 15 年的时间差异	资料年份不详或超过 15 年
	地理位置相关性	在同一精度水平和同一研究地域	在同一精度水平和相关地域③	在两个精度水平和相关地域	超出两个精度水平和相关地域	来自不同或未知地域
	技术相关性	所有技术类别④都等价	其中三个技术类别等价	其中两个技术类别等价	其中一个技术类别等价	没有一个技术类别等价
	数据收集方法	代表性数据来自 >80% 的相关市场⑤，时间跨度足够长⑥	代表性数据来自 60%～79% 的相关市场，时间跨度足够长；代表性数据来自 >80% 的相关市场，时间跨度较短	代表性数据来自 40%～59% 的相关市场，时间跨度足够长；代表性数据来自 60%～79% 的相关市场，时间跨度较短	代表性数据来自 <40% 的相关市场，时间跨度足够长；代表性数据来自 40%～59% 的相关市场，时间较短	未知或代表性数据来自少量地区，时间跨度较短

注：①验证可以通过几种方式进行，例如现场检查、重新计算、质量平衡或与其他来源的交叉检查。对于通过质量平衡或其他验证方法计算出的值，必须使用独立的验证方法。
②时间差异是指数据生成日期与项目范围定义的代表性日期之间的差异。
③相关地域由用户定义，并应记录在地理元数据中。单元过程元数据中建立的关系应一致地应用于单元过程中的所有流。默认关系建立在同一等级政治边界（例如丹佛在科罗拉多州，丹佛在美国，丹佛在北美）。
④技术类别包括工艺设计、操作条件、材料质量和工艺规模。
⑤相关市场应记录在案。默认相关市场以生产单元计量。如果使用其他单元确定相关市场，则应标注。元数据中建立的相关市场应一致地应用于单元过程中的所有流。
⑥评估时间跨度应足够长以平衡正常的波动。除新兴技术为 2～6 个月或农业项目 >3 年外，默认时间跨度为 1 年。

4.3.2 定量评价方法

针对定性和半定量LCA不确定性评价方法的不足之处,本节论述当前几种LCA研究常用的定量评价方法,包括敏感性分析和不确定性量化分析两大类型。敏感性分析(Sensitivity Analysis)是一种定量描述输入参数变化对LCA模型输出结果影响的方法;不确定性量化分析则是通过构建流或输入参数的概率密度函数(Probability Density Function,PDF),通过汇集所有过程的PDF,获取LCA整体结果的PDF,从统计学角度计算LCA结果的统计参数(期望值、方差、95%的置信区间等),以评价不同设计方案是否存在显著差异。不确定性量化分析方法,包含不确定性传递分析和不确定性贡献分析。前者是研究输入参数不确定性如何通过LCA模型传递到输出的不确定性的方法,后者则是用来确定输出不确定性的来源和主要贡献输入参数。

4.3.2.1 敏感性分析

敏感性分析可以定量评价输入参数、不同场景选择对LCA结果的影响。敏感性分析是确定LCI重要影响因素及其影响程度的常用方法。通过每次改变一个输入参数而假设其他参数保持不变,我们能够分析该参数对LCA结果的影响。

道路的LCA研究包含多个阶段,每个阶段由多个模型组成。在Yu的研究中,分别考察了交通量年增长率、燃油经济性改善及材料回收利用对LCI的影响[35]。在其研究中,基本场景的交通量年增长率设置为零,而实际上交通量增长可能会显著影响能耗和空气污染物排放。因此选择了几种不同交通量年增长率的场景来研究其对车辆能耗的影响,如图4-3所示(背景详见5.1节案例)。

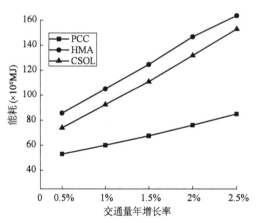

图4-3 车辆能耗对交通量年增长率的敏感性

可以看出,在各种交通量年增长率下,车辆能耗显著增加,基本遵循线性模式。不同方案能耗对交通量年增长率敏感性不一,HMA和CSOL方案的斜率比PCC方案的斜率更大,表明这两个方案对交通量年增长率更敏感。

燃油经济性也是影响交通相关能耗的关键因素。同样的,基本场景设定为燃油经济性一直不改善。运用敏感性分析研究了三种替代方案以估算燃油经济性参数的影响,即每年燃油经济性提高1%、采用混合动力技术、每年燃油经济性提高2%,结果如图4-4所示。

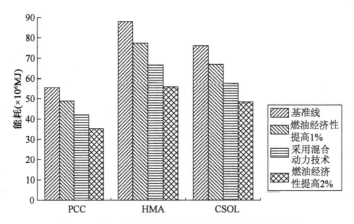

图 4-4　基于不同燃油经济性改善场景的能源消耗情况

对于与车辆相关的能耗,燃油经济性每年提高 2%,PCC、HMA 和 CSOL 方案的燃油分别减少 26%、27% 和 28%。而混合动力技术是一种很有前途的技术,可以大大减少使用阶段车辆的能耗。

还运用敏感性分析研究了材料回收利用的效果,包括两种回收比例,即材料回收 10% 和 20%,结果如图 4-5 所示。

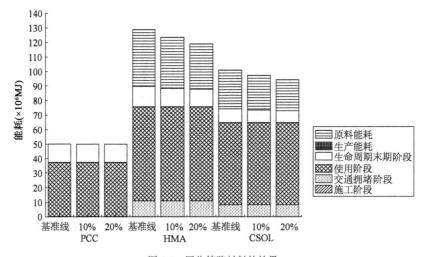

图 4-5　回收筑路材料的效果

回收 PCC 以替代基层中的集料,其直接能耗的降低几乎可以忽略不计,因为集料本身的生产并非能耗密集型工艺,但是回收 PCC 将节省垃圾填埋场的空间;对于 HMA 而言,回收 20% 的 RAP 用于新沥青铺面可显著降低材料生产阶段的能量需求。此外,沥青材料的原料能耗的取舍很大程度上影响了 LCI 结果。

以上的三个例子表明,敏感性分析能够帮助不同方案识别各个参数对 LCA 结果的影响,从而界定重要参数以提升数据采集的靶向性;也可以分析不同方案对重要参数的敏感性;同样可以测试不同改善方案的效果等。对于模型的不确定性,敏感性分析可以单独使用,也可以联合其他工具共同使用。

4.3.2.2 不确定性量化分析

现阶段,诸多研究(包括道路 LCA 研究)并未考虑不确定性的影响。笔者检索了现有资料发现:水泥生产的能耗强度范围为 4.6~7.3MJ/kg,沥青生产的能耗强度范围为 0.7~6.0MJ/kg。如此大的差异并不令人吃惊,因为系统边界的差异、生产工艺的不同、依赖于局部区域的生产流程等诸多因素均会导致计算结果的波动。然而,不同的研究者选取不同的能耗强度数值会对计算结果产生巨大的影响,甚至会得出相反的结论(例如水泥混凝土路面与沥青路面比较)。同时,现有研究多集中于个案的分析,计算过程的模型参数也带有相应案例的属性,如级配设计、运输距离、混合料加热拌和设备效率等。这使得不同研究者的研究结论缺乏相同的研究基础,计算结果不具备普遍性,移植性差。因此,本节介绍如何建立 LCA 结果不确定性的定量评价方法。根据 4.2 节分析,LCA 不确定性可分为参数不确定性、模型/研究方法不确定性及结果/场景不确定性,以下分别进行讨论。

(1)参数不确定性来源分类

参数不确定性是指由于测量不精确、专家估值有偏差或缺少数据而导致的输入值的不确定性。参数不确定性是 LCA 研究中最具体、最直观的不确定性来源。生产单位质量筑路材料的能耗、施工设备的排放系数、筑路材料的运输距离等都属于道路 LCA 模型中参数不确定性范畴。

对于道路任一阶段(流程)的环境影响计算,可以采用如式(4-1)所示的一般性计算方法:

$$\mathrm{EI} = \sum_i C_i \times M_i \qquad (4\text{-}1)$$

式中,EI 为环境影响数值(Environmental Inventory,EI);C_i 为单位流的环境影响强度;M_i 为流量;i 为任一阶段的流数目。

根据式(4-1)可知,环境影响数值 EI 的可靠性受到 C_i 和 M_i 的影响。在道路 LCA 研究的背景下,C_i 可以是单位质量筑路材料(沥青、水泥、集料等)生产能耗或施工设备尾气排放率;M_i 可以是 HMA 的用量、施工设备的使用时长、筑路材料运输距离等。为了便于区分,本书将与 C_i 相关的不确定性定义为第一类参数不确定性,将与 M_i 相关的不确定性定义为第二类参数不确定性。

(2)参数不确定性定量评价方法

①第一类参数不确定性。

经验性或专家估计、测量(人为)误差、不具备代表性(过时的数据,时空、技术差异过大)的数据,乃至数据缺失都是参数不确定性的来源。理想情况下,参数的不确定性可以通过统计采集的大样本数据,建立相应的概率密度函数,作为输入量进行 Monte Carlo 分析。然而,更多的情况是所需的经验、测量数据缺失或者样本极少。

在此情况下,本书利用描述性指标建立数据质量谱系矩阵,包括数据可靠性、完整性、时间相关性、地理位置相关性、技术相关性共 5 个评价指标,并定义相应的参数质量评价指标,如表 4-5 所示。

数据质量谱系矩阵评价指标2　　　　　表4-5

指标	5	4	3	2	1
可靠性	计算过程透明、已验证、普遍适用；数据基于实测	计算过程透明、已验证、不普遍适用；权威、定期更新的数据	计算过程透明、未验证、不普遍适用；来自文献或是专著，不定期更新	选择标准透明，舍弃标准未知；基于文献或是经验推论、估计或是假设	无根据的推论或是假设
完整性	长时间大样本的代表性数据	长时间小样本的代表性数据	短时间大样本的代表性数据	短时间小样本的代表性数据	无法获得代表性数据
时间相关性	<3年	<6年	<10年	<15年	>15年
地理位置相关性	研究区域内数据	包含研究区域较大范围内平均值	具有类似生产工艺和环境的其他区域	具有略微类似生产工艺的其他区域	未知区域
技术相关性	收集或实测的数据与研究的项目或是产品的工艺设计、操作条件、材料质量和工艺规模完全一致	收集或是实测的数据与研究的项目或是产品的工艺设计、操作条件、材料质量和工艺规模中有一项不同	收集或是实测数据与研究的项目或是产品的工艺设计、操作条件、材料质量和工艺规模中有两项不同	收集或实测数据与研究的项目或是产品的工艺设计、操作条件、材料质量和工艺规模中仅一项相同	数据与研究的项目或产品的技术不存在相关性

根据表4-5数据质量谱系矩阵评价指标，可以对照开展数据的质量评价。以 Eurobitume[29]报告中改性沥青生产的温室气体排放数据为例，将其应用于江苏省南部某地沥青路面生命周期环境影响评价中，使用数据质量指数(Data Quality Index, DQI)对其进行数据质量评价。示例如下：

a. 改性沥青材料生产各单元过程计算数据均来自通过评审和验证的全球范围或是欧洲范围的行业报告和权威数据库，使用的调研数据是对欧洲所有沥青生产企业测量的结果，且最终结算结果通过独立第三方专家同行评议，因此可靠性评分为4。

b. Eurobitume 使用的部分数据源于全球范围内统计报告，部分数据则是欧洲统计报告。调研数据涵盖欧洲所有沥青生产工厂，Ecoinvent 数据库拥有欧洲主要国家的基础温室气体排放数据。运输数据采用 EPA 统计数据，EPA 数据则是以美国为立足点统计的全球航运管道运输数据。以上数据均有足够长的时间跨度，不同单元过程的完整性指标不同，因此该项分值为4~5分。

c. 改性沥青生产过程中原油开采和精炼单元数据使用2008—2010年资料，使用的 Ecoinvent 2.2 数据库发布于2010年，但是原油管道运输和海上运输单元过程使用的是 EPA 发布于2000年的报告数据，不同单元过程时间相关性不一致。综上，时间相关性评分应为2~3分；

d. 报告中假设沥青工厂位于荷兰，LCA研究的对象为中国江苏省，不同区域生产工艺略微类似，因此该项得分为2分；

e. 由于难以获得工艺设计、操作条件、材料质量和工艺规模等详细技术信息，技术相关性评价较困难。同样生产聚合物占3.5%的 SBS 改性沥青，尽管中国沥青生产工艺与欧洲沥青生产工艺也许在工艺设计与工艺规模上类似,例如均使用直馏法生产基质沥青,但是操作条件可能存在较大差异,此外材料质量信息缺失,因此其分值为 2~3 分。

综合上述 5 个指标,对 5 个指标赋予相同权重,计算的平均值即为数据质量指标,则 SBS 改性沥青生产温室气体排放数据的 DQI 为 2.8~3.4 分,质量并不理想。

读者会发现,表 4-5 和表 4-4 非常类似,虽然具体的评价指标与分数排序有所不同,但是基本原理完全一致。从评价以上数据的完整性、时间相关性、技术相关性的过程能够发现,并不能轻易地使用谱系矩阵和数据质量指标评价背景数据的质量,特别是在没有充足信息和单元过程较多的情况下。此外,由于 DQI 只能评估输入数据质量大致情况,仅依靠此方法并不能定量评估 LCA 环境影响结果的不确定性,因此,DQI 需要与其他不确定性量化方法结合才能用合理的数学方式表征不确定性。

为了进行定量评价,可建立数据质量谱系矩阵,获取 DQI。随后,根据表 4-6,利用 Beta 函数,将 DQI 转化为概率密度函数,作为后续 Monte Carlo 分析的输入参数,如式(4-2)所示:

$$f(x;\alpha,\beta,a,b) = \left[\frac{1}{(b-a)}\right] \times \left\{\frac{\Gamma(\alpha+\beta)}{\Gamma(\alpha)\times\Gamma(\beta)}\right\} \times \left[\frac{(x-a)}{(b-a)}\right]^{\alpha-1} \times \left[\frac{(b-x)}{(b-a)}\right]^{\beta-1} \quad (a \leqslant x \leqslant b) \tag{4-2}$$

式中,α,β 为形状参数;a,b 为区间端点。

概率密度函数转化矩阵[36]　　　　　　　　　　　　表 4-6

DQI		5.0	4.5	4.0	3.5	3.0	2.5	2.0	1.5	1.0
Beta 分布参数	形状参数	(5,5)	(4,4)	(3,3)	(2,2)	(1,1)	(1,1)	(1,1)	(1,1)	(1,1)
	区间端点	10%	15%	20%	25%	30%	35%	40%	45%	50%

之所以选择 Beta 函数是因为:a. 形状参数定义了分布的形状和概率质量的位置,而端点参数限制了阈值的范围;b. 输入合适的形状参数和区间端点参数,Beta 分布形状多变。通过式(4-2)可以进行数据质量的定量评价。

②第二类参数不确定性。

对于第二类参数 M_i 的变异性,同样可以通过"第一类参数不确定性"的方法论开展不确定性研究。然而,根据式(4-1),C_i 和 M_i 同时采用 Beta 函数的话,计算成本高昂,且容易导致 Monte Carlo 模拟结果不收敛。因此,本书采用一种简化的方法,即通过定义"不确定性参数(Uncertainty Factor, UF, UF≥1)"加以描述。正态分布及对数正态分布是描述 UF 的常用分布形式。

输入 M_i 的极小值、极大值定义如式(4-3)所示:

$$\begin{cases} M_{i,\min} = \dfrac{M_{i,\text{avg}}}{\text{UF}_i} \\ M_{i,\max} = \text{UF}_i \times M_{i,\text{avg}} \end{cases} \tag{4-3}$$

式中,$M_{i,\min}$、$M_{i,\max}$、$M_{i,\text{avg}}$ 分别为极小值、极大值和均值。

则输入 M_i 的波动范围应满足式(4-4):

$$p(M_{i,\min} < M_{i,\text{avg}} < M_{i,\max}) = 0.95 \tag{4-4}$$

对于如何选择正态分布和对数正态分布函数形式以描述数量类参数 M_i 的变异性,可参考式(4-5):

$$\begin{cases} P(M_i<0) \geqslant 5\% & (\text{对数正态分布}) \\ P(M_i<0) < 5\% & (\text{对数正态分布或正态分布}) \end{cases} \quad (4-5)$$

如果 M_i 为负数的概率大于或等于 5%,选择对数正态分布;如果 M_i 为负数的概率小于 5%,选择对数正态分布或正态分布。

当然,也可以收集输入量的最大值和最小值(如最长和最短运输距离),采用均匀分布;如果获得了更多信息,如平均运输距离,也可以考虑采用三角分布。

(3)模型/研究方法不确定性定量评价方法

在生命周期评价的不同阶段,通常使用线性或非线性回归模型等数学模型描述。由于数学模型的建立通常基于假设条件和对现实的简化,因此 LCA 研究中必然会存在模型/研究方法的不确定性(例如计算车辆因为轮胎滚动阻力而产生的燃油消耗),其源于数学模型的预测与现实的偏差。一般而言,输出或因变量(y)是输入或自变量(x)和模型参数(α)的函数,如图 4-6 所示。

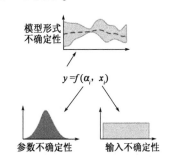

图 4-6 模型不确定性示意图
(改编自 Ziyadi 和 Al-Qadi[39])

可以看出,模型的不确定性包含三个部分:a. 模型的拟合系数 α;b. 模型的自变量 x_i;c. 模型采用的函数形式 f。对模型的输入参数 x_i 的定量描述,可参考 4.3.2.2 节中的参数不确定性定量评价方法。

对于模型参数 α 以及模型采用的函数形式 f,其不确定性定量评价较为复杂。Kennedy 和 O'Hagan[37] 开展了描述模型形式不确定性的主要工作,提出通过正交多项式校正。在此基础上,He 和 Xiu[38] 进一步提出了模型内部和外部修正方法,Ziyadi 和 Al-Qadi[39] 将其运用于评价平整度-汽车燃油消耗的估算模型的不确定性。

(4)结果/场景不确定性定量评价方法

对于结果/场景的不确定性,无论是清单分配选择还是系统边界选择(包含/删除某一单元过程),可将可能的场景选择离散化,通过离散选择模型描述。因此,可使用均匀分布形式量化每个场景选择的概率(如清单分配方法),各个场景选择概率计算如式(4-6)所示:

$$P(A_x) = \begin{cases} P(A_1) = \dfrac{X_1 - X_0}{X_n - X_0} \\ P(A_2) = \dfrac{X_2 - X_1}{X_n - X_0} \\ P(A_3) = \dfrac{X_3 - X_2}{X_n - X_0} \\ \cdots \\ P(A_n) = \dfrac{X_n - X_{n-1}}{X_n - X_0} \\ 0 < x < X_0, \text{且 } x > X_n \end{cases} \quad (4-6)$$

式中,A_x 表征方法 A 的第 x 选择场景。例如,A 可以是原油开采和炼油中沥青清单数据分配方法;x 表示可能的场景数量($x=1,2,\cdots,n$),例如基于质量、经济性的分配。应注意的是,可通过改变分布中 X_n 值之间的间隔来调整每个场景的方法偏好(例如,可增加 X_0 和 X_1 的间隔以增加场景 A_x 的选择概率)。

(5)不确定性定量评价工具与指标

①不确定性传递分析。

不确定性包含多个来源、程度和描述方法,通过不确定性传递分析,可以计算各个不确定性因素累积而影响 LCA 最终输出结果的不确定性。不确定性传递分析首先是定义输入的不确定性表征方法,假设不确定性符合唯一的 PDF,然后将每个模块的 PDF 进行编译汇总并输入道路 LCA 模型中,最终获得 LCI 的概率分布。不确定性传递过程可通过不同的方法实现,图 4-7 是道路 LCA 不确定性传递过程示意图。

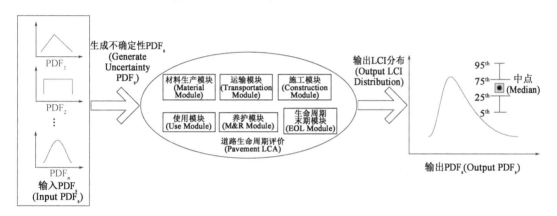

图 4-7　道路 LCA 不确定性传递过程示意图

受限于数据的匮乏,对每个输入参数准确定义唯一的 PDF 可能无法实现。LCA 用户可能只能从专家(或个人)的判断、文献数据和少量测量等方面获取信息。在此情况下,可以使用简单的最小-最大间隔(Min-max Intervals)和模糊集等工具来表征不确定性,以保持与现有信息的一致性。

②不确定性贡献分析。

不确定性贡献分析也称为关键问题分析,其目的为:a.计算各个不确定性因素对输出不确定性的影响;b.确定产生不确定性的主要来源。假设 Z 是最终路面 LCI 结果的一个环境指标,可以将其定义为每个模块输入的函数,如式(4-7)所示:

$$Z = f(x_1, x_2, \cdots, x_n) \tag{4-7}$$

式中,$x_1, x_2, \cdots, x_n$ 代表 LCA 模型中的各个阶段。忽略协方差,Z 的方差可近似为

$$\text{var}(Z) \approx \left(\frac{\partial f}{\partial x_1}\right)^2 \text{var}(x_1) + \left(\frac{\partial f}{\partial x_2}\right)^2 \text{var}(x_2) + \cdots + \left(\frac{\partial f}{\partial x_n}\right)^2 \text{var}(x_n) \tag{4-8}$$

因此,阶段 x_i 对 Z 的方差贡献(CTV)为

$$\text{CTV} = \frac{\left(\frac{\partial f}{\partial x_i}\right)^2 \text{var}(x_i)}{\text{var}(Z)} \tag{4-9}$$

③不确定性分析工具。

为实现不确定性的传递,可采用不同的工具,包括蒙特卡罗抽样(MCS)、拉丁超立方体抽样(LHS)、准蒙特卡罗抽样(QMCS)、模糊区间算法(FIA)和分析不确定性传递(AUP)等。笔者总结了这些分析工具的技术特征、优缺点及其在道路 LCA 中的应用,如表 4-7 所示。

不确定性分析工具汇总　　　　表 4-7

工具	输入	输出	技术特征	优点	缺点
MCS	PDF, μ, π	$\bar{x}, std$	伪随机数发生器	可比较不同研究的统计结果	计算时间长
LHS	PDF, μ, π	$\bar{x}, std$	分层采样,伪随机数发生器	收敛速度快	建模技术复杂
QMCS	PDF, μ, π	$\bar{x}, std$	拟随机数,随机方法	收敛速度快	建模技术复杂
FIA	$S, V_c, \delta^{\pm}$	$\bar{V_c}, \bar{\delta}^{\pm}$	构造可能性函数	仅需要区间值,计算效率高	不能构建 PDF 并进行统计测试
AUP	σ	σ	一阶泰勒近似	对分布形状无要求,计算效率高	对输入数据的了解有限

注:μ-平均值;π-离散参数;$\bar{x}$-样本均值;std-样本标准偏差;S-形状;V_c-核心值;$\bar{V_c}$-V_c 的平均值;$\bar{\delta}^{\pm}$-上下界;$\bar{\delta}^{\pm}$-上下界的平均值;σ-标准偏差。

④不确定性分析度量。

为了评价和比较 LCA 结果,提出了三类度量指标:非比较性度量、比较性度量和贡献分析度量。

a. 非比较性度量。

敏感性分析是评价参数变化对 LCI 影响的一种常用方法,在现有的道路 LCA 研究中得到了广泛的应用。然而,目前的道路 LCA 实践是单一地观察随各参数变化的发展趋势,有必要引入更多的定量评价指标。

敏感性系数(SC):两种绝对变化之间的比值,定义为

$$SC = \frac{\Delta results}{\Delta parameter} \tag{4-10}$$

敏感性比(SR):两种相对变化之比,定义为

$$SR = \frac{\dfrac{\Delta results}{Ini\_results}}{\dfrac{\Delta parameter}{Ini\_parameter}} \tag{4-11}$$

b. 比较性度量。

许多 LCA 研究是比较性的。如开展道路 LCA 研究,以比较不同沥青混合料的环境影响、路面结果方案设计、养护决策等。

在传统的道路 LCA 研究中,设计方案Ⅰ和Ⅱ的比较是通过绝对值比较实现的。例如,设计方案Ⅰ比设计方案Ⅱ多排放 20% 的二氧化碳。进行不确定性分析,可以定义:

$$R_u = \frac{E_{u,\text{I}}}{E_{u,\text{II}}} \tag{4-12}$$

式中,R_u 为影响类别 u 的比较指标;$E_{u,\text{I}}$ 和 $E_{u,\text{II}}$ 分别为与设计方案Ⅰ和设计方案Ⅱ相关的影响类别的环境影响数值。

通过统计抽样,如果95%的情况下 R_u 大于1,则认为设计方案Ⅰ比设计方案Ⅱ有更大的影响,反之亦然。可以进一步建立基于概率密度函数的95%显著性水平上 R_u 的置信区间。图4-8给出了运行10000次MCS后 R_u 分布的柱状图。从图4-8中可以看出,两个方案能耗比 R_u 在95%置信水平上并没有显著差异。

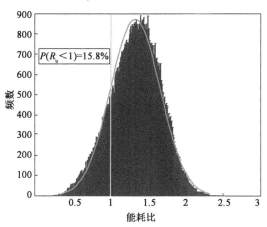

图4-8 两种设计方案的能耗比 R_u 分布示意图

c. 贡献分析度量。

参数的不确定性决定了结果的不确定性。即使在不确定性相等的情况下,某些参数对输出的不确定性的影响也会大于其他参数。基于式(4-9),进一步推导出方差贡献 CTV。考虑到 x 的变化相对较小,用 $\frac{\Delta f}{\Delta x}$ 近似 $\frac{\partial f}{\partial x}$。

$$\text{CTV} \approx \frac{\left(\frac{\Delta f}{\Delta x}\right)^2 \text{var}(x)}{\text{var}(Z)} \approx \frac{(\text{SC})^2 \text{var}(x)}{\text{var}(Z)} \tag{4-13}$$

根据式(4-13),只要已知参数的标准偏差,则可计算不确定性的主要贡献者,这也正是表4-7中AUP分析方法的基本原理。

4.4 LCA不确定性评价案例

本节以沥青路面常用的养护措施为例,评价其相应的环境影响,并从数据质量角度分析环境影响计算结果的不确定性,以期达到两个目的:①从统计层面评价不同养护方案的环境影响及其可靠性;②建立数据质量维度的环境影响结果可靠性评价的方法论。

4.4.1 沥青路面养护能耗和碳排放数据库

沥青路面养护措施众多,如灌缝、微表处、薄层罩面和热再生等。本案例研究对象主要包括热拌沥青混合料(分别使用基质沥青和改性沥青)、厂拌热再生(15%旧料比例)、就地冷再生和厂拌冷再生,共计五种养护措施。选择上述方案是基于以下考虑:a. 养护强度高,能耗和碳排放显著;b. 运用广泛,对其环境影响的量化评估具有广泛的运用价值;c. 实际工程较多,相较于理论计算数据,现场数据更能反映实际状况,且数据采集较为容易。

(1) 养护各阶段能耗和碳排放资料

为了研究上述沥青路面养护技术的环境影响,通过国内外调研、理论推导并结合典型养护工程能源消耗的现场监测数据,从筑路材料的开采生产、混合料的加热拌和、材料运输和施工四个环节研究沥青路面养护工程的能耗和碳排放。本案例并没有包括使用阶段,一方面是因为数据收集困难,另一方面是因为不同养护方案对路面性能的提升并不一致,具体的环境影响计算与交通、结构、环境参数相关,已远超出本案例的研究范畴。

对于材料生产阶段,通过文献检索、理论计算和现场检测等手段,分别确定常用道路材料生产单位质量的能耗和碳排放,如表4-8所示。

道路材料生产单位质量能耗和碳排放   表4-8

材料	能耗(kgce/t)	碳排放(kg/t)	数据源
基质沥青	170.34	287.51	基于《中国能源统计年鉴(2018)》[40]推算
改性沥青(3.5% SBS)	311.61	485.54	基于《中国能源统计年鉴(2018)》[40]和Eurobitume[29]推算
乳化沥青(60% 固化剂含量)	118.55	205.98	基于《中国能源统计年鉴(2018)》[40]和Eurobitume[29]推算
石料	3.71	9.02	调研
水泥	136	377.06	基于《中国能源统计年鉴(2018)》[40]推算
工业用水	0.0857	0.24	调研

注:1kgce 为 1kg 标准煤,热值为29.31MJ。

混合料加热拌和主要指厂拌设备对集料、旧沥青混合料回收材料、沥青的加热和拌和制备,其各工序能耗和碳排放通过现场调研获取。

对现场采集的环境数据初步分析,结果表明,养护技术本身对材料的消耗和混合料的加热拌和的影响是决定性的,各养护生产和施工单位以及具体工程的实际情况对其影响较小;而对于运输环节,具体工程的差异对实际养护技术所产生的能耗和碳排放影响显著。因此,为了反映养护技术本身的环境影响属性,消除因运距而产生的差异,同时为了使环境影响的计算结果具有代表性,本案例建立了标准化运距。通过统计大量的养护工程样本,本案例获得了平均运距并将其作为计算运距,规定如表4-9所示。

计算运距规定(km)   表4-9

类别		运距
旧料被运至料场运距	厂拌再生	30
	其他	0
旧料料场至拌和厂运距	所有	0①
新料被运至拌和厂运距	含砂雾封层和无须添加材料的现场冷再生	0
	其他	60
混合料被运至施工现场运距	含砂雾封层和无须添加材料的现场冷再生	0
	其他	30②

注:①因为旧料料场一般设在拌和楼附近,所以规定运距为0km。
②旧料被运至料场(拌和楼)运距与混合料被运至施工现场运距相近,都规定为30km。

第4章 生命周期评价结果可靠性分析

（2）养护各阶段能耗和碳排放清单

本案例采集了苏南、苏中、苏北4个地市6个路段共18项养护工程的各类数据,如筑路材料消耗、拌和楼能耗、运输距离等。根据表4-8,可计算相应材料生产阶段的能耗和碳排放;基于现场数据,可量化其他阶段的能耗和碳排放。各沥青路面养护工程能耗和碳排放清单如表4-10所示。

各沥青路面养护工程能耗和碳排放　　　　　表4-10

养护工程技术方案[①]	筑路材料			生产		运输[②]	施工	能耗		碳排放
	沥青	水泥	集料	加热	拌和			(kgce/t)	(kgce/m²)	(kg/t)
改性热拌(3cm)	20.14	0	2.94	11.89	0.25	2.24	1.2	38.66	2.89	94.98
改性热拌(5cm)	18.68	0	2.95	10.82	0.31	2.25	0.35	36.81	3.53	90.43
改性热拌(4cm)	18.38	0	2.96	11.56	0.25	2.25	0.71	36.1	3.47	88.69
改性热拌(5cm)	15.11	0	2.99	11.7	0.25	2.27	1.56	33.87	4.15	83.21
改性热拌(4cm)	15.11	0	2.99	11.3	0.31	2.27	0.79	32.77	3.15	80.51
基质热拌(3cm)	8.11	0	2.99	10.99	0.18	2.27	1.27	25.82	2.71	63.43
基质热拌(4cm)	8.44	0	2.98	8.22	0.25	2.27	0.59	22.74	2.18	55.87
基质热拌(7cm)	7.63	0	3	11.02	0.18	2.27	0.91	25.01	3.68	61.44
基质热拌(8cm)	7.63	0	3	11.02	0.18	2.27	0.8	24.89	4.18	61.16
基质热拌(8cm)	7.3	0	3	11.03	0.18	2.28	0.8	24.6	4.13	60.42
基质热拌(8cm)	6.81	0	3.01	11.06	0.18	2.28	0.8	24.15	4.06	59.32
厂拌热再生(4cm)	6.01	0	2.24	10.29	0.49	2.08	0.9	22	2.07	54.05
厂拌热再生(5cm)	5.16	0	2.43	10.84	0.18	2.14	1.27	22.03	2.31	54.12
厂拌热再生(8cm)	5.16	0	2.13	9.86	0.18	2.07	0.8	20.19	3.39	49.61
厂拌冷再生(8cm)	4.85	2.76	1.2	0.1		1.81	0.63	11.54	1.98	28.35
厂拌冷再生(13cm)	4.32	2.48	0.92	0.12	0.03	1.75	0.26	9.88	2.7	24.27
就地冷再生(10cm)	3.68	2.48	0	0.17	0		1.36	7.69	1.65	18.89
就地冷再生(10cm)	3.79	2.48	0	0.17	0	0	0.73	7.18	1.54	17.64

注:①养护工程技术方案中数字代表厚度。
②各养护方案已采用计算运距。

4.4.2 沥青路面养护LCA结果不确定性分析

从表4-10可知,不同养护技术的能耗和碳排放具有显著差异,而相同养护技术不同工程案例的能耗和碳排放同样具有差异性,原因是混合料级配设计、材料来源、拌和楼性能、施工组织等皆因具体工程而异。因此,对某项养护技术环境影响的评价,不应拘泥于具体工程得出的个案数值(通常差异显著,可能得出偏颇甚至失真的判断),而应从统计学角度,建立相应养护技术的环境影响数据库,从样本分布情况判断养护工程的环境影响程度。基于前文提及影响LCA结果可靠性的两类不确定性来源,现分别予以量化分析。

（1）参数不确定性计算

以沥青材料为例,基质沥青生产的能耗为170.34kgce/t。基质沥青材料生产能耗是以《中国能源统计年鉴2018》为基础,按照Eurobitume 2011的计算模型进行推算。因此根据表4-5,

参照4.3.2.2节给出的评价示例,各指标分值分别为:{4.0,5.0,4.0,4.0,5.0},则DQI为4.4;对照表4-6的Beta函数,其形状参数(α,β)为(4,4),区间端点为(-15%,15%)。基质沥青材料生产能耗概率密度函数PDF如图4-9所示。

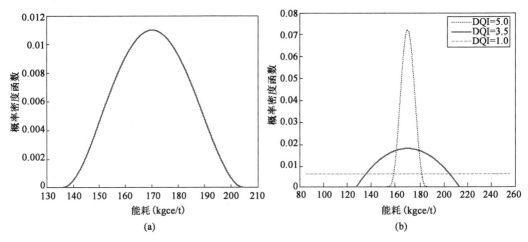

图4-9 不同数据质量下基质沥青材料生产能耗概率密度分布
(a) DQI=4.4;(b) 不同DQI

不同的DQI值代表不同的数据质量,DQI越高则数据质量越高,相应的不确定性越低。同样以基质沥青为例,假设不同DQI值,则相应的基质沥青材料生产能耗概率密度分布如图4-9(b)所示。

根据图4-9(a)建立的概率密度函数,可以评价基质沥青材料生产能耗数值及可靠性。类似地,可以基于基质沥青材料生产的碳排放以及其他道路材料生产能耗和碳排放数据建立相应的概率密度函数,为Monte Carlo分析提供数据源。

(2) 模型不确定性计算

基于表4-10调研资料,可分别确定路面养护各阶段的概率密度分布和相应的UF(Uncertainty Factor)值。拌和与施工阶段的能耗和碳排放数值较小,且对于同一养护技术差异较大,为避免负值出现的概率过大(>5%),假定其服从对数正态分布;其他阶段则假定服从正态分布。根据式(4-3)和式(4-4)定义,相应UF值如表4-11所示。

养护方案的不确定性参数　　　　表4-11

养护方案	UF							样本数
	沥青	水泥	集料	加热	拌和	运输	施工	
改性热拌	1.297	—	1.015	1.074	1.273	1.011	3.060	5
基质热拌	1.161	—	1.007	1.241	1.345	1.004	1.628	6
厂拌热再生	1.004	—	1.203	1.141	1.116	1.047	1.895	3
厂拌冷再生	1.175	1.160	1.160	1.469	1.291	11.05	1.114	2
就地冷再生	1.041	1.131	—	1.291	—	—	2.364	2

4.4.3 养护方案环境影响不确定性分析

将4.4.2节确定的参数及输入不确定性概率密度分布函数作为Monte Carlo输入参数,对不同养护方案进行模拟分析,迭代次数为50000次。改性热拌沥青混合料能耗的模拟结果如图4-10所示。

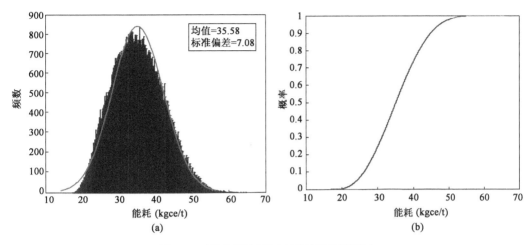

图4-10 改性热拌沥青混合料能耗概率密度分布

图4-10(a)为50000次迭代下改性热拌沥青混合料的能耗及其频数。在设定的数值质量和模型参数变异范围下,改性热拌沥青混合料的平均能耗为35.58kgce/t,其标准偏差为7.08kgce/t。图4-10(b)为能耗的累计密度函数(Cumulative Density Function,CDF),可用于确定养护方案的能耗强度。根据CDF图,改性热拌沥青混合料25^{th}和75^{th}百分位数分别为30.15kgce/t和40.29kgce/t。

对于其他养护方案能耗和碳排放的计算,同样进行Monte Carlo分析,获取相关统计参数,结果如表4-12所示。

养护方案的能耗和碳排放 表4-12

养护方案	能耗(kgce/t)				碳排放(kg/t)			
	均值	标准偏差	25^{th}百分位数	75^{th}百分位数	均值	标准偏差	25^{th}百分位数	75^{th}百分位数
改性热拌	35.41	7.06	30.17	40.31	86.96	17.34	74.10	98.98
基质热拌	24.51	3.18	22.20	26.78	60.27	7.79	54.61	65.75
厂拌热再生	21.13	2.11	19.60	22.66	52.66	5.42	48.70	56.53
厂拌冷再生	10.81	2.81	8.73	12.83	26.65	6.94	21.52	61.65
就地冷再生	7.11	2.28	5.42	8.79	18.34	5.89	13.99	22.65

表4-12中为标准化后(即采用计算运距)不同养护方案的能耗指标,其中均值代表养护方案的平均能耗,标准偏差则反映了养护方案的能耗波动范围,25^{th}和75^{th}百分位数则可用于界定不同养护方案的能耗强度等级。

4.4.4 养护方案环境影响比较分析

虽然表4-12能够提供相应的统计参数描述养护方案环境影响的波动性,然而不同养护方案之间的能耗和碳排放是否具有显著的统计差异则有待进一步研究。

本书参照式(4-12),进一步定义环境影响比较参数$R = \text{Env}_1/\text{Env}_2$,用以描述养护方案环境影响比较的显著性。$P(R<1)=P(\text{Env}_1<\text{Env}_2)$ 表征路面养护方案 1 的环境影响小于路面养护方案 2 的环境影响的概率。选取基质热拌沥青混合料作为基准方案,以能耗为指标,根据设定的数据质量及模型不确定性参数,进行 50000 次 Monte Carlo 分析,结果如图 4-11 所示。

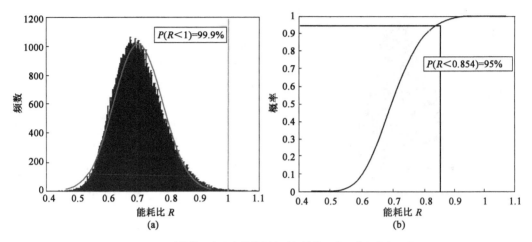

图 4-11　基质热拌沥青混合料能耗与改性热拌沥青混合料能耗比较

从图 4-11(a)知,如预期,在 95% 置信水平上,相较于基质热拌沥青混合料,改性热拌沥青混合料消耗的能源更多。从图 4-11(b)中更可提取出两种养护方案能耗比在 95% 置信水平上的置信区间。对于其他方案的比较,提取出相关统计信息,汇总于表 4-13。

不同养护方案的能耗比　　　　　　　　　　　　　表 4-13

基准方案	比较方案	$P(R<1)$	$P(R>1)$	显著性	均值	标准偏差	95% 置信区间
基质热拌	改性热拌	99.9%	—	显著	0.70	0.08	(0.56, 0.87)
基质热拌	厂拌热再生	—	99.7%	显著	1.15	0.08	(1.00, 1.32)
基质热拌	厂拌冷再生	—	99.9%	显著	2.27	0.18	(1.92, 2.63)
基质热拌	就地冷再生	—	99.9%	显著	3.46	0.31	(2.82, 4.04)
厂拌冷再生	就地冷再生	—	99.9%	显著	1.52	0.15	(1.24, 1.81)
厂拌冷再生	厂拌热再生	99.9%	—	显著	0.51	0.06	(0.41, 0.65)

不同养护方案互相比较,其能耗差异具有统计学上的显著差异。表 4-13 提供了不同比较方案的均值和波动区间,可从统计层面评价不同养护方案之间环境影响的差异范围及其可靠性。例如,厂拌冷再生沥青混合料的平均能耗比就地冷再生沥青混合料的平均能耗多 52%,能耗比在 95% 置信水平上的置信区间为(1.24,1.81),即前者能耗是后者能耗的 124% ~ 181%。对于碳排放的分析类似,在此不再赘述。

4.5　LCA 不确定性评价的改进方法

前文论述了数据质量指数(DQI)的评价方法,可用于评价目标数据的可靠性,在 LCA 的不确定性分析中具有广泛的运用。然而,如果式(4-1)的 C_i 有多个数据时,该如何定量评价相应的不确定性呢?

我们虽然可以只选择拥有最高 DQI 值的数据,但舍弃 DQI 值较低的数据是一种严重的信息浪费,尤其是数据量较小而变异性又较大的时候。因为各个 C_i 是在特定条件下得到的,所以在不同的 C_i 具有接近的 DQI 值时,缺乏充分的理由对不同来源的数据进行取舍。因此,本节设计了一种能够全面提取 C_i 可用信息,并形成综合的可靠性评价的方法。

4.5.1 DQI 改进方法

假设有 $n(n \geq 1)$ 个来源的资料可用,则基于 n 个 C_i 值,其综合概率密度函数 PDF 通过以下流程构建:

(1) 定量分析

对照表 4-5,对所有的资料进行 DQI 评分,形成 n 个 DQI 向量 $\boldsymbol{F}_i = \{f_{1i}, f_{2i}, f_{3i}, f_{4i}, f_{5i}\}$($i=1:n$)。通过计算合计 DQI_i,第 i 个来源的 PDF_i 可以基于表 4-6 和式(4-2)得出,将其储存以用于接下来的 Monte Carlo 模拟。

(2) 加权决策

采用不同方法以决定各 C_i 数据的重要性。第一种确定 C_i 权重的方法是通过 DQI 值进行简单加权,即:

$$W_i = \frac{\mathrm{DQI}_i}{\sum_i^n \mathrm{DQI}_i} \tag{4-14}$$

计算得到权重向量 $\boldsymbol{W}_1$,这意味着高 DQI 值的数据权重高。

第二种确定 C_i 权重的方法是基于变异系数(Coefficient of Variation,COV)。基于 PDF,对每个 C_i 数据均进行 Monte Carlo 模拟,以获得均值和标准偏差。为了在同一标准下衡量 C_i 变异程度,定义 $\mathrm{COV}_i = \dfrac{\mathrm{SD}_i}{\mathrm{Mean}_i}$,则权重计算如式(4-15)所示:

$$W_i = \frac{1/\mathrm{COV}_i}{\sum_i^n (1/\mathrm{COV}_i)} \tag{4-15}$$

计算得到权重向量 $\boldsymbol{W}_2$,这意味着低变异程度(即高可靠性)的资料 C_i 拥有更高权重。

以上两种方法基于全局评价决定权重,忽略了特定的数据质量参数。本研究采用"−1 到 1 范围的层次分析法",以决定各个 C_i 的权重,实施步骤如下。

步骤一:建立判别矩阵,基于 DQI 向量 $\boldsymbol{F}_i$,比较 C_i 各个评价指标的相对优劣。构建 $n \times n$ 的矩阵 $\boldsymbol{\psi}$,其元素由式(4-16)计算,且 $\psi_{ij} = 0 (i=j)$。

$$\psi_{ij} = \begin{cases} 1 & (f_i > f_j) \\ 0 & (f_i = f_j) \\ -1 & (f_i < f_j) \end{cases} \tag{4-16}$$

步骤二:建立最优转换方程矩阵 $\boldsymbol{O}$,$O_{ij} = \dfrac{1}{n}\sum_{k=1}^{n}\psi_{ik} + \psi_{kj}$,然后计算 $X_{ij} = \exp(O_{ij})$。

步骤三:通过几何平均法计算矩阵 $\boldsymbol{X} = (X_{ij})_{n \times n}$ 的特征向量 $\boldsymbol{W}_3$。最终的特征向量 $\boldsymbol{W}_3$ 通过式(4-17)计算并作为权重向量。

$$w_q = \frac{\sqrt[n]{\prod_{j=1}^{n} x_{qj}}}{\sum_{i=1}^{n} \left(\sqrt[n]{\prod_{j=1}^{n} x_{ij}}\right)} \qquad (q = 1, 2, \cdots, n) \tag{4-17}$$

(3) Monte Carlo 分布估计

各独立 C_i 的 PDF_i 由权重向量 W_1、W_2、W_3 分别进行加权,然后进行 Monte Carlo 模拟,最终获得 C_i 的整体 PDF 分布。

4.5.2 案例分析

(1) DQI 改进方法应用

2018 年,江苏省某一沥青路面养护工程拟评价该项目的环境影响。工程师决定使用 LCA 计算路面生命周期内的能耗。为了计算沥青混合料生产能耗,研究者进行了广泛的文献检索,获取到各类基质沥青生产的能耗资料及相关文献。为了简化研究,本案例对表 4-5 数据质量谱系矩阵进行整合,舍弃"取舍标准"指标,提出从可靠性(合并"数据源的独立性"和"获取手段"两个指标)、数据代表性、时间相关性、地理位置相关性和技术相关性五个方面开展评价。分值同样是 1~5 分,高分代表数据质量高。

本案例使用收集的能耗资料和文献来估计项目研究背景下(实施时间为 2018 年、地点在江苏省)基质沥青生产能耗资料 C_i 及其可靠性,相关资料列于表 4-14。

基质沥青生产能耗资料及其数据质量评价　　表 4-14

来源	ID	生产能耗(MJ/kg)①	可靠性	数据代表性	时间相关性	地理位置相关性	技术相关性	平均 DQI	DQI
Stammer and Stodolsky, 1995	A	0.63	1	1	1	1	1	1.0	1.0
Häkkinen and Mäkelä, 1996	B	6.0	3	2	1	2	2	2.0	2.0
Stripple, 2001	C	2.9	4	3	2	2	2	2.6	2.5
Athena Institute, 2001	D	5.3	3	3	2	2	2	2.4	2.5
Wang 等人, 2004	E	3.6	3	1	1②	2	2	1.8	2.0
Ecoinvent, 2011	F	9.0	4	4	2③	2	3	3.0	3.0
Green Design Institute of Carnegie Mellon University(卡内基梅隆大学绿色设计研究所), 2008	G	7.7	4	3	2④	2	3	2.8	3.0
Eurobitume, 2012	H	4.9	4	4	5	2	3	3.6	3.5

注:①使用了从炼油厂到当地仓库的沥青储存和运输能量,即从"摇篮到大门"的能量消耗。
②原始资料来自 1996 年。
③原始资料来自 2000—2004 年。
④原始资料来自 2002 年。

共收集到 8 组基质沥青生产的能耗资料(编号 A~H),参照制定的数据质量评价指标,分别进行数据质量评价。对于 5 类指标,采用相同权重计算平均 DQI,再四舍五入到 DQI(按 0.5 进位),结果如表 4-14 所示。分别采用三种方法计算 A~H 组数据对应的权重向量:

①采用式(4-14)计算权重,对应 A~H 组数据,权重向量 W_1 = {0.05, 0.10, 0.13, 0.13,

0.10,0.15,0.15,0.18}。

②对于第二种权重计算方法,首先利用 Monte Carlo 模拟获得每组数据的 PDF,计算其均值、标准偏差和变异系数,根据式(4-15),计算权重向量 W_2,如表4-15 所示。

数据源统计值及权重　　　　　　　　表4-15

ID	A	B	C	D	E	F	G	H
均值(MJ/kg)	0.63	6.0	2.9	5.3	3.6	9.0	7.7	4.9
标准偏差(MJ/kg)	0.18	1.40	0.599	1.07	0.83	1.55	1.33	0.54
COV	0.29	0.23	0.20	0.20	0.23	0.17	0.17	0.11
权重	0.08	0.10	0.12	0.12	0.10	0.14	0.14	0.21

③采用第三种方法计算权重向量 W_3。利用式(4-16)进行各组数据的对比,构建判别矩阵;基于判别矩阵,利用式(4-17),计算权重向量 W_3,如表4-16 所示。

判别矩阵和权重　　　　　　　　表4-16

ID	A	B	C	D	E	F	G	H
A	0	1	1	1	1	1	1	1
B	-1	0	1	1	0	1	1	1
C	-1	-1	0	0	-1	1	1	1
D	-1	-1	0	0	-1	1	1	1
E	-1	0	1	1	0	1	1	1
F	-1	-1	-1	-1	-1	0	0	1
G	-1	-1	-1	-1	-1	0	0	1
H	-1	-1	-1	-1	-1	-1	-1	0
权重	0.04	0.06	0.11	0.11	0.06	0.18	0.18	0.26

分别基于三种权重计算方法得到 W_1、W_2、W_3 对 A~H 组数据进行加权处理,作为 PDF 输入,进行 Monte Carlo 模拟获得整体的 PDF。模拟结果如图4-12 所示,统计结果如表4-17 所示。

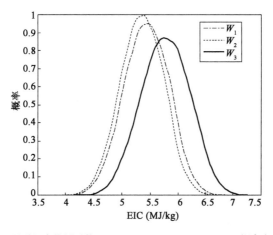

图 4-12　基质沥青能耗系数(Energy Intensity Coefficient,EIC)概率密度分布

基于三种权重计算方法的沥青 EIC 统计参数（MJ/kg）　　　　　表 4-17

权重	均值	标准偏差	5th百分位数	中值	95th百分位数	COV
W_1	5.44	0.39	4.80	5.45	6.09	0.07
W_2	5.36	0.37	4.74	5.37	5.98	0.07
W_3	5.79	0.43	5.08	5.79	6.48	0.07

如表 4-17 所示，三种权重计算方法在均值、标准偏差和变异范围上评价结果接近。分析表 4-17 和图 4-12 可以发现，W_3 所对应的权重计算方法的 EIC 分布在保证相同变异性（COV = 7%）的同时，比其他两种方法范围更大。这表明 W_3 所对应的权重计算方法在没有牺牲可靠性的前提下获得了更多的可能性。可能原因是 W_3 所对应的权重计算方法更透彻地提取了与数据源相关的内在信息，因为其是在各个指标层面进行比较评价，而其他两种方法是在综合层面进行估计。虽然如此，但与仅使用一种数据源相比，每种方法在变异系数上都提供了更可靠的结果。

对三种权重计算方法进行更定量的精确性检验，定义 Monte Carlo 模拟值与真值的差异，如式（4-18）所示：

$$D_i = \sum_{j=1}^{m}\sum_{k=1}^{n} \text{abs}(V_{ik} - V_{jk})/(m \cdot n) \quad (4\text{-}18)$$

式中，D 值代表模拟值与真值的差异；abs 意为取绝对值；i 代表第 i 种权重计算方法；j 代表第 j 个数据源；m 代表数据源数量；k 代表 Monte Carlo 模拟的轮数（取 10000，$n = 10000$）；V 为在 Monte Carlo 模拟中随机产生的 EIC 值。

式（4-18）表征了原始数据源与三种权重计算方法之间的差异。根据式（4-18）的定义，D 值越小越好。W_1、W_2、W_3 所对应的权重计算方法计算得到的差异分别是 17.77MJ/kg、17.42MJ/kg、16.29MJ/kg。虽然三者相差不大，但是 W_3 的 D 值最小，因此 W_3 所对应的权重计算方法最优。

（2）DQI 改进方法鲁棒性检验

多数情况下，LCA 研究者尽管投入大量精力收集各种资料（例如沥青生产的 EIC 资料），但是难免仍有文献遗漏；另外，收集的样本也可能并不能很好地反映实际分布。为了检验 DQI 改进方法的鲁棒性，本节对选择偏差进行敏感性分析。对照表 4-14，故意删除八个样本中的一个样本，再次通过本节规定的模拟步骤对剩下的七个样本进行模拟。为了简化模拟，采用了 W_1 权重计算方法。Monte Carlo 模拟结果如表 4-18 所示。

选择性偏差的统计结果　　　　　表 4-18

删除样本 ID	均值	标准偏差	变异系数	差值[①]
A	5.81	0.42	0.07	0.07
B	5.39	0.39	0.07	0.01
C	6.01	0.46	0.08	0.10
D	5.66	0.45	0.08	0.04
E	5.66	0.44	0.08	0.04
F	4.83	0.38	0.08	0.11

续上表

删除样本 ID	均值	标准偏差	变异系数	差值①
G	5.09	0.41	0.08	0.06
H	5.76	0.49	0.08	0.06

注：①差值=|均值-5.44|/5.44,5.44是表4-18中W_1权重计算方法的原始值。

差值指标描述了在整体样本中删除某个样本对计算结果的影响,其最大值为11%,最小值为1%,处于可接受的范围。同时变异系数没有明显增加。因此,改进的DQI方法在抵抗非显著选择性偏差的影响方面具有鲁棒性。换言之,改进的DQI方法容许在检索文献群体中遗漏少许样本。

读者在使用DQI或者改进DQI方法时,可能会在对照评价指标描述进行打分时存在困难,即不清楚所采用的指标对应哪一个分值,从而担心影响LCA不确定性分析结果。Weidema对数据质量评价矩阵进行了多用户测试[41],其中7人对10个代表不同过程的数据集进行打分,记录了分数之间的偏差,分析了偏差的原因,并进行分类描述。对于大多数分值,不同的测试人员得出相同的分数。偏差最常出现在相邻分数之间。只有少数偏差(低于所有分数的10%)会影响对相应数据集的数据质量和不确定性的总体评估。结果表明,推荐的谱系矩阵的时间消耗和偏离分数可以保持在可接受的水平。

4.6 联合敏感性分析与不确定性量化分析

开展LCA结果可靠性分析对评价、选择和改进产品/过程设计具有重要的作用。然而,无论是DQI方法还是单独的统计方法都不适用于开展完整的道路LCA研究。主要的挑战包括长周期、大体量数据和模型的使用,难以开展详尽、系统的不确定性评价。同时,考虑到大量不同的筑路材料C_i值的巨大变化,单独使用DQI方法可能会导致重大错误。而且,对每一个阶段、每一种材料、每一个模型使用统计方法分析,成本过高。基于此,需要识别关键的(不确定性程度高、对LCA分析结果影响大)的数据、模型、场景等,进而进行有针对性的数据采集、模型优化或场景分析等,在提升LCA可靠性的原则下缩短LCA研究周期和降低成本。

敏感性分析用于识别LCA结果的重要影响因素,不确定性量化分析用于解析LCA结果可靠性,因此考虑将两种方法联合使用,对LCA的建模参数进行分类评价。参数的分类基于两个标准,即敏感性和不确定性,共包括四种类型,如图4-13所示。对LCA结果数值有重大影响的参数放于图中上部,对LCA结果可靠性有重大影响的参数放在图中右侧。

本书在Wang和Shen[42]研究的基础上,提出LCA结果敏感性与不确定性量化联合分析的一般性方法论,包括以下四个步骤：

①利用Monte Carlo模拟开展DQI分析,建立各个参数的PDF。

②基于步骤①的结果开展各个参数对LCA影响程度分析,根据DQI分析(数据本身的不确定性)以及各个参数对LCA影响程度分析结果,绘制如图4-13的资料分区,明确各个参数所述类别。

③参数分类后,利用统计方法拟合识别关键参数PDF,例如采用Anderson-Darling、chi-square、Kolmogorov-Smirnov拟合优度检验,以确定关键参数的统计分布。

④对于其他影响程度和不确定性较低的参数(非临界参数),仍然采用基于 DQI 的方法构建参数 PDF,以提升 LCA 研究效率和效益。

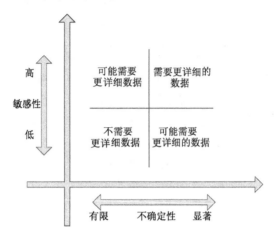

图 4-13 资料分类

本章参考文献

[1] SANTERO N J,MASANET E,HORVATH A. Life-cycle assessment of pavements. part Ⅰ:critical review[J]. Resources,Conservation and Recycling,2011,55(9/10):801-809.

[2] 朱立红. 产品生命周期评价中清单的不确定性分析[D]. 合肥:合肥工业大学,2012.

[3] 任丽娟,陈莎,张菁菁,等. 生命周期评价中清单的不确定性分析[J]. 安全与环境学报,2010(1):118-121.

[4] WANG T,LEE I-S,KENDALL A,et al. Life cycle energy consumption and GHG emission from pavement rehabilitation with different rolling resistance[J]. Journal of Cleaner Production,2012,33:86-96.

[5] HEIJUNGS R,HUIJBREGTS M. A review of approaches to treat uncertainty in LCA[A]. Proceedings of the 2nd Biennial Meeting of iEMSs,Complexity and integrated resources management[C]. Germany:Elsevier,2004.

[6] 莫华,张天柱. 生命周期清单分析的数据质量评价[J]. 环境科学研究,2003,16(5):55-58.

[7] 向东,段广洪,汪劲松. 产品全生命周期分析中的数据处理方法[J]. 计算机集成制造系统,2002,8(2):150-154.

[8] HEIJUNGS R,KLEIJN R. Numerical approaches towards life cycle interpretation five examples[J]. The International Journal of Life Cycle Assessment,2001,6(3):141-148.

[9] BEVINGTON P R,ROBISON D K,BLAIR J M,et al. Data reduction and error analysis for the physical sciences[J]. Computers in Physics,1993,7(4):415.

[10] BEDFORD T,COOKE R. Probabilistic risk analysis:foundations and methods[M]. Cam-

bridge: Cambridge University Press, 2001.

[11] FUKUSHIMA Y, HIRAO M. A structured framework and language for scenario-based life cycle assessment[J]. The International Journal of Life Cycle Assessment, 2002, 7(6): 317-329.

[12] LLOYD S M, RIES R. Characterizing, propagating, and analyzing uncertainty in life-cycle assessment: a survey of quantitative approaches[J]. Journal of Industrial Ecology, 2007, 11(1): 161-179.

[13] MORGAN M G, HENRION M. Uncertainty: a guide to dealing with uncertainty in quantitative risk and policy analysis[M]. Cambridge: Cambridge University Press, 1992.

[14] WILLIAMS E D, WEBER C L, HAWKINS T R. Hybrid framework for managing uncertainty in life cycle inventories[J]. Journal of Industrial Ecology, 2009, 13(6): 928-944.

[15] YU B, SUN Y, TIAN X. Capturing time effect of pavement carbon footprint estimation in the life cycle[J]. Journal of Cleaner Production, 2018, 171: 877-883.

[16] MUTEL C L, HELLWEG S. Regionalized life cycle assessment: computational methodology and application to inventory databases[J]. Environmental Science and Technology, 2009, 43(15): 5797-5803.

[17] RAYNOLDS M, FRASER R, CHECKEL D. The relative mass-energy-economic (RMEE) method for system boundary selection Part 1: a means to systematically and quantitatively select LCA boundaries[J]. The International Journal of Life Cycle Assessment, 2000, 5(1): 37-46.

[18] BUTT A A, MIRZADEH I, TOLLER S, et al. Life cycle assessment framework for asphalt pavements: methods to calculate and allocate energy of binder and additives[J]. International Journal of Pavement Engineering, 2014, 15(4): 290-302.

[19] CHONG D, WANG Y, DAI Z, et al. Multiobjective optimization of asphalt pavement design and maintenance decisions based on sustainability principles and mechanistic-empirical pavement analysis[J]. International Journal of Sustainable Transportation, 2018, 12(6): 461-472.

[20] SANTOS J, FERREIRA A, FLINTSCH G W. A multi-objective optimization-based pavement management decision-support system for enhancing pavement sustainability[J]. Journal of Cleaner Production, 2017, 164: 1380-1393.

[21] ZHANG H. Simulation-based estimation of fuel consumption and emissions of asphalt paving operations[J]. Journal of Computing in Civil Engineering, 2015, 29(2): 4014039.

[22] TAYLOR G, PATTEN J. Effects of pavement structure on vehicle fuel consumption[R]. Ontario, Canada: National Research Council of Canada, 2002.

[23] NOSHADRAVAN A, WILDNAUER M, GREGORY J, et al. Comparative pavement life cycle assessment with parameter uncertainty[J]. Transportation Research Part D: Transport and Environment, 2013, 25: 131-138.

[24] ZHANG H, LEPECH M D, KEOLEIAN G A, et al. Dynamic life-cycle modeling of pavement overlay systems: capturing the impacts of users, construction, and roadway deterioration[J].

[25] CHEN F, ZHU H, YU B, et al. Environmental burdens of regular and long-term pavement designs: a life cycle view[J]. International Journal of Pavement Engineering, 2016, 17(4): 300-313.

[26] INYIM P, PEREYRA J, BIENVENU M, et al. Environmental assessment of pavement infrastructure: a systematic review [J]. Journal of Environmental Management, 2016, 176: 128-138.

[27] GSCHÖSSER F, WALLBAUM H. Life cycle assessment of representative swiss road pavements for national roads with an accompanying life cycle cost analysis[J]. Environmental Science and Technology, 2013, 47(15): 8453-8461.

[28] HUANG Y, SPRAY A, PARRY T. Sensitivity analysis of methodological choices in road pavement LCA[J]. The International Journal of Life Cycle Assessment, 2013, 18(1): 93-101.

[29] BLOMBERG T, BARNES J, BERNARD F, et al. Life cycle inventory: bitumen (version 2) [R]. Brussels, Belgium: The European Bitumen Association, 2011.

[30] STRIPPLE H. Life cycle assessment of road: a pilot study for inventory analysis[R]. Gothenburg: Swedish National Road Administration, 2001.

[31] Athena Institute. A life cycle perspective on concrete and asphalt roadways: embodied primary energy and global warming potential[R]. Dttawa: Cement Association of Canada, 2006.

[32] BENINI L, SALA S. Uncertainty and sensitivity analysis of normalization factors to methodological assumptions[J]. The International Journal of Life Cycle Assessment, 2016, 21(2): 224-236.

[33] MATTHEWS H S, HENDRICKSON C, MATTHEWS D H. Life Cycle Assessment: Quantitative Approaches for Decisions that Matter[M/OL]. https://www.lcatextbook.com/[Accessed Date May 11, 2023].

[34] US EPA. Guidance for data quality assessment: practical methods for data analysis[S]. (EPA/600/R-96/084). Washington, D. C.: United States Environmental Protection Agency, 2000.

[35] YU B. Environmental implications of pavements: a life cycle view[D]. Los Angeles: University of South Florida, 2013.

[36] WEIDEMA B P, WESNAES M. Data quality management for life cycle inventories-an example of using data quality indicators[J]. Journal of Cleaner Production, 1996, 4(3): 167-174.

[37] KENNEDY M C, O'HAGAN A. Bayesian calibration of computer models[J]. Journal of the Royal Statistical Society: Series B(Statistical Methodology), 2001, 63(3): 425-464.

[38] HE Y, XIU D. Numerical strategy for model correction using physical constraints[J]. Journal of Computational Physics, 2016, 313: 617-634.

[39] ZIYADI M, AL-QADI I L. Model uncertainty analysis using data analytics for life-cycle assessment(LCA) applications[J]. The International Journal of Life Cycle Assessment, 2019, 24(5): 945-959.

[40] 国家统计局能源统计司.中国能源统计年鉴2018[M].北京:中国统计出版社,2019.

[41] WEIDEMA B P. Multi-user test of the data quality matrix for product life cycle inventory data [J]. The International Journal of Life Cycle Assessment,1998,3(5):259-265.

[42] WANG E D,SHEN Z G. A hybrid data quality indicator and statistical method for improving uncertainty analysis in LCA of complex system-application to the whole-building embodied energy analysis[J]. Journal of Cleaner Production,2013,43:166-173.

第5章 道路生命周期评价案例

本章利用前述的生命周期评价方法,开展道路工程环境影响评价案例研究。本章的案例,既有覆盖道路工程整个生命周期的系统性研究,也包含聚焦于某些(个)特定阶段的深入研究;既有源于国内背景的案例分析,也包含其他国家/地区的研究进展。本章通过对各个层面案例的详细解读,引导读者根据研究目的,利用生命周期评价方法,建立相应的道路工程环境影响评价模型,掌握建模过程中的关键技术(如系统边界设定、功能单元定义、数据/模型选择、清单结果解读、敏感性和不确定性分析等),并据此开展道路建设和养护的环境影响评价和优化设计工作。

5.1 旧水泥混凝土路面修复方案比较

5.1.1 研究背景

2010年,美国佛罗里达州某旧 PCC 路面已经接近设计寿命,路面水泥破损较多,需要对其修复以恢复路用性能。动态弯沉检验表明该路段路基稳定性较好,因此后续修复方案保持原样路基,只对旧 PCC 路面进行处治。根据年平均日交通量(AADT 为 70000,卡车占比 8%),设计人员提出以下三种方案:

①拆除现有的路面并用 PCC 更换现有的路面(以下称为 PCC 方案)。拆除现有的 PCC 路面,保留现有的基层与底基层,并重新铺设 250mm 的新 PCC 路面。后续使用阶段使用金刚石研磨(diamond grinding)作为定期养护方案。

②拆除现有的路面并用 HMA 更换现有的路面(以下称为 HMA 方案)。拆除现有的 PCC 路面,保持现有的基层与底基层,并重新铺设 225mm 的新 HMA 路面。后续使用阶段使用铣刨加铺(铣刨 HMA 路面并加铺相同厚度新 HMA)作为定期养护方案。

③打裂、压稳和罩面(Crack,Seal and Overlay,以下称为 CSOL 方案)。打裂及压稳(Halil 等,2005)现有的 PCC 路面,然后加铺 125mm HMA。后续使用阶段使用铣刨加铺作为定期养护方案。

三种路面修复方案设计遵循 AASHTO 路面设计指南,并由 MEPDG 软件(2011)验证。根据 Caltrans 报道,金刚石研磨后道路表面的平均寿命在 16~17 年,因此每 16 年将对 PCC 方案进行金刚石研磨修复。对于其他两个方案,本案例采用了以前研究常用的修复频率,即每 16 年进行 HMA 铣刨加铺维修[1-2]。表5-1 列出了三种方案的结构设计和养护计划。

三种不同罩面方案的结构设计和养护计划　　　表 5-1

PCC	HMA	CSOL
单侧车道几何(宽度)信息		
左侧路肩:1.2m	左侧路肩:1.2m	左侧路肩:1.2m
主干道:3.6m×2	主干道:3.6m×2	主干道:3.6m×2
右侧路肩:2.7m	右侧路肩:2.7m	右侧路肩:2.7m
结构(厚度)规格		
250mm	50mm	50mm HMA
	75mm	75mm HMA
	100mm	225mm 旧有 PCC 打裂压稳
250mm 现有级配碎石基层	250mm 现有级配碎石基层	250mm 现有级配碎石基层
现有路基	现有路基	现有路基
路面修复方案		
金刚石研磨恢复路表纹理	每 16 年铣刨加铺顶部 45mm	每 16 年铣刨加铺顶部 45mm HMA
运营期大修计划		
第 1 年:重建	第 1 年:重建	第 1 年:重建
第 16 年:金刚石研磨	第 16 年:铣刨加铺	第 16 年:铣刨加铺
第 32 年:金刚石研磨	第 32 年:铣刨加铺	第 32 年:铣刨加铺

5.1.2 LCA 方法论

(1) 功能单元

LCA 模型的所有候选方案都应该保持等效功能。对于路面,这意味着各种路面设计方案需要在一定时间内为相同的交通状态提供类似的性能。

在本案例中,功能单元被定义为在现有 PCC 路面上进行罩面设计,长度为 1km。现有 PCC 道路是双向四车道,候选设计方案需在 40 年分析周期内提供满足相应规范要求的服役性能。

现有 PCC 路面的结构包括 225mm 的 PCC 层和 250mm 的级配碎石基层。PCC 层已达到设计寿命,需要维修,而现有基层经过评估后发现表现良好,即使在没有经常性的养护活动的情况下仍可工作。

(2) 系统边界

为了评估路面修复方案的生命周期环境影响,制定了较为完善的系统边界,包括材料生产阶段、施工阶段、拥堵阶段、使用阶段和生命周期末期阶段。各个阶段在环境影响清单计算时需要使用各种模型,其 LCA 系统边界设定和模型信息如图 5-1 所示。

(3) 材料生产和施工阶段

针对图 5-1 设定的系统边界,分别描述各个阶段对应的 LCA 建模方法。首先讨论材料生产和施工阶段。对于材料生产阶段,筑路材料(沥青、水泥、集料等)的消耗可以根据设计和养护方案计算。而每种筑路材料生产的环境影响清单数据则源于各种参考文献的数据,包括

Marceau 等[3],Stripple[4]和 Athena Institute(AI)[5]。这些参考文献提供的数据包含能源消耗和部分空气污染物(如CO_2、CO、CH_4、NO_x、SO_x、VOC 和PM_{10})排放。

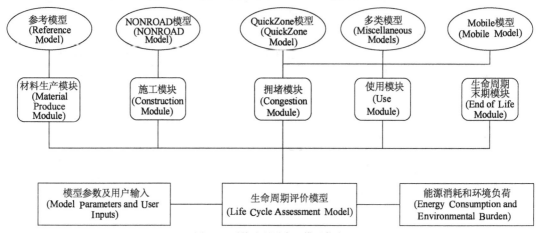

图 5-1　系统边界设定和模型信息

所有筑路材料、筑路设备和废弃物都是通过公路、铁路和水路组合运输。对于运输阶段,本案例使用 CREET 模型[6]计算各种筑路材料运输阶段的电力、燃油和天然气消耗等。使用 CREET 模型 1.8 版(用于材料运输)和 2.7 版(用于传力杆生产)。

对于每件施工设备,在一台或两台典型机器的基础上估算发动机功率。所有施工设备的污染物排放数据均来自美国环境保护署 NONROAD 非道路移动源计算模型[7]。NONROAD 非道路移动源计算模型已广泛应用于各种类型施工过程能耗与污染物排放计算,可以通过输入污染物排放参数,计算施工机械设备在一定时间的污染物排放量;通过查询各设备的能耗参数,可以实现施工流程的模拟能耗排放计算。因此本案例利用 NONROAD 非道路移动源计算模型作为环境影响计算模型。具体计算公式参考式(2-4)~式(2-7)。

NONROAD 非道路移动源计算模型提供各种马力范围的排放因子。所有施工设备均使用柴油燃料,计算时输入佛罗里达州的两个本地化数据:年平均温度范围和里德蒸气压(Reid vapor pressure)。材料生产阶段和施工阶段(运输阶段隐含在内)相关的清单数据具体可参考文献[8]中表 4-2~表 4-4。

(4)拥堵阶段

与车辆正常行驶的交通状况相比,道路施工和养护造成的交通延误对能源消耗和污染物排放具有显著影响,因此将其包含在本案例研究的范围内。本案例使用 QuickZone 模型[9]估算施工期间的交通流量、交通延误和排队长度的变化。在基准场景下,年交通量增长率为零。在进行初始罩面施工时,假设每个方向的两条车道都是封闭的,所有交通都要绕行,速度从 104km/h(高速公路速度)降至 64km/h(地方道路速度),行程增长 2.4km。在进行两次养护活动时,假设只有一条车道将暂时关闭。在这种情况下,QuickZone 模型的输出显示 27% 的车辆绕道而行,其余车流出现 1km 的队列。

由于施工和养护活动会导致交通延误,随之而来的是燃油消耗和车辆排放的增加,因而需要测算其环境影响。设定城市道路和高速公路两种驾驶场景用于确定燃油经济性及计算燃油消耗。前者描述施工和养护期间车辆制动和启动的燃油消耗,后者表征燃油消耗的正常情况。

车辆燃油经济性取自美国环境保护署燃油经济性指南[10]。假设汽车燃烧汽油、卡车燃烧柴油,CO_2 排放根据燃油消耗量及其排放因子[11]计算。其他空气污染物排放使用美国环境保护署的 MOBILE 软件计算不同车速下的排放因子。MOBILE 软件提供每年排气管排放和蒸发排放数据直至 2050 年[12]。

分别计算在施工和养护期间与正常运行期间燃油消耗和环境影响清单,根据式(5-1)可计算拥堵阶段带来的额外环境负荷:

$$Y_{total} = VMT_{queue} \times Y_{queue} + VMT_{workzone} \times Y_{workzone} + VMT_{detour} \times Y_{detour} - VMT_{normal} \times Y_{normal} \quad (5-1)$$

式中,Y_{total} 为环境总负荷;VMT_{queue} 为车辆排队等候的里程(km);Y_{queue} 为车辆排队等候的环境负荷;$VMT_{workzone}$ 为车辆通过工作区的里程(km);$Y_{workzone}$ 为车辆通过工作区的环境负荷;VMT_{detour} 为车辆绕道的里程(km);Y_{detour} 为车辆绕道的环境负荷;VMT_{normal} 为车辆正常条件下运行的里程(km);Y_{normal} 为车辆正常条件下运行的环境负荷。

由于交通量是交通延误的重要决定因素,因此估算未来的交通趋势在确定施工和养护活动的环境影响方面发挥重要作用。在本案例中,假设其基本的交通量场景为交通量年增长率为 0,交通量增长的影响程度将通过敏感性分析确定。

(5)使用阶段

使用阶段道路生命周期评价侧重于车辆行驶带来的燃油消耗和污染物排放,以及全生命周期内的一些与路面性能相关的环境影响。

①路面平整度的影响。

路面平整度的劣化会引起车辆更多的振动并降低行驶速度,从而增加车辆的燃油消耗和污染物排放。路面平整度的影响主要通过交通量、燃油经济性来体现。交通量因素采用给定值。燃油经济性直接来源于 Vision 模型,该模型为小汽车和卡车提供燃油经济性数据直至 2100 年[13]。该模型以 10 年为间隔给出车辆的燃油经济性,因此如果需要某一年份的燃油经济性,可使用线性插值计算。值得注意的是,在 LCA 建模中,需要使用道路上行驶车辆的平均燃油经济性,而不是汽车制造商给出的理想燃油经济性。

IRI 值常用于表征路面平整度。在本案例研究中,没有可用于描述 IRI 发展趋势的现场数据,因此使用 MEPDG 软件估算 IRI 发展趋势,如图 5-2 所示。

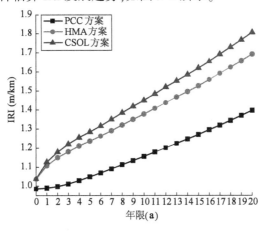

图 5-2 MEPDG 预测的 IRI 发展趋势

理论而言,IRI 的增加将降低燃油经济性。密苏里州交通运输部(DOT)现场实验结果也证实了这个假设:IRI 值从 2.03m/km 降低到 0.95m/km,小汽车的燃油经济性从21.30m/g提高到 21.47m/g,卡车的燃油经济性从 5.91m/g 提高到 6.11m/g[14]。基于上述资料,提出了燃料消耗因子(FCF)来描述在不同 IRI 值路面上行驶的车辆的实际燃油消耗量,通过式(5-2)计算:

$$\begin{cases} FCF = 7.377 \times 10^{-3} IRI + 0.993 & (小汽车) \\ FCF = 2.163 \times 10^{-2} IRI + 0.953 & (卡车) \end{cases} \quad (5-2)$$

根据表 5-1,假设每 16 年进行一次养护后,IRI 值恢复到其初始值。由此计算车辆在真实路面和初始平整度路面行驶之间的差异,从而可以考虑路面平整度的影响。

②路面结构阻抗的影响。

车路相互作用下路面结构和车辆轮胎会产生变形,导致道路阻抗,影响行车燃油消耗。路面结构和车辆轮胎变形越大,道路阻抗越大,燃油消耗越多。由 Taylor 等[15]进行的第三阶段研究表明,相比 HMA 路面,PCC 路面和复合路面有显著的燃油经济性优势(在本案例中 CSOL 方案被视为复合路面)。总结他们的研究结论,并将其转化为适用于美国佛罗里达州温度范围的数据(舍弃加拿大冬季数据,加拿大春季数据近似等同于美国佛罗里达州冬季数据,加拿大夏季数据近似等同于美国佛罗里达州夏季和秋季数据,加拿大秋季数据近似等同于美国佛罗里达州冬季数据),如表 5-2 所示。本案例将 PCC 路面设置为基本道路类型,其燃油消耗为基准值。表 5-2 中的差值表示燃油消耗的差异,体现 HMA 路面、CSOL 路面和 PCC 路面之间的差异。正值表示增加燃油消耗,负值反之。

三种路面结构的燃油经济性比较 表 5-2

	季节	夏季			春季			秋季			冬季		
小汽车	路面类型	PCC	HMA	CSOL	PCC	HMA	CSOL	PCC	HMA	CSOL	PCC	HMA	CSOL
	差值(%)	100	3.1	-2.07	100	-0.42	1.2	100	-0.42	1.2	100	-0.42	1.2
卡车	路面类型	PCC	HMA	CSOL	PCC	HMA	CSOL	PCC	HMA	CSOL	PCC	HMA	CSOL
	差值(%)	100	0.86	2.0	100	1.58	0.9	100	1.6	-1.34	100	1.6	-1.34

③路面反射效应的影响。

物体反射的辐射能量占总辐射能量的百分比,称为反射率。不同物体的反射率不同,这主要取决于物体本身的性质(表面状况)。反射率通过影响地球表面的辐射强度直接影响全球温度。作为表面覆盖物,路面可以将一部分接收到的太阳辐射反射回太空,从而调整全球能量平衡。Akbari 等[16]估计,由于辐射强度的增加,反射率每增加 0.01,每平方米就会抵消2.55kg排放的 CO_2(相当于碳减排)。削减的 CO_2 排放量计算如式(5-3)所示:

$$\Delta m_{CO_2} = 100 \times C \times A \times \Delta \alpha \quad (5-3)$$

式中,Δm_{CO_2} 为抵消的 CO_2 的排放当量(kg);C 为 CO_2 抵消常数(kg CO_2/m^2);A 为路表面积(m^2);$\Delta \alpha$ 为反射率的变化。

典型沥青路面反射率范围一般为 0.05~0.20,典型混凝土路面为 0.25~0.46[17]。沥青路面的老化会使反射率提高,而混凝土路面则正好相反。在本案例中,将三种铺装方案与反射率为 0.25 的旧的 PCC 路面进行比较。对于 PCC 方案,反射率设定为 0.35;对于 HMA 和 CSOL 方案,反射率设定为 0.15。

④路面碳化效应的影响。

水泥的锻造过程会产生大量的 CO_2,然而对于 PCC 路面,在服役过程中,会通过碳化吸收部分 CO_2,并将其固结在水泥路面中。混凝土的碳化可以使用菲克第二定律来简化表征,如式(5-4)所示:

$$d_C = k\sqrt{t} \tag{5-4}$$

式中,d_C 为碳化深度(mm);k 为碳化速率系数($mm/\sqrt{a}$);t 为时间(a)。

波特兰水泥协会的一项研究发现,抗压强度为 21MPa、28MPa 和 35MPa 的混凝土的碳化速率系数分别为 8.5、6.7 和 4.9[18]。通过线性插值,本研究中使用的 k 值为 6.3。

然而,不是混凝土中的所有钙都会按预期与 CO_2 分子结合,其结合率约为 75%[19]。结合的 CO_2 质量可用式(5-5)计算:

$$m_{CO_2} = d_C \times A \times \rho_{concrete} \times m_{cement/concrete} \times \frac{M_{CO_2}}{M_{CaO}} \times \varepsilon \tag{5-5}$$

式中,m_{CO_2} 为通过碳化结合的 CO_2 质量(kg);d_C 为碳化深度(mm);A 为路表面积(m^2);$\rho_{concrete}$ 为混凝土的密度(kg/m^3);$m_{cement/concrete}$ 为水泥在混凝土中的质量比;M_{CO_2} 为 CO_2 的摩尔质量(g/mol);M_{CaO} 为 CaO 的摩尔质量(g/mol);ε 为 CO_2 与 CaO 的结合率。

(6)生命周期末期阶段

在末期阶段,本案例假设了两种旧料回收方案:将 10% 和 20% 的 RAP 和 RCM(回收水泥材料)回收到 HMA、PCC 和 CSOL 方案中。生命周期末期阶段涉及原路面结构的拆除和旧料运输。

5.1.3 LCA 结果

通过上节的分析,建立了三种旧水泥混凝土路面修复方案在 40 年的生命周期内产生的环境负荷清单,如表 5-3 所示,包括能耗、温室气体和其他空气污染物排放。其中,能耗包含两部分,即生命周期各个阶段的能耗总和(也包含各种筑路材料生产阶段的能耗)与沥青材料的物料能。这是因为沥青作为原油提炼副产品,本身也包含大量能量。

(1)能耗

根据表 5-3,1km 的旧水泥混凝土路面选用 PCC、HMA 和 CSOL 修复方案的总能耗分别为 61TJ、129TJ 和 101TJ。也就是说,与 PCC 方案相比,HMA 和 CSOL 方案能耗增加了 111% 和 66%。如图 5-3 所示,三种修复方案的能量消耗主要由材料生产、拥堵和使用三个阶段主导。如果不考虑使用阶段,PCC、HMA 和 CSOL 方案的能耗减少了 40%、50% 和 44%。物料能在本研究中被视为单独的组分(也有许多研究并不包括物料能),并占据总消耗能量的很大一部分。如果不计算在内,将显著降低 HMA 和 CSOL 方案的能耗。由此可见,是否包含物料能将在很大程度上影响修复方案的能耗值。遗憾的是,目前 LCA 研究对是否包含物料能没有定论,这也是 LCA 结果不确定性的一部分。

三种修复方案生命周期清单　　　　表 5-3

输入输出		能耗(GJ)		CO_2(t)	CH_4(kg)	N_2O(kg)	VOC(kg)	NO_x(kg)	CO(kg)	PM_{10}(kg)	SO_x(kg)
		生命周期各个阶段的能耗总和	沥青材料的物料能								
PCC	材料生产阶段	12709	—	1219	659	4	111	2194	14118	3168	1158
	施工阶段	285	—	18	16	0.3	28	308	141	16	12
	拥堵阶段	11274	—	759	—	—	877	−2908	−27414	116	1
	使用阶段	37083	—	1863	—	—	3057	3376	73470	55	59
	末期阶段	100	—	13	8	0.2	5	44	17	4	3
HMA	材料生产阶段	13958	39034	930	2247	1	205	1994	199	64	879
	施工阶段	342	—	73	21	0.4	37	412	183	33	16
	拥堵阶段	10792	—	726	—	—	1103	−1625	−15291	67	3
	使用阶段	64688	—	4964	—	—	4814	5343	115670	85	92
	末期阶段	143	—	37	7	0.14	22	297	168	22	8
CSOL	材料生产阶段	9539	26668	636	1535	1	140	1362	136	44	60
	施工阶段	192	—	50	10	1	26	323	148	25	11
	拥堵阶段	8190	—	551	—	—	1104	−1625	−15291	67	3
	使用阶段	56419	—	4340	—	—	4767	5227	115215	86	92
	末期阶段	79	—	21	4	0.1	12	165	93	12	5

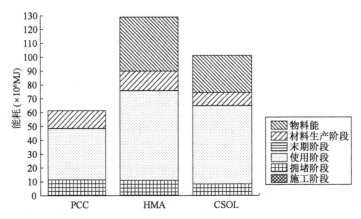

图 5-3　生命周期各个阶段的总能耗

(2)温室气体排放

本案例中,温室气体排放清单包括CO_2、CH_4和N_2O。温室气体对全球变暖影响的计量单位为全球变暖潜能,CO_2当量计算(CO_{2-eq})参考表3-8,则CO_2、CH_4、N_2O在100年内的GWP值分别为1、25、298。图5-4显示了生命周期各个阶段的温室气体排放。温室气体效益同样由材料生产、拥堵和使用阶段主导。而且,HMA和CSOL方案的使用阶段的温室气体排放远超其他阶段。原因如下:首先,PCC方案会产生碳化作用,抵消了一定量的CO_2排放,而HMA和CSOL方案没有这一优势;其次,与HMA和CSOL方案相比,PCC方案在反射率方面具有优势,因为PCC罩面层具有更浅的颜色,因此可以将更多的热量反射回大气。但上述结论仍然需要通过敏感性分析进行检验。三种温室气体中,CO_2占主导地位,所占的比例超过90%。

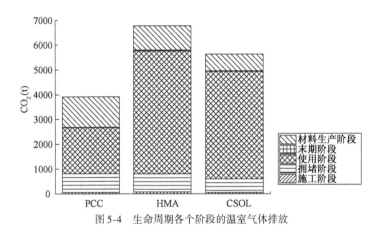

图5-4 生命周期各个阶段的温室气体排放

(3)其他空气污染物排放

本案例中,除温室气体以外的空气污染物包括VOC、NO_x、CO、PM_{10}和SO_x,如图5-5所示。

对于VOC和CO,无论是正值还是负值,拥堵和使用阶段皆占据主导地位。对于NO_x,材料生产、拥堵和使用阶段贡献最多,远超其他两个阶段。NO_x和CO的排放在拥堵阶段为负值。原因是NO_x和CO的排放速率在车辆低速时比在高速时高,而车辆速度在施工期间显著下降。PCC方案的PM_{10}排放量远远高于HMA和CSOL方案,这应归因于水泥生产会产生大量颗粒物质。对于SO_x,材料生产阶段占据主导地位,与其他气体排放不同,使用阶段不是主要来源。这可能与美国环境保护署要求大幅降低柴油燃料中的硫含量有关。

5.1.4 敏感性分析

本研究中的LCA模型由各种模型组成,并采用了一些关键性假设,因此可能引入较大的不确定性。这些假设,包括交通发展模式、燃油经济性改善和材料回收百分比,可能会对LCA清单产生很大影响,值得进一步评估。

根据前文分析,使用阶段是生命周期清单的主要贡献因素,但LCA研究中引入的不确定性可能会显著改变结果。对于碳化过程,受许多因素的影响,例如混凝土的化学成分、路面结构尺寸和周围环境,可能需要数年到数千年才能完成。因此考虑极端低碳化率情况下预计PCC方案不会出现碳化,而极端高碳化率的情况下使用$8.5mm/\sqrt{a}$的碳化率[18]。

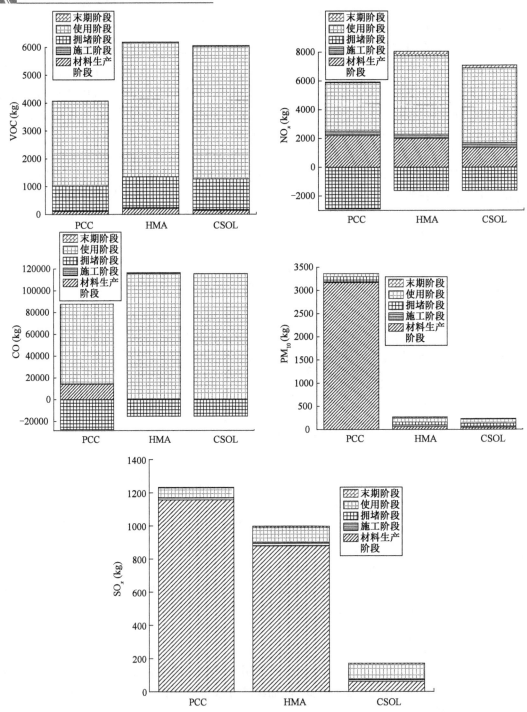

图 5-5 生命周期各个阶段的空气污染物排放

在选定的反射率下,PCC 方案处于优势,而 HMA 和 CSOL 方案处于劣势。实际上,典型的水泥混凝土路面和沥青路面的反射率范围很广,分别为 0.27~0.58 和 0.12~0.46[19],可据此计算相应的极端情况。

路面结构极大地影响车辆的燃油消耗和气体排放。然而,关于不同路面结构比较研究的结论也有很大差异。表5-4列出了沥青路面、复合路面与水泥混凝土路面的额外燃油消耗的可能范围。依据上面三个不确定性场景,开展 Monte Carlo 模拟分析,计算结果如图5-6所示。

沥青路面、复合路面和水泥混凝土路面的燃油经济性比较[8]　　　　表5-4

序号	沥青路面对比水泥混凝土路面		复合路面对比水泥混凝土路面		来源
	小汽车	卡车	小汽车	卡车	
1	0%	20%	—	—	Zaniewski(1989)
2	—	0.2%~4.9%	—	−1.1%~3.2%	Taylor(2002)
3	−0.3%~2.9%	0.8%~1.8%	−2.3%~1.5%	−1.5%~3.1%	Taylor(2006)
4	0.05%~0.88%	0.05%~0.88%	—	—	Beuving 等(2004)

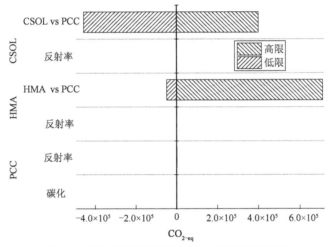

图5-6　碳化、反射率和路面结构影响的不确定性范围

图5-6结果表明:第一,路面结构影响效应远远超过反射率和碳化作用的影响效应;第二,巨大的不确定性与路面结构效应有关;第三,"CSOL vs PCC"的下限和上限接近,而"HMA vs PCC"的上限比下限大几个数量级。从这个意义上讲,与 HMA 方案相比,得到 PCC 方案环境负荷较低的结论是可信的;反之,与 CSOL 方案相比,对得出相同的结论则需持怀疑态度。简而言之,需要更多证据来判断 PCC 和 CSOL 方案的环境负荷优劣势。

5.1.5　案例小结

利用 LCA 方法,对 PCC、HMA 和 CSOL 三种铺装方案在旧 PCC 路面上的应用进行了详细的案例分析。通过研究,得出了以下结论:

①提出的 LCA 模型是评价路面环境影响的一种较为完善的工具,读者可根据研究背景进行使用或修改。

②材料生产、拥堵和使用阶段是能源消耗和空气污染物排放的三大来源,尤其是使用阶段。

③与 HMA 方案相比,PCC 方案和 CSOL 方案的环境负荷较小,但由于使用阶段存在较大不确定性,特别是路面结构效应,因而三种方案的环境负荷仍无法进行比较。

5.2 路面结构设计方案比较

5.2.1 研究背景

路面的设计寿命一般为20年或更短。然而,随着道路设计、材料和施工技术不断进步,路面设计寿命有可能延长到40年甚至100年。开展长寿命路面设计的动机是假设路面厚度的小幅度增加会延长路面使用寿命,因此与常规设计相比,边际成本相对较小。Rawool和Pyle[20]的一项研究表明,与20年设计寿命相比,100年设计寿命和40年设计寿命都显示出较好的经济性,虽然这项研究对经济性比较并非盖棺定论,但也确实引发了常规设计和长寿命路面设计之间经济性和环境性差异的关注。

本案例以美国为背景,涉及常见的路面类型,包括热拌沥青混合料路面、普通混凝土路面和连续配筋混凝土路面(CRCP)。三种常用路面结构形式的设计寿命都分别设定为20年和40年。本案例的主要研究目的是:①建立各种路面结构设计方案的生命周期环境影响清单;②比较20年与40年寿命路面结构设计方案的环境负荷,决定是否选择长寿命路面结构设计方案。

本案例将100年设计寿命排除在外,而选择40年设计年限,主要考虑和平衡以下几个因素:

①100年期间的交通预测模型存在极大的不确定性,但20年与40年分析周期内的交通预测的可靠性会随着预测年限的减少而提高。

②对于20年设计年限,必须至少经历一次大修。

③交通部门通常不会选择建造100年设计年限的路面,但会建造40年的,即所谓长寿命路面。

5.2.2 LCA方法论

在本案例中,LCA功能模块和5.1节的案例一致,同样包括:材料生产阶段、施工阶段、拥堵阶段、使用阶段和生命周期末期阶段。各个阶段的建模方法和数据源和5.1节案例保持一致。除此之外,本案例对LCA方法论进行了一定修改,即在使用阶段只考虑路面平整度的影响,忽略路面结构影响、反射率的影响和碳化作用。原因如下:①根据表5-2,路面结构效应具有很大的不确定性,因而很容易掩盖其他阶段的影响;②对于确定的材料类型,在20年和40年的设计年限内反射率和碳化作用可以假设近似不变。

本研究评价三种路面类型(HMA、JPCP、CRCP)20年和40年设计寿命的生命周期清单。基于Caltrans的交通调查资料,选取了三个交通量水平,以表示低、中、高交通量的情况。把年平均日交通量25^{th}百分位数、50^{th}百分位数、75^{th}百分位数,即2800、10000、38000,分别作为低、中、高交通量的代表值。卡车比例设定为7.2%。

在本案例中,取1km双向四车道,并将在40年内提供良好性能的路面作为功能单位。半幅路面横断面包括左侧路肩、行车道、右侧路肩,分别为1.2m、3.6m×2和2.7m。

(1) 路面结构设计

在三个等级的交通量下,每一条路面都是按照美国国家公路与运输协会设计指南,利用 MEPDG 软件完成路面结构设计,设计参数见表5-5。对于 CRCP 方案,其结构承载力和长期耐久性能均十分优越,但造价高昂,因此仅考虑高交通量设计场景。

三种路面类型的设计参数　　　　表5-5

路面类型	AADT	设计寿命(a)	厚度(mm)		
			面层	基层	底基层
HMA	2800	20	102	152	152
	10000	20	127	152	152
	38000	20	203	152	152
	2800	40	140	152	152
	10000	40	178	152	152
	38000	40	279	152	152
JPCP	2800	20	178	152	152
	10000	20	216	152	152
	38000	20	254	152	152
	2800	40	203	152	152
	10000	40	254	152	152
	38000	40	305	152	152
CRCP	38000	20	254,0.7%配筋率	152	152
	38000	40	292,0.75%配筋率	152	152

注:本案例设计的路面结构与 Santero 等[21]设计相同,最大限度地降低路面结构承载力不足的风险,可靠度为90%。更高可靠度的设计寿命比预期寿命(50%可靠度)有所增加。这种现象在40年设计寿命时更为明显,差值在 2~4 年。

(2) 施工和养护计划

由于所有的路面结构采用相同的基层和底基层设计方案,因此本研究不考虑基层和底基层的施工,由此产生的拥堵延迟也被排除在外。各个设计方案初始修建和后续养护的持续时间可以通过 CA4PRS 模型计算,结果如表5-6所示。施工窗口设置为连续每天10h的休息/轮班模式。具体的养护计划则由 MEPDG 预测的性能劣化趋势确定。在本案例中,只考虑了主要的养护活动,而忽略了一些较小的养护,如修补、密封等,因为较小的养护难以准确预测,且影响有限。

各种设计方案的施工和养护计划　　　　表5-6

设计方案①	阶段	时间(a)	养护计划	厚度(mm)/比例	持续时间(d)
HMA-2800 AADT-20 years	新建	0	—	102/—	2
	养护	22	罩面	25/—	1
	养护	32	罩面	45/—	1

续上表

设计方案[①]	阶段	时间(a)	养护计划	厚度(mm)/比例	持续时间(d)
HMA-10000 AADT-20 years	新建	0	—	127/—	3
	养护	24	铣刨加铺	76/—	3
HMA-38000 AADT-20 years	新建	0	—	203/—	4
	养护	20	罩面	45/—	1
	养护	24	铣刨加铺	76/—	3
HMA-2800 AADT-40 years	新建	0	—	140/—	3
HMA-10000 AADT-40 years	新建	0	—	178/—	4
HMA-38000 AADT-40 years	新建	0	—	279/—	7
JPCP-2800 AADT-20 years	新建	0	—	178/—	14
	养护	20	水泥板替换[②]	—/2%	1
	养护	30	水泥板替换	—/4%	1
JPCP-10000 AADT-20 years	新建	0	—	216/—	18
	养护	20	水泥板替换	—/2%	1
	养护	30	金刚石研磨	—/—	2
JPCP-38000 AADT-20 years	新建	0	—	254/—	21
	养护	20	金刚石研磨	—/—	2
	养护	34	金刚石研磨	—/—	2
JPCP-2800 AADT-40 years	新建	0	—	203/—	17
JPCP-10000 AADT-40 years	新建	0	—	254/—	21
JPCP-38000 AADT-40 years	新建	0	—	305/—	25
CRCP-38000 AADT-20 years[③]	新建	0	—	254/—	18
	养护	25	冲断区域修复	—/—	1
	养护	30	冲断区域修复和HMA罩面	45/—	2
CRCP-38000 AADT-40 years	新建	0	—	292/—	21

注:①对于每个方案,其养护计划按照UCPRC[22]建议实施。
②本案例假设PCC换板不会引发IRI值的显著变化。
③对于CRCP方案,其初始设计寿命接近30年,以获得生命周期经济效益,其养护计划也遵循UCPRC[22]建议实施。

5.2.3 LCA结果

遵循设定的LCA方法论,可以获得每种设计方案的生命周期清单,如表5-7~表5-11所示。一般而言,道路生命周期会产生一系列环境影响,包括酸雨、臭氧层空洞、全球变暖、光化学氧化、影响呼吸系统和能源消耗等。在本案例中,与空气污染相关的三个最重要的问题为酸雨、全球变暖和影响呼吸系统。同时,能源消耗也会被用来评价不同路面设计的环境影响。本案例用全球变暖潜能(Global Warming Potential,GWP)、酸化潜能(Acidification Potential,AP)和呼吸系统影响潜能(Respiratory Effects Potential,REP)分别评估以上三个空气污染问题影响。GWP、AP和REP分别以CO_2当量、SO_2当量和PM_{10}当量进行表征。

首先根据表5-7、表5-8的能耗资料,绘制HMA设计方案的能耗组成,如图5-7所示。随着AADT的增加,能耗迅速增长,其主要贡献因素也在不断变化。在低交通量时,由材料生产引起的能耗占主导地位;在中等交通量时,材料生产和使用阶段是两个主要贡献因素;在高交通量时,使用阶段占主导地位。此外,随着交通量的增加,由建设和养护活动造成的拥堵在整个能耗份额中占据的比例越来越大。在三个交通量水平下,20年设计寿命的方案在生命周期能耗方面接近40年设计寿命的方案,其差异分别为0.6%、6.3%和4.6%。两者之间差异很小,轻微的干扰就可能改变计算结果。

HMA路面设计方案生命周期清单(20年设计寿命)　　　　表5-7

清单数据		能耗(MJ)	CO_2(t)	CH_4(kg)	N_2O(kg)	VOC(kg)	NO_x(kg)	CO(kg)	PM_{10}(kg)	SO_2(kg)
2800 AADT-20 years	材料生产	5008836	396	535	0.6	49	971	59	221	419
	施工	122373	28	10	0.2	14	154	72	12	6
	拥堵	20010	1.3	—	—	1.4	-6	-55	0.2	可忽略
	使用	1422241	96	—	—	125	140	2985	2	2
	末期	33430	9	2	可忽略	6	74	42	6	2
10000 AADT-20 years	材料生产	5575133	433	627	0.7	57	1051	66	224	454
	施工	143623	32	11	0	16	177	82	14	7
	拥堵	99961	7	—	—	7	-29	-274	1.2	可忽略
	使用	5307172	359	—	—	457	511	10930	8	9
	末期	39731	10	2	可忽略	6	82	47	6	2
38000 AADT-20 years	材料生产	7898054	588	1001	0.9	91	1383	99	235	600
	施工	270327	65	18	0.3	33	389	183	30	15
	拥堵	1211476	32	—	—	108	-119	-1138	4	0.5
	使用	19994249	1353	—	—	1729	1946	41194	30	33
	末期	58028	14	3	0.1	8	104	59	77	3

HMA路面设计方案生命周期清单(40年设计寿命)　　　　表5-8

清单数据		能耗(MJ)	CO_2(t)	CH_4(kg)	N_2O(kg)	VOC(kg)	NO_x(kg)	CO(kg)	PM_{10}(kg)	SO_2(kg)
2800 AADT-40 years	材料生产	4773399	380	498	0.6	46	937	55	221	404
	施工	157853	36	12	0.2	18	196	89	15	8
	拥堵	24012	1.6	—	—	1.7	-7	-66	0.3	可忽略
	使用	1648062	113	—	—	133	143	3223	3	3
	末期	43798	11	2	可忽略	7	91	51	7	2
10000 AADT-40 years	材料生产	5613433	436	632	0.7	58	1057	67	225	456
	施工	196433	43	15	0.3	21	236	108	18	10
	拥堵	114242	8	—	—	8	-33	-314	1.3	可忽略
	使用	5891055	399	—	—	472	509	11489	9	9
	末期	53492	13	3	0.1	8	104	59	8	3

续上表

清单数据		能耗(MJ)	CO_2(t)	CH_4(kg)	N_2O(kg)	VOC(kg)	NO_x(kg)	CO(kg)	PM_{10}(kg)	SO_2(kg)
38000 AADT-40 years	材料生产	7842589	584	992	0.9	91	1375	99	235	597
	施工	291991	58	21	0.4	29	315	143	25	13
	拥堵	759709	21	—	—	104	−221	−2084	9	可忽略
	使用	21810509	1477	—	—	1745	1882	42497	32	34
	末期	77743	18	4	0.1	10	132	74	10	4

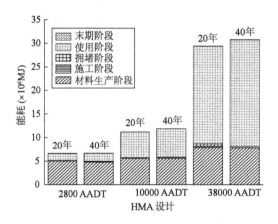

图 5-7 HMA 路面设计方案生命周期能耗清单

GWP、AP 和 REP 环境影响如图 5-8 所示，其结论与能耗资料类似，在此不再赘述。

对于 JPCP 设计方案，根据表 5-9、表 5-10 的资料，观察到与图 5-7 中相似的模式。简而言之，随着交通量增加，使用阶段取代了材料生产阶段，成为生命周期能耗的主要贡献者。20 年设计寿命方案与 40 年设计寿命方案之间的差异并不显著，在三个交通量水平下差异分别为 5.6%、4.7% 和 10%。

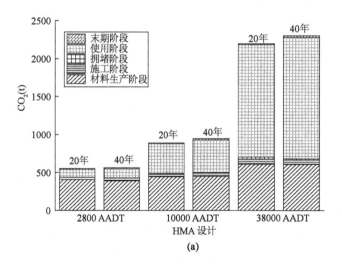

(a)

图 5-8

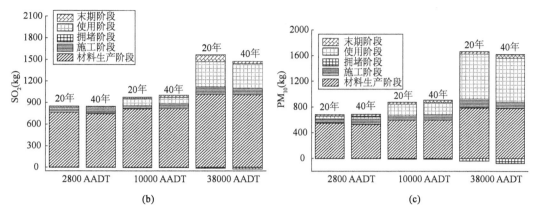

图 5-8 HMA 路面设计方案生命周期影响
(a)HMA 设计 GWP;(b)HMA 设计 AP;(c)HMA 设计 REP

JPCP 路面设计方案生命周期清单(20 年设计寿命) 表 5-9

清单数据		能耗(MJ)	CO_2(t)	CH_4(kg)	N_2O(kg)	VOC(kg)	NO_x(kg)	CO(kg)	PM_{10}(kg)	SO_2(kg)
2800 AADT-20 years	材料生产	10938763	1026	312	2	71	2284	6810	2273	1029
	施工	181273	29	17	0.3	14	123	57	10	7
	拥堵	111957	8	—	—	8	-33	-307	1.3	可忽略
	使用	4009889	275	—	—	217	217	5488	3.6	4.5
	末期	34774	3	3	可忽略	1	3	2	0.4	1
10000 AADT-20 years	材料生产	12110380	1126	316	2	78	2551	6938	2483	1167
	施工	200876	31	17	0.3	17	159	80	13	7
	拥堵	514089	35	—	—	36	-149	-1411	6	可忽略
	使用	14872328	1019	—	—	816	819	20632	13	17
	末期	41441	3	4	可忽略	1	4	4	0.5	0.8
38000 AADT-20 years	材料生产	13357537	1233	321	2	85	2834	7072	2708	1313
	施工	205092	26	16	0.3	12	100	42	9	6
	拥堵	2970796	196	—	—	241	-661	-6215	27	0.5
	使用	53168219	3646	—	—	2847	2889	71576	45	58
	末期	47737	4	4	可忽略	2	4	2	0.5	0.9

JPCP 路面设计方案生命周期清单(40 年设计寿命) 表 5-10

清单数据		能耗(MJ)	CO_2(t)	CH_4(kg)	N_2O(kg)	VOC(kg)	NO_x(kg)	CO(kg)	PM_{10}(kg)	SO_2(kg)
2800 AADT-40 years	材料生产	11469027	1071	74	2	74	2405	6867	2368	1092
	施工	211996	26	17	可忽略	12	96	40	8	6
	拥堵	135948	9	—	—	10	-40	-373	2	可忽略
	使用	3871769	266	—	—	206	207	5203	3.3	4.3
	末期	42962	3	4	可忽略	1	4	2	0.4	0.8

续上表

清单数据		能耗(MJ)	CO_2(t)	CH_4(kg)	N_2O(kg)	VOC(kg)	NO_x(kg)	CO(kg)	PM_{10}(kg)	SO_2(kg)
10000 AADT-40 years	材料生产	13357537	1233	321	2	85	2834	7072	2708	1313
	施工	235775	30	18	可忽略	14	115	48	10	7
	拥堵	657496	40	—	—	42	−174	−1646	7	可忽略
	使用	14749643	1011	—	—	809	806	20464	13	17
	末期	52492	4	4	可忽略	1	5	2	0.5	0.8
38000 AADT-40 years	材料生产	15246046	1394	327	2	96	3264	7276	3047	1535
	施工	259539	34	19	可忽略	15	134	55	11	6
	拥堵	2713249	183	—	—	191	−789	−7446	31	0.1
	使用	58611672	4016	—	—	3279	3270	82917	64	68
	末期	62039	5	5	可忽略	2	6	3	0.6	1

对于 CRCP 设计方案，如表 5-11 所示，使用阶段和材料生产阶段是能耗的两个主要贡献因素。与 40 年设计寿命相比，20 年设计寿命的使用阶段和材料生产阶段的能耗与其接近。由于存在钢筋网格，CRCP 设计方案的材料生产阶段的能耗大于 HMA 和 JPCP 设计方案的能耗。

CRCP 路面设计方案生命周期清单 表 5-11

清单数据		能耗(MJ)	CO_2(t)	CH_4(kg)	N_2O(kg)	VOC(kg)	NO_x(kg)	CO(kg)	PM_{10}(kg)	SO_2(kg)
38000 AADT-20 years	材料生产	18388407	947	959	5	97	1192	16784	2457	271
	施工	225642	28	17	可忽略	13	120	58	10	7
	拥堵	3572118	186	—	—	233	−564	−5304	23	0.6
	使用	49081021	3369	—	—	2528	2565	63371	39	52
	末期	47719	2	4	可忽略	1	4	2	0.5	0.9
38000 AADT-40 years	材料生产	20254749	1968	1021	6	165	3637	21825	4918	1478
	施工	247657	32	19	可忽略	14	124	51	10	8
	拥堵	2279129	153	—	—	160	−663	−6254	26	0.1
	使用	49122582	3371	—	—	2529	2568	63464	39	52
	末期	57266	4	5	0.1	2	5	3	0.6	1

5.2.4 敏感性分析

(1) 交通量敏感性分析

本案例对路面设计的交通量进行了大致估计。为了考察交通量对生命周期清单的影响，选取生命周期能耗作为评价指标，对原始 AADT 值进行调整，分别为增加 25% 和 50%，以及减少 25% 和 50%，并和原始值一起进行测试，以反映交通量的影响程度和趋势。在此，仅调查了与交通相关的阶段（以 JPCP 设计方案为例），结果如图 5-9 所示。

如图 5-9 所示，交通量极大地影响了与交通相关的能耗。随着交通量的增长，使用阶段与拥堵阶段的能耗发展方式不同。在低交通量时，使用阶段为主导因素，并且与拥堵相关的能耗增长缓慢。然而，在高交通量（特别是大于 38000 AADT）时，与拥堵相关的能耗迅速增长，拥堵阶段能耗迅速增长。此外,在中等交通量下,20年设计寿命的方案实际上更能包容AADT的增加,原因如下:首先,更频繁的养护活动使路面保持更好的状态,从而减少使用阶段的能耗;其次,与拥堵相关的能耗增加有限,完全可以通过使用阶段的能量节约实现补偿。然而,当交通量达到一定值(如大于38000 AADT)时,养护期间的拥堵骤增,由此产生的与拥堵相关的能耗轻而易举地抵消了使用阶段节省的能量。换言之,在低或中等交通量下,20年设计寿命方案在能耗方面是首选。而如果交通量相当高,则相反。但是,"高"一词是定性的,而非定量的概念,因为许多外部因素干扰了区域交通量的确定,例如车道养护引起的车道通行能力损失、养护活动的组织等。因此,为减轻环境负荷,需要更加谨慎地选择40年寿命的路面设计方案。

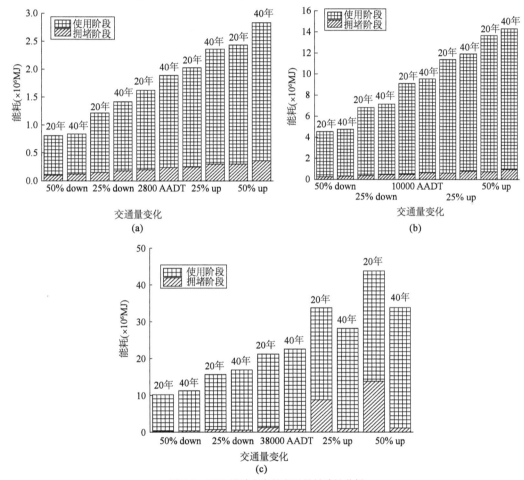

图5-9　JPCP设计方案的交通量敏感性分析

(2)养护计划敏感性分析

路面养护计划规划了在通车后路面需要养护的时间和方式。对道路服役周期内路面性能劣化趋势的预测以及制订相应的养护计划具有很大的不确定性。下面,选择20年设计寿命的HMA路面作为实例进行养护计划灵敏性分析。假设与原始路面病害发展速率相比,病害发生率增加或降低5%和10%。路面性能发展将影响养护活动规划,进而影响除生命周期末期之外的所有阶段。道路性能劣化带来的养护计划变化如表5-12所示。

不同原始路面病害发展速率下养护计划变化　　　　　　　　　　表 5-12

设计	病害发展速率	原始设计寿命(a)/方案	原始厚度（mm）	现在设计寿命(a)/方案	现在厚度（mm）
HMA-2800 AADT-20years	10%	22/罩面+32/罩面	25+45	18/罩面+26/罩面+32/罩面	25+45+45
	5%			20/罩面+30/罩面+34/罩面	25+45+25
	基准			22/罩面+32/罩面	25+45
	-5%			24/罩面+32/罩面	25+45
	-10%			26/罩面+34/罩面	25+25
HMA-10000 AADT-20years	10%	24/铣刨加铺	76	20/罩面+24/铣刨加铺	25+76
	5%			22/罩面+26/铣刨加铺	25+76
	基准			24/铣刨加铺	76
	-5%			26/铣刨加铺	76
	-10%			28/铣刨加铺	76
HMA-38000 AADT-20years	10%	20/罩面+24/铣刨加铺	45+76	16/罩面+20/罩面+24/铣刨加铺	25+45+76
	5%			18/罩面+22/罩面+26/铣刨加铺	25+25+76
	基准			20/罩面+24/铣刨加铺	45+76
	-5%			22/罩面+26/铣刨加铺	25+76
	-10%			24/罩面+28/铣刨加铺	25+76

根据表 5-12 养护计划的变化,重新计算 HMA 方案的生命周期能耗清单,如图 5-10 所示。病害发展速率影响着养护计划,或提早或推迟养护年份,或增加养护频率,这也导致生命周期能耗的变化。总体而言,影响是有限的。对于三种 HMA 设计,"-10%"发展速率和"10%"发展速率的影响差异依次为 7.8%、-1.1% 和 -7.3%。

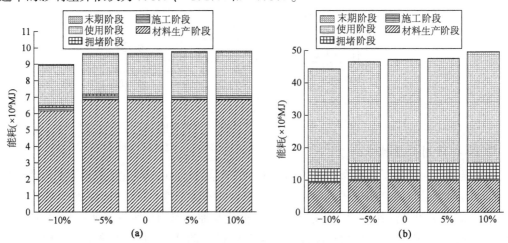

图 5-10　不同病害发展速率和养护方案的敏感性分析
(a) HMA 设计-2800 AADT-20 years; (b) HMA 设计-38000 AADT-20 years

(3) 回收和物料能敏感性分析

旧料回收利用是路面工程中的常见做法,本案例仅从定性的角度(忽略回收材料对路面性能的影响)分析回收的益处。以高交通量设计为例,HMA、JPCP 和 CRCP 的回收方案是:在新项目中用再生 RAP 料替代部分 HMA,RCM 用于替代基层施工中的集料,钢筋(用于加固)回收率设定为 70%[23]。此外,还考虑沥青胶结料的物料量,以量化其对生命周期清单的影响。

图 5-11(a)平行地比较了不同路面类型之间的回收率的影响,而图 5-11(b)则显示了物料能对 HMA 设计的影响。回收确实降低了每种路面设计的能耗,但其效果不同:①对于 HMA 设计,不论是包含或排除物料能,其能耗几乎随着回收率的增加而线性下降;②"填埋"(land-fill)与"10%"回收率之间的差异显著,而"10%"回收率与"20%"回收率之间的差异几乎可以忽略不计。这是因为钢铁生产是一个高能耗的行业,因此钢铁回收显著降低了能耗。然而,集料生产是低能耗产业,因此 RCM 使用率的增加不会显著降低能耗(在此仅讨论能耗,若还考虑其他环境指标,结论可能会发生变化)。此外,物料能的加入显著增加了能耗,20 年设计寿命方案普遍高于其 40 年设计寿命方案,尽管两者差异较小。

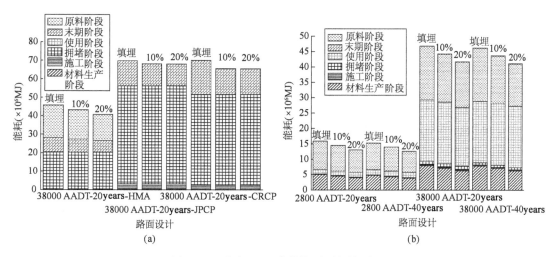

图 5-11　回收率(左)和物料能(右)敏感性分析

(4) 敏感性分析小结

本案例对几个重要因素进行敏感性分析,有利于总结结果或提出相应的建议。

①无论路面类型如何,在环境影响方面,交通量在区分 20 年设计寿命方案和 40 年设计寿命方案的优劣势方面发挥着重要作用。高交通量下倾向于 40 年设计寿命,反之亦然。

②对材料生产阶段、使用阶段和拥堵阶段之间能耗的权衡,有助于选择更环保的设计。由于在养护活动期间车辆长时间等待排队,拥堵阶段所造成的环境负荷很容易抵消使用阶段所节省的环境负荷。因此,建议在长寿命路面设计研究中进行更广泛的交通拥堵评估,并采取合理的维护策略,如夜间施工或交通管制,以减少影响。

③尽管路面病害发生率会影响养护时间或频率,但其有限的变化不会显著影响生命周期清单。

④通过向能源密集型行业提供再生材料,回收的效益更加显著。新建 HMA 项目中的 RAP 料回收利用和基层施工建设中 RCM 的使用清楚地证明了这一观点。

5.3　废旧塑料-橡胶复合改性沥青环境影响评估

环境保护、节能减排在我国是一个日益重要的话题,而道路作为一项高能耗、高投资、具有广泛社会影响的基础设施体系,应努力向"绿色、环保、可持续发展"方向进行转变。愈来愈重的能源紧缺压力和愈来愈强的环境保护意识促使政府、企业、社会各界关注无污染、可回收的工程材料的利用。废旧材料的利用一方面能够缓解垃圾填埋的压力,另一方面能够减少筑路材料的消耗。

废旧塑料、橡胶若未加以处理就直接将其掩埋于地下,会污染地下水源,焚烧则会产生大量环境污染物。而作为改性剂,废旧塑料、橡胶能够有效改善沥青及沥青混合料的高温和低温性质,避免了对环境造成破坏的同时还能够提高沥青路面的使用性能。本案例旨在评估废旧塑料-橡胶复合改性沥青的环境影响。

5.3.1　功能单元与系统边界

本案例拟利用 LCA 模型分析比较两种沥青及沥青混合料的能耗和主要环境污染物的排放量,即废旧塑料-橡胶复合改性沥青(Plastic-rubber asphalt,PRA)和 SBS 改性沥青两种方案。进行 LCA 研究,首先需要定义功能单元。在本案例中,合理的功能单元定义为每吨沥青混合料生产的环境影响。系统边界方面,主要涉及筑路材料生产以及运输两个阶段,分别计算两种沥青混合料设计方案的能耗,CO_2、CO、CH_4、NO_x、SO_2、VOC、$PM_{2.5}$ 和 PM_{10} 排放。根据研究[24],掺配20%胶粉和0.5%聚丙烯塑料(PP,胶粉质量的2.5%)的塑料-橡胶复合改性沥青和 SBS 改性沥青的路用性能接近,因此本研究采用"从摇篮到大门"的 LCA 模型。

对于塑料-橡胶复合改性沥青和 SBS 改性沥青混合料,其级配设计和运输距离等参数如表5-13所示。因为国内目前缺乏胶粉生产、SBS 改性剂生产等环境影响数据,因此采用欧美地区相关数据,其数据清单如表5-14所示。

两种沥青混合料参数　　　　　　表 5-13

PRA 混合料				SBS 改性沥青混合料		
胶结料			集料(kg)	胶结料		集料(kg)
胶粉(kg)	PP 粉体(kg)	沥青(kg)		SBS 改性剂(kg)	沥青(kg)	
9.67	0.24	38.69	951.4	2.19	46.41	951.4
运输方式及距离						
胶粉	PP 粉体		SBS 改性剂		沥青	集料
8t 卡车 50km	8t 卡车 50km		18t 卡车 1000km		18t 卡车 200km	8t 卡车 40km

对于沥青和集料的生产、混合、运输过程,使用基于过程的 LCA 模型,而对于 SBS、橡胶和 PP 沥青改性剂产品,则采用卡内基梅隆大学绿色设计研究所开发的 EIO-LCA 模型。因此,本案例实际上采用了混合式 LCA。

LCA 模型参数数据源　　　　　　　　　表 5-14

过程①	数据源
沥青生产(Asphalt Production)	Eurobitume[25]
集料生产(Aggregate Production)	Stripple[4]
拌和站混合料拌和(Mixing)	Stripple[4]
运输(Transportation)	Argonne National Lab[6]
SBS 改性剂生产(SBS Production)	EIOLCA(U.S. 2002 producer, NAICS 32629)[26]
胶粉生产(Rubber Production)	EIOLCA(U.S. 2002 producer, NAICS 325212)[26]
聚丙烯生产(PP Production)	EIOLCA(U.S. 2002 producer, NAICS 325211)[26]
SBS 和聚丙烯研磨粉碎(Milling Process of SBS and PP)	Eurobitume[25]
胶粉生产(Crumb Rubber Manufacturing)②	Fiksel 等[27]

注:①聚丙烯和废轮胎橡胶回收过程中可能的次要过程,例如清洁、储存,由于其影响有限且缺乏数据而被忽略。
②包括废轮胎的粉碎和胶粉的生产。

5.3.2 分配问题

在清单分析之前,讨论 LCA 模型的方法论问题之一,即分配问题,在本案例中,分配问题是指废弃物的处理。如何将回收利用的收益分配给回收材料的上游厂商和下游用户? 可供选择的方法有截断法、质量损失法、死循环法、50/50 分配法和替代法。参照 Huang 等的研究[28],本案例采用 50/50 分配法,即上游厂商和下游用户获得同等收益,计算公式如式(5-6)所示:

$$\text{Emissions/unit} = (1 - R) \times E_V + R \times E_R + (1 - R) \times E_D \tag{5-6}$$

式中,R 为上游厂商投入的循环利用材料比例;E_V 为生产单位筑路材料产生的能耗和空气污染物;E_R 为使用单位循环利用材料产生的能耗和空气污染物;E_D 为单位循环利用材料处置产生的能耗和空气污染物。

在本案例中,R 为 50%;E_R 主要是指聚丙烯铣削加工和利用废轮胎处置工艺制备胶粉所产生的能耗和空气污染物;E_V 代表生产原样橡胶和聚丙烯产品所产生的能耗和空气污染物;E_D 表示将废旧橡胶轮胎和聚丙烯运输至储存/回收中心所产生的能耗和空气污染物。本案例通过对 R 以及其他影响因素进行敏感性分析,调查 LCA 建模过程中的不确定性。

5.3.3 LCA 结果

在完成表 5-14 中所列过程的计算后,生产 1t 沥青混合料的生命周期清单如表 5-15 所示。根据表 5-15 资料,生产每吨塑料-橡胶复合改性沥青混合料和 SBS 改性沥青混合料的能耗和温室效应如图 5-12 所示。

生产1t沥青混合料生命周期清单　　　　　　　　　　　　　表 5-15

	清单数据	能耗(MJ)	CO_2(kg)	CH_4(g)	N_2O(g)	VOC(g)	NO_x(g)	CO(g)	SO_2(g)	PM_{10}(g)	$PM_{2.5}$(g)
PRA混合料	沥青(Asphalt)	104.2	6.7	23.0	—	12.8	30.0	23.6	30.0	6.2	—
	集料(Aggregate)	82.9	1.4	4×10^{-4}	0.03	0.02	11.7	1.4	0.7	0.4	—
	胶粉(Rubber)	29.8	1.5	7.1	0.18	2.2	3.9	4.8	5.0	1.2	0.5
	聚丙烯(PP)	6.2	0.3	1.4	0.04	0.3	0.6	0.7	0.6	0.2	0.1
	拌和站混合料拌和(Mixing)	401.0	22.6	5×10^{-3}	2×10^{-3}	4×10^{-3}	45.9	3.8	38.4	2.9	—
	研磨粉碎聚丙烯(Milling of PP)	0.4	0.03	0.06		3×10^{-3}	0.06	0.01	0.1	0.03	—
	胶粉生产(Crumb Rubber Manufacturing)	7.2	0.01	0.03		0.04	0.03	0.08	0.04	0.03	—
	运输(Transportation)	47.1	3.6	5.3	0.08	1.3	4.2	2.1	1.0	0.5	0.3
SBS改性沥青混合料	沥青(Asphalt)	125.4	8.1	27.6	—	15.4	35.7	28.4	36.2	7.5	—
	集料(Aggregate)	82.9	1.4	4×10^{-4}	0.03	0.02	11.7	1.4	0.7	0.4	—
	SBS改性剂(SBS)	98.8	5.5	20.3	0.76	9.7	14.8	16.4	12.5	3.4	1.4
	拌和站混合料拌和(Mixing)	401.0	22.6	5×10^{-3}	2×10^{-3}	4×10^{-3}	45.9	3.8	38.4	2.9	—
	研磨粉碎SBS(Milling of SBS)	8.6	0.7	1.1	—	0.06	1.3	0.2	2.1	0.6	—
	运输(Transportation)	27.1	2.1	3.1	0.04	0.8	2.5	1.2	0.6	0.3	0.2

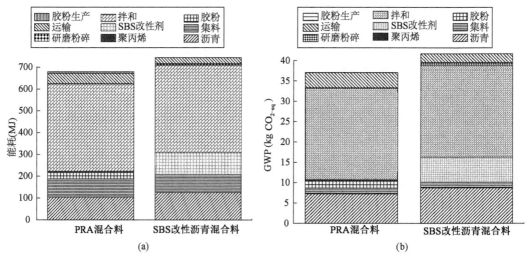

图 5-12　生产 1t 沥青混合料能耗和温室效应

从图 5-12(a)可以发现,SBS 改性沥青混合料的能耗比 PRA 混合料大约高 9.6%。对于这两种混合料的能耗,拌和过程是主要的贡献因素,其次是沥青、集料和 SBS 改性剂等的生产能耗。SBS 改性沥青混合料能耗较高的原因是：①EIOLCA 计算中采用价格作为输入参数以计算环境影响（输入价格越高，环境影响越大），SBS 的单价较高，因此其生产能耗较橡胶和聚丙烯高；②由于部分沥青被橡胶和聚丙烯所取代，PRA 混合料中沥青用量较少；③回收利用减少了聚丙烯和橡胶生产的环境负荷，使原料生产者和废弃物使用者都能平等地享受回收利用的好处。其他过程，如铣削和运输，发挥的作用较小。对于两种混合料的温室效应，可以发现相似的规律。

对于其他数量较少的空气污染物，本案例只提供相关清单数据（表 5-15），并未开展进一步分析。总体来说，PRA 混合料比 SBS 改性沥青混合料消耗更少的能量并产生更弱的温室效应。这一结论符合预期，但需要进一步对其进行敏感性分析检验。

5.3.4 敏感性分析

在 5.3.3 节中，输入参数要么是假定的，如运输距离，要么是从国家宏观经济水平估计的（EIOLCA 模型），如 SBS、橡胶、聚丙烯生产，无法解释这些参数固有的变异性。因此，本案例采用 Monte Carlo 模拟以捕获 LCA 研究中的不确定性因素。涉及的参数包括沥青改性剂含量、配合比、拌和工艺、碾磨或制造工艺、运输距离等，详见表 5-16。假定每个变量为均匀分布，Monte Carlo 模拟迭代 10000 次，结果如图 5-13 所示。

LCA 模型的参数变异性　　　　表 5-16

混合料	输入参数	不确定性范围/数量
PRA 混合料	胶粉用量	10% ~ 20%
	胶粉生产能耗	-25% ~ 25%
	胶粉分配比例	0 ~ 100%
	聚丙烯用量	2.5% ~ 3.5% 聚丙烯质量
	聚丙烯生产能耗	-25% ~ 25%
	聚丙烯分配比例	0 ~ 100%
	研磨能耗	-15% ~ 15%
	破碎轮胎制造能耗	-15% ~ 15%
	拌和能耗	-10% ~ 10%
	运输距离	-100% ~ 100%
SBS 改性沥青混合料	SBS 用量	4% ~ 6%
	SBS 生产能耗	-25% ~ 25%
	研磨能耗	-15% ~ 15%
	拌和能耗	-10% ~ 10%
	运输距离	-100% ~ 100%

注：沥青含量根据橡胶、聚丙烯和 SBS 含量进行相应调整。

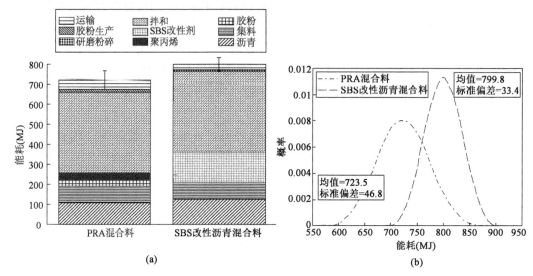

图 5-13 两种沥青混合料生产能耗资料
(a)含误差项的能耗清单;(b)能耗概率分布函数

沥青改性剂的估计对生命周期有重大影响,是通过 EIO 数据计算得到的。通过进行不确定性分析,考虑了改性剂消耗量和产量的可能差异,以解释与 EIOLCA 模型同构型假设相关的误差。

从图 5-13 可以看出,PRA 混合料和 SBS 改性沥青混合料的平均能耗分别为 723.5MJ 和 799.8MJ,相差10.5%。换言之,PRA 混合料的平均能耗低于 SBS 改性沥青混合料。PRA 混合料的标准偏差大于 SBS 改性沥青混合料的标准偏差,说明其存在较大的不确定性。概率分析表明,PRA 混合料比 SBS 改性沥青混合料能耗低的概率为 90%,而相反的情况的概率只有 10%。Monte Carlo 对两种混合料温室气体排放的模拟也有类似结果,此处不再赘述。总体而言,就环境友好性而言,PRA 混合料具有优势。

5.4 沥青混合料生产环境负荷

5.4.1 研究背景与目的

世界范围大多数高速公路和停车场以及大部分机场跑道都是沥青路面。仅美国每年就生产 5 亿~5.5 亿 t 沥青混合料。根据沥青混合料的类型,沥青和集料的温度可能会被升高至 100~200℃。全球沥青混合料生产部门每年的总能耗约为 136×10^6 MW·h[29]。

巨大的能耗伴随着巨大的能源成本和温室气体排放。能源对路面工程成本有重大影响。通过采访沥青混合料厂的工程师,笔者估计能源成本占沥青混合料生产总成本的 12%~18%。沥青混合料生产中使用的能源大部分是通过化石燃料燃烧产生的,这也导致了温室气体排放。由于能耗对沥青混合料成本和温室气体排放有重大影响,开发一种系统的方法来准确估计沥青混合料生产中的能耗尤为必要。它有助于评估在各种条件下生产不同类型沥青混合料的成本和环境影响,研究这些影响因素的规律有利于进一步降低能耗。

沥青混合料主要有两种生产方式,对应的生产设备有连续式和间歇式。连续式设备在美国和新西兰应用广泛,而间歇式设备在欧洲、亚洲和南非占主导地位。本项研究对象为间歇式设备,数据方面针对间歇式设备收集。对于间歇式设备,冷集料从储料仓中定量进料,经过干燥和加热,被热升降机送上筛板。集料在筛板上按大小分开,储存在几个储料仓中。根据混合料设计,热集料、矿物填料和沥青在拌和室中按比例拌和。成品混合料随后被送到储料仓或直接卸除到卡车上。图 5-14 展示了利用间歇式设备生产沥青混合料的过程。

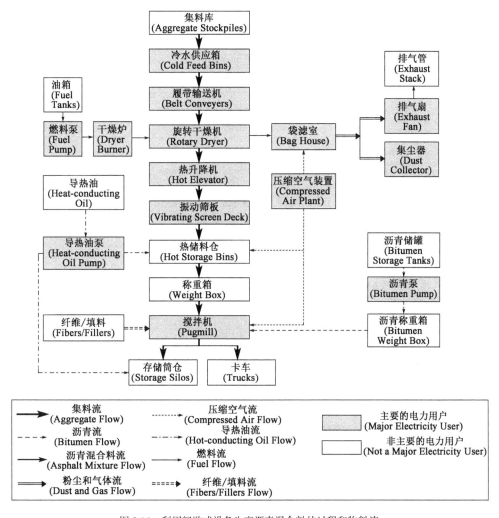

图 5-14　利用间歇式设备生产沥青混合料的过程和物料流

本研究的目的是开发一种系统方法,包括综合模型和软件工具,用于估算图 5-14 中所有组分的燃料和电力消耗。能耗取决于许多因素及其相互作用,包括混合料设计、材料特性、环境、设施条件等。虽然可以通过资料收集和统计回归分析来开发能耗预测模型,但不确定性很高。因此,本研究使用基础热力学模型来分析沥青混合料生产过程的能耗,并使用实际数据对模型进行校准和验证。

5.4.2 能耗预测的热力学模型

沥青混合料生产能耗遵循两个物理定律:能量守恒和质量守恒。因此,了解每个生产阶段的传热和质量变化非常重要。在本研究中,能耗分为三个部分:①旋转烘干机燃料消耗;②沥青储存和加热系统中燃料消耗;③所有电力设施消耗的电力,沥青混合料生产能耗清单如图 5-15 所示。能量损失也发生在热升降机、热储料仓和搅拌机中。在集料离开旋转烘干机时,适当提高集料温度能够补偿前述能量损失。

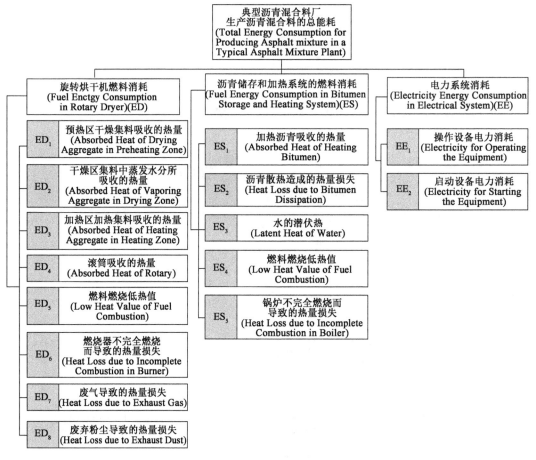

图 5-15 沥青混合料生产能耗清单

5.4.3 旋转烘干机的热力学过程及燃料消耗估算

集料在旋转烘干机中干燥和加热是沥青混合料生产中能耗最大的过程。在间歇式设备中,转鼓向下倾斜 3°~4°,气体或油燃烧器位于转鼓的下端。柴油、重燃料油和天然气是干燥和加热集料的常见能源,而电力则作为设备工作的能源。逆流空气系统用于迫使废气向材料传输的相反方向流动。因此,废热可用于预热冷集料,这些集料通过角钢和条板向下穿过烘干机,形成密集的帘状。旋转烘干机的示意图如图 5-16 所示。

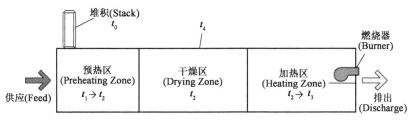

图 5-16 旋转烘干机示意图

表 5-17 列出了用于模拟旋转烘干机热力学过程的变量,表中还包括变量的信息来源。这些变量可以从设备规格和现场生产记录中获得。此类信息的使用有利于以合理的方式来估算能耗和温室气体排放量。

模拟旋转烘干机热力学过程的变量 表 5-17

类别	符号	单位	描述	数据源/收集方法
温度	t_0	℃	排烟温度	计算机控制面板的原位热探头读数
	t_1	℃	冷集料温度/环境温度	温度计读数
	t_2	℃	水的蒸发温度	科学知识
	t_3	℃	加热集料温度	计算机控制面板的原位热探头读数
	t_4	℃	烘干机外壳平均温度	红外热像仪
	t_5	℃	集尘室粉尘温度	原位测量
比热	C_A	kJ/(kg·℃)	集料比热	工程工具箱[30]
	C_W	kJ/(kg·℃)	水的比热	科学知识
	C_V	kJ/(kg·℃)	蒸汽比热	工程工具箱[30]和文献综述
	C_{SG}	kJ/(m³·℃)	烟道气比热	工程工具箱[30]和文献综述
潜伏热	L_W	kJ/kg	水的潜伏热	工程工具箱[30]和文献综述
含水率	ω_{CA}	%	潮湿粗集料的含水率（公称最大尺寸>4.75mm）	根据美国材料试验标准C566方法进行的实验室试验
	ω_{FA}	%	潮湿细集料的含水率（公称最大尺寸<4.75mm）	根据美国材料试验标准C566方法进行的实验室试验
烘干机尺寸	D	m	烘干机直径	设备规格
	L	m	烘干机长度	设备规格
	σ	W/(m²·K⁴)	斯特凡-玻尔兹曼常数	文献综述
	ε	—	烘干机参数	工程工具箱[30]
生产参数	Q	t/h	生产量	计划或测量
燃料参数（燃烧产生的热量损失）	V_D	kJ	燃料低热值	技术报告和文献综述
	q_1	%	化学不完全燃烧	文献综述和访谈
	q_2	%	机械不完全燃烧	文献综述和访谈
	q_3	%	燃料在空气中流失	文献综述和访谈
	q_4	%	燃料在烟道气中损失	文献综述和访谈

(1) 旋转烘干机的热平衡

旋转烘干机中,燃烧器产生的热量被加热和干燥集料(含水分)消耗。热传递发生在三个区域,如图 5-16 所示。总体热平衡可由式(5-7)表示:

$$E_{\text{Absorbed}} = E_{\text{Released\_effective}} \tag{5-7}$$

式中,E_{Absorbed} 为吸收的总热量;$E_{\text{Released\_effective}}$ 为燃烧燃料释放的有效热量。吸收的总热量可以使用式(5-8)计算。

$$E_{\text{Absorbed}} = \text{ED}_1 + \text{ED}_2 + \text{ED}_3 + \text{ED}_4 \tag{5-8}$$

式中,ED_1 为预热区干燥集料的吸收热量;ED_2 为干燥区集料中蒸发水分所吸收的热量;ED_3 为加热区加热集料吸收的热量;ED_4 为滚筒吸收的热量。

并不是所有燃料的热值都被充分地利用。热量损失有几种来源,包括燃料不完全燃烧、废气和废弃粉尘。释放的有效热量可以用式(5-9)计算:

$$E_{\text{Released\_effective}} = \text{ED}_5 - \text{ED}_6 - \text{ED}_7 - \text{ED}_8 \tag{5-9}$$

式中,ED_5 为燃料燃烧低热值;ED_6 为燃烧器不完全燃烧导致的热量损失;ED_7 为废气导致的热量损失;ED_8 为废弃粉尘导致的热量损失。

(2) 干燥、加热和蒸发集料吸收的热量(ED_1、ED_2 和 ED_3)

① 集料水分在旋转烘干机的预热区从环境温度加热到沸点。假设在此阶段没有状态变化(从液态到气态)。则吸收的热量 ED_1 计算如式(5-10)所示:

$$\text{ED}_1 = (M_{\text{CA}} + M_{\text{FA}})C_A(t_2 - t_1) + (M_{\text{CA}}\omega_{\text{CA}} + M_{\text{FA}}\omega_{\text{FA}})C_W(t_2 - t_1) \tag{5-10}$$

式中,M_{CA} 为每吨沥青混合料的潮湿粗集料质量(kg);M_{FA} 为每吨沥青混合料的潮湿细集料质量(kg);ω_{CA} 为潮湿粗集料含水率(%);ω_{FA} 为潮湿细集料含水率(%);C_A 为集料比热,(kJ/kg·℃);C_W 为水的比热(kJ/kg·℃);t_1 为冷集料温度(等于环境温度)(℃);t_2 为水的蒸发温度(℃)。

假设水的状态变化发生在干燥区。蒸发水吸收的热量 ED_2 计算如式(5-11)所示:

$$\text{ED}_2 = (M_{\text{CA}}\omega_{\text{CA}} + M_{\text{FA}}\omega_{\text{FA}})C_V(t_0 - t_2) + (M_{\text{CA}} + M_{\text{FA}})L_W \tag{5-11}$$

式中,C_V 为蒸汽比热(kJ/kg·℃);L_W 为水的潜热(kJ/kg);t_0 为排烟温度(℃)。

② 干燥集料在加热区进一步加热至所需温度。加热温度应高于沥青混合料温度,以解决前面提到的后续热量损失问题。可采用高温计监测集料加热温度 t_3,该温度取决于集料现场配合比、现场位置和环境温度。例如,石膏粉沥青混合料温度通常需达到 190℃,而普通沥青混合料为 170~175℃,橡胶沥青混合料为 190~195℃。加热区集料吸收的热量计算如式(5-12)所示:

$$\text{ED}_3 = (M_{\text{CA}} + M_{\text{FA}})C_A(t_3 - t_2) \tag{5-12}$$

式中,t_3 为加热集料温度(℃)。

(3) 旋转烘干机滚筒热量损失(ED_4)

旋转烘干机外壳的温度高于环境温度,温差主要导致两种形式的热量损失:辐射和对流。如式(5-13)和式(5-14)所示,辐射热量损失受到烘干机外壳和空气之间温差的影响。

$$\text{ED}_4 = E_{\text{radiation}} + E_{\text{convection}} \tag{5-13}$$

$$E_{\text{radiation}} = \sigma\varepsilon\pi DL\left[(t_4 + 273.15)^4 - (t_1 + 273.15)^4\right]\frac{3600}{Q} \times \frac{1}{1000} \tag{5-14}$$

式中,$E_{\text{radiation}}$ 为辐射热量损失(kJ);$E_{\text{convection}}$ 为对流热量损失(kJ);σ 为斯特凡-玻尔兹曼常数[W/(m²·K⁴)];ε 为旋转烘干机参数;D 为烘干机直径(m);L 为烘干机长度(m);t_4 为烘干机外壳平均温度(℃);Q 为每小时产量(t/h)。

对流引起的热量损失 $E_{\text{convection}}$ 计算如公式(5-15)所示:

$$E_{\text{convection}} = q_{\text{conv}} \frac{3600}{Q} \times \frac{1}{1000} \tag{5-15}$$

式中,q_{conv} 为对流传热速率(w)。

对流传热速率可用牛顿冷却定律表示:

$$q_{\text{conv}} = hA_s(t_4 - t_\infty) \tag{5-16}$$

式中,h 为对流传热系数[W/(m²·℃)];A_s 为发生对流传热的表面积,在本研究中定义为烘干机表面 πDL(m²);t_∞ 为气流温度(℃),假设为环境温度 t_1。

对流传热系数 h 取决于物体的表面几何形状、空气运动的特征、空气特性和整体空气速度,计算如式(5-17)所示:

$$h = \frac{\text{Nu} \cdot k}{D} \tag{5-17}$$

式中,Nu 为努塞尔数;k 为空气热导率[W/(m²·℃)];D 为旋转烘干机的直径(m)。

已有几种模型可用来计算圆柱绕流的平均努塞尔数 Nu,本研究采用式(5-18)计算:

$$\text{Nu} = C \cdot R^m \Pr^n \tag{5-18}$$

式中,R 为雷诺数;Pr 为普朗特数;C、m、n 为依赖于 R 的系数。

雷诺数 R 表示外部流动状态的无量纲量,主要取决于流体中惯性力与黏性力的比值,计算公式如式(5-19)所示:

$$R = \frac{VD}{v} = \frac{V\rho D}{\delta} \tag{5-19}$$

式中,V 为接近旋转烘干机时的平均风速(m/s);D 为旋转烘干机的直径(m);v 为空气的运动黏度(m²/s);ρ 为空气密度(kg/m³);δ 为空气的动态黏度(Pa·s)。

假设烘干机周围的平均风速为 0.5~3m/s。烘干机周围平均空气膜温度 t_f 为烘干机外壳平均温度 t_4 和气流温度 t_∞(等于环境温度)的平均值。在这种情况下,R 的范围为 40000~400000,C、m、n 分别为 0.027、0.805、1/3。普朗特数(Pr)是一个无量纲参数,取决于空气的运动黏度和热扩散率。

(4)燃料燃烧低热值(ED_5)

燃料燃烧低热值(Low Heat Value,LHV)是指燃料燃烧释放的净热量。它排除了燃料和反应产物中水汽化的热量。LHV 通常被用作特定类型燃料的原料能源。不同类型燃料有不同的低热值。燃料燃烧的 LHV 计算如式(5-20)所示:

$$ED_5 = M_D V_D \tag{5-20}$$

式中,M_D 为所需燃料(m³ 或 kg);V_D 为单位燃料的 LHV(kJ/m³ 或 kJ/kg)。

(5)燃烧器不完全燃烧导致的热量损失(ED_6)

高效燃烧中,空气需要与送入燃烧器的燃料量保持平衡。空气不足或燃料过多会导致燃烧器不完全燃烧。燃烧器中不完全燃烧导致的热量损失是由化学不完全燃烧、物理不完全燃烧、空气中的燃料损失和烟道气中的燃料损失引起的。总热量损失系数 q 通常由从业人员根据以往的经验和行业标准确定。燃烧器中不完全燃烧的热量损失 ED_6 使用式(5-21)计算：

$$ED_6 = qM_D V_D \tag{5-21}$$

式中，q 为燃烧器热量损失系数(%)。

(6) 废气导致的热量损失(ED_7)

废气造成的热量损失 ED_7 可通过使用式(5-22)计算：

$$ED_7 = M_D C_{SG} V_{SG}(t_0 - t_1) \tag{5-22}$$

式中，C_{SG} 为烟道气的比热[kJ/(m³·℃)]；V_{SG} 为完全燃烧单位燃料时的实际烟道气体积(m³/单位燃料)。

燃料燃烧是燃料与空气中的氧气反应并转化为燃烧产物和能量的化学反应过程。单位燃料燃烧时的实际烟道气体积可以用一系列方程(式5-23~式5-26)来计算。理论烟道气体积 V_{SG} 可以通过较低的燃料热值来估算。式(5-25)适用于液体燃料，而根据欧洲标准 EN 12952-15:2003，式(5-25)适用于气体燃料。

$$V_{SG} = V'_{SG} + (\partial - 1) V'_{Air} \tag{5-23}$$

对于液体燃料(kg)：

$$V'_{SG} = 1.76435 + \frac{0.20060}{1000} V_D \tag{5-24}$$

对于气体燃料(kg)：

$$V'_{SG} = 0.199 + \frac{0.234}{1000} V_D \tag{5-25}$$

理论上要求的空气量 V'_{Air} 可以粗略估计为燃料低热值的函数：

$$V'_{Air} = \frac{2.6}{1000} V_D \tag{5-26}$$

式中，V'_{SG} 为燃烧单位燃料时的理论烟道气体积(m³/单位燃料)；∂ 为过量空气系数，可以根据燃料类型进行经验估算(液体燃料为 1.05~1.2，气体燃料为 1.05~1.1)；V'_{Air} 为燃烧单位燃料时的燃烧空气量理论值(m³/单位燃料)。

(7) 废弃粉尘导致的热量损失(ED_8)

在干燥集料过程中，会产生一定量的粉尘。粉尘也会带走旋转烘干机的部分热量。大多数沥青混合料厂采用一级和二级除尘系统。一级除尘系统使用旋风分离器和沉降室来去除较大的颗粒，而二级除尘系统使用织物过滤器和风险洗涤器来去除较小的颗粒。粉尘的数量取决于集料的类型和质量。根据对拌和站工程师的采访，笔者发现产生的粉尘约占总集料质量的 2%~5%。式(5-27)用于计算灰尘导致的热量损失 ED_8：

$$ED_8 = M_{dust} C_A (t_5 - t_1) \tag{5-27}$$

式中，M_{dust} 为集料干燥过程中产生的粉尘质量(kg)；C_A 为集料比热[kJ/(kg·℃)]；t_5 为集尘室粉尘温度(℃)。

5.4.4 沥青储存和加热系统中的热力学过程及燃料消耗估算

除了旋转烘干机，沥青储存和加热系统也需要消耗燃料来加热沥青并保持储罐中沥青的温度。热量通过电泵系统中循环的导热油传递。附加的设备可用于处理特殊类型的沥青。例如，聚合物改性沥青罐配有三套搅拌装置，用于防止聚合物离析。对于橡胶沥青，利用独立拌和系统拌和废橡胶粉和沥青，以形成均匀且不沉降的悬浮液；而对于泡沫沥青，则通过喷嘴将水注入热沥青中产生自发泡沫而制成。沥青存储和加热过程中的能量消耗可以通过式(5-28)来计算：

$$ES_1 + ES_2 + ES_3 = ES_4 - ES_5 \tag{5-28}$$

式中，ES_1 为加热沥青吸收的热量(kJ)；ES_2 为沥青散热造成的热量损失(kJ)；ES_3 为水的潜伏热(kJ)；ES_4 为燃料燃烧低热值(kJ)；ES_5 为锅炉不完全燃烧而导致的热量损失(kJ)。

加热沥青吸收的热量是将沥青加热到所需温度所需的能量，可利用式(5-29)计算：

$$ES_1 = C_b M_B (t_6 - t_7) \tag{5-29}$$

式中，C_b 为沥青的平均比热[kJ/kg·℃]；M_b 为沥青质量(kg)；t_6 为沥青加热温度(℃)；t_7 为沥青加热前的温度(℃)。

沥青在储罐中的热量损失 ES_2 不容忽视。储罐有两种类型可供选择：立式和卧式。

立式储罐通常被安装在混凝土底座上，其热量损失主要包括储罐侧面和顶面向空气的热传导及储罐底部向混凝土底座的热传导，计算如式(5-30)~式(5-32)所示：

$$ES_2 = ES_{2a} + ES_{2b} \tag{5-30}$$

$$ES_{2a} = K_a A_a (t_8 - t_1) \tag{5-31}$$

$$ES_{2b} = K_b A_b (t_8 - t_9) \tag{5-32}$$

式中，ES_{2a} 为储罐向空气传热引起的热量损失(kJ)；ES_{2b} 为储罐向混凝土基座的传热引起的热量损失(kJ)；K_a 为 ES_{2a} 的传热系数[kJ/(h·m²·℃)]；K_b 为 ES_{2b} 的传热系数[kJ/(h·m²·℃)]；A_a 为立式储罐侧面和顶面的总面积(m²)；A_b 为立式储罐的底部面积(m²)；t_8 为储罐中沥青的平均温度(℃)；t_9 为混凝土基座下土壤的平均温度(℃)。

对于卧式储罐，从储罐释放到空气中的热量 ES_2 用式(5-33)计算：

$$ES_2 = K_a F_2 (t_8 - t_1) \tag{5-33}$$

式中，F_2 为储罐的表面积(m²)；其他变量意义同上。

沥青通过油罐车或油桶被运输到沥青混合料厂。前者常用于运输大量沥青(如20t)，配有大功率燃烧器，适合长途运输。沥青中的水分在运输过程中几乎被完全去除。在一些偏远地区，可以使用桶装沥青。桶装沥青中水的潜伏热可以用式(5-34)计算：

$$ES_3 = L_W \omega_b M_b \tag{5-34}$$

式中，L_W 为水的潜伏热(kJ/kg)；ω_b 为沥青含水率(%)；M_b 为沥青质量(kg)。

沥青储存和加热系统的燃料燃烧 LHV 为燃料质量和单位 LHV 的乘积，如式(5-35)所示：

$$ES_4 = M_B V_B \tag{5-35}$$

式中，ES_4 为沥青储存和加热系统的燃料燃烧低热值(kJ)；M_B 为沥青储存和加热所需的燃料(m³ 或 kg)；V_B 为燃料的单位 LHV(kJ/m³ 或 kJ/kg)。

沥青储存和加热系统的锅炉中由不完全燃烧造成的热量损失可使用式(5-36)计算：

$$ES_5 = q' M_B V_B \tag{5-36}$$

式中，q' 为锅炉热量损失系数。

5.4.5 耗电量估算

能源消耗的第三个部分是设备电力消耗。设备电机的额定功率可从相关技术规格中获得。虽然设备稳定运行期间消耗的电量可以通过额定功率乘以运行周期来计算,但设备启动阶段消耗的电量因设备型号、条件和操作员经验而异。设备启动阶段消耗的实际功率可以与电力消耗分开记录。因此,总电力消耗 EE 用式(5-37)~式(5-39)估算:

$$EE = EE_1 + EE_2 \qquad (5\text{-}37)$$

$$EE_1 = 3600 \sum_{i=1}^{n} P_i \times T \qquad (5\text{-}38)$$

$$EE_2 = 3600 S \qquad (5\text{-}39)$$

式中,EE 为总电力消耗(kJ);EE_1 为操作设备电力消耗(kJ);EE_2 为启动设备电力消耗(kJ);P_i 为电机 i 的额定功率(kW);T 为沥青混合料厂运行时间(h);S 为沥青混合料厂启动前后电表读数差值(kW·h)。

5.4.6 总能耗计算

总能耗是各个部分能耗的总和。旋转烘干机所需的燃料质量可以用式(5-40)计算,由热平衡方程式(5-8)得出。式(5-40)的分子可根据前面公式计算,而分母代表燃料释放的有效热量。烘干机热效率 μ 根据相关技术规范得到:

$$M_D = \frac{ED_1 + ED_2 + ED_3 + ED_4 + \mu ED_8}{\mu [V_D - qV_D - C_{SG} \cdot V_{SG}(t_0 - t_1)]} \qquad (5\text{-}40)$$

对于沥青储存和加热系统,所需的燃料质量用式(5-41)计算:

$$M_B = \frac{ES_1 + ES_2 + ES_3}{\mu(V_B - q'V_B)} \qquad (5\text{-}41)$$

所有系统(包括旋转烘干机、沥青储存和加热系统以及电力系统)消耗的总能量可通过式(5-42)计算。

$$E_{total} = M_D V_D + M_B V_B + EE \qquad (5\text{-}42)$$

式中,E_{total} 为消耗的总能量(kJ);其他参数意义同前。

5.4.7 案例分析

本研究通过大量的案例来验证上述能耗预测模型。笔者走访了六家工厂,收集了第一手资料。沥青混合料厂的基本信息如表 5-18 所示。

用于模型验证的六个沥青混合料厂的基本信息　　　　表 5-18

工厂序号	设备型号	服务年限	烘干机尺寸	燃料类型	沥青混合料类型(样本量)
1	Marini MAP260E250L-3000	—	$D = 2.5\text{m}$, $L = 10\text{m}$	烘干机:柴油 BSH:柴油	正常:6;RAP:10;PM:3;SMA:4
2	—	—	—	烘干机:柴油 BSH:柴油	正常:6;RAP:5;PM:3;SMA:3

续上表

工厂序号	设备型号	服务年限	烘干机尺寸	燃料类型	沥青混合料类型(样本量)
3	SPECO-3000	10	$D = 2.8m$, $L = 10m$	烘干机:柴油 BSH:柴油	AC:4; PM:2; SMA:2
4	LB3000	8	$D = 2.8m$, $L = 12m$	烘干机:重燃料油 BSH:重燃料油	AC:2; SMA:2
5	AMP4000	5	$D = 2.78m$, $L = 11m$	烘干机:重燃料油 BSH:重燃料油	AC:2; Super:2; PM:2; SMA:2; Rubber:1
6	AMP4000C	2	$D = 2.8m$, $L = 12.6m$	烘干机:重燃料油 BSH:重燃料油	AC:2; Super:2; PM:2; SMA:2; Rubber:1

注:BSH 为沥青储存和加热系统;PM 为改性聚合物。

由于施工进度紧迫,沥青混合料是一个生产密集的过程。除了白天生产,夜间生产也很常见。在访问期间,发现任何一个工厂都没有详细的每日能耗资料。其中只有一半工厂能够提供季度或月度产量和油耗资料,这些信息不能用于模型验证。因此,所有的燃料和电力消耗资料都是由研究人员每天收集的。共记录了 8 种混合料和 75 类生产事项。拌和站生产因集料温度、水分含量、废气温度和环境温度而异。生产条件的变化对不同条件下模型的验证十分重要。

图 5-17 为生产 1t 沥青混合物预测与实测的燃料消耗值。除少数值异常外,预测值与实际数据吻合较好。这表明热力学模型准确地反映了沥青混合料生产中的燃料消耗趋势。

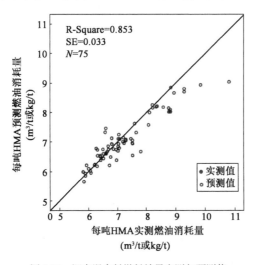

图 5-17 沥青混合料燃料效果实测与预测值

干燥、加热集料的预测和实测的燃料消耗结果如图 5-18 所示。图 5-18 表明,预测结果通常略高于高产率时的测量值,略低于低产率时的测量值(通常 <500t)。这在很大程度上归因于工厂预热消耗的额外能量。

表 5-19 为预测油耗值与实测油耗值的均方根误差(RMSE)。实测结果与预测结果之间的差异很小,表明热力学模型很好地模拟了沥青混合料生产中的基本燃烧和热交换过程。

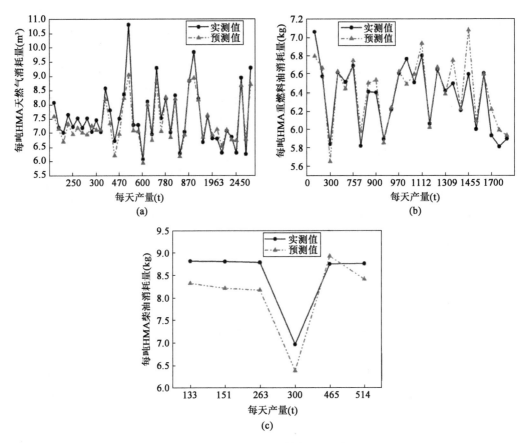

图 5-18 预测和实测的单位能耗比较
(a)天然气;(b)重燃料油;(c)柴油

均方根误差结果　　　　　　　　　　　　　　　　表 5-19

燃料类型	天然气(样本总数43)							重燃料油(样本总数26)				柴油(样本总数6)	
HMA 类型	AC13	AC20	AC25	ARAC13	AC20 (20% RAP)	SUP13	SUP20	AC20	AC13	ARAC13	SMA13	AC20	SMA13
样本量	11	12	5	6	3	3	3	10	2	4	10	1	5
RMSE	0.213	0.387	0.343	0.186	0.313	1.062	0.642	0.13	0.125	0.054	0.22	—	0.725

5.4.8 绿色沥青计算器工具包开发

为了促进沥青混合料生产模型的应用,本研究开发了一个名为绿色沥青计算器(Green Asphalt Calculator, GAC)的软件工具包。该工具包预计将服务以下几个使用群体:对于路面从业人员来说,该工具包有利于其快速估计不同沥青混合料在各种生产条件下的能耗,该信息可有助于成本估算和节能减排;对于政府机构和研究人员来说,该工具包可以作为温室气体排放审计、生命周期评价、路面设计和材料选择优化的工具。

GAC 工具包为一套电子表格,无论使用什么操作系统平台,都与大多数版本的 Microsoft Excel 和 Open Office 兼容。GAC 工具包由六个模块组成,包括"用户指南""主要输入""旋转烘干机""沥青系统""电力"和"温室气体排放"。用户不能修改数据库和计算算法,但可以调整校准因子或系数。使用者根据生产特点输入必填和选填的信息后,软件可以计算燃料使用量、能耗和温室气体排放量。对于燃料,GAC 工具包说明了能源(如天然气、柴油等)及其对温室气体排放的影响;但对于电力的计算,用户还需要额外的信息(如发电方法),以估计相关的温室气体排放量。

本章参考文献

[1] WEILAND C,MUENCH S T. Life-cycle assessment of reconstruction options for interstate highway pavement in Seattle, Washington[J]. Transportation Research Record:Journal of the Transportation Research Board,2010(2170):18-27.

[2] ZHANG H,KEOLEIAN G A,LEPECH M D,et al. Life-cycle optimization of Pavement overlay systems[J]. Journal of Infrastructure Systems,2010,16(4):310-322.

[3] MARCEAU,MEDGAR L,NISBET MICHAEL A,et al. Life cycle inventory of Portland cement concrete[R]. Portland Cement Association,2007.

[4] STRIPPLE H. Life cycle assessment of road:a pilot study for inventory analysis[R]. Gothenburg:Swedish National Road Administration,2001.

[5] Athena Institute. Life cycle perspective on concrete and asphalt roadways:embodied primary energy and global warming potential[R]. Canada:Cement Association of Canada,2006.

[6] Greenhouse Gases, Regulated Emissions, and Energy Use in Transportation (GREET) Model [R]. Energy Systems Division, Argonne National Laboratory, Argonne, Ⅲ., and University of Chicago,Center for Transportation Research,2010.

[7] User's Guide for the Final NONROAD 2008 Model:EPA420-R-05-013[R]. Washington D. C.:U. S. Environmental Protection Agency,2008.

[8] YU B. Environmental implications of pavements:a life cycle view[D]. Los Angeles:University of South Florida,2013.

[9] McTrans. QuickZone model[EB/OL]. Gainesville, FL, USA, http://www. fhwa. dot. gov/research/topics/operations/travelanalysis/quickzone/,2001.

[10] U. S. EPA. Fuel economy labeling of motor vehicles:revisions to improve calculation of fuel economy estimates[S]. Office of Transportation and Air Quality,Washington D. C.,2006.

[11] Emission Facts. Average carbon dioxide emissions resulting from gasoline and diesel fuel[EB/OL]. https://nepis. epa. gov/Exe/ZyPURL. cgi?Dockey=P1001YTF.txt,EPA420-F-05-001,Office of Transportation and Air Quality,Washington D. C.,2005.

[12] U. S. EPA. MOBILE 6.2[CP/DK]. Ann Arbor,Mich.,2002.

[13] U. S. DOE. VISION 2010 AEO Base Case Model[DB/OL]. Center for Transportation Research,Argonne National Laboratory,Argonne,2010.

[14] AMOS, DAVE. Pavement smoothness and fuel efficiency: an analysis of the economic dimensions of the Missouri Smooth Road Initiative[R]. Final report: OR07-005. Jefferson City, MO, 2006.

[15] TAYLOR G W, PATTEN J D. Effects of pavement structure on vehicle fuel consumption-Phase III[R]. National Research Council of Canada. Project 54-HV775, Technical Report CSTT-HVC-TR-068, 2006.

[16] AKBARI H, MENON S, ROSENFELD A. Global cooling: increasing world-wide urban albedos to offset CO_2[J]. Climatic Change, 2009, 94(3-4): 175-286.

[17] POMERANTZ M, AKBARI H. Cooler paving materials for the heat-island mitigation[J]. Proceedings of the 1998 ACEEE Summer Study on Energy Efficiency, Washington D. C, 1998.

[18] GAJDA J. Absorption of atmospheric carbon dioxide by Portland Cement Concrete(revised in 2006)[J]. Portland Cement Association. PCA R and D Serial, 2001(2255a).

[19] POMERANTZ M, AKBARI H, CHEN A, et al. Paving materials for heat island mitigation[R]. Lawrence Berkeley National Laboratory. LBNL-38074, 1997.

[20] RAWOOL S, PYLE T. 100-Year sustainable pavement design and construction[R]. California Department of Transportation, 2008.

[21] SANTERO N J, HARVEY J, HORVATH A. Environmental policy for long-life pavements[J]. Transportation Research Part D: Transport and Environment, 2011, 16(2): 129-136.

[22] University of California Pavement Research Center (UCPRC). Life-cycle cost analysis procedures manual[S]. California Department of Transportation Division of Design and the Pavement Standards Team, 2007.

[23] WOOD J. 2010 steel recycling rates reflect modest recovery[R]. Steel Recycling Institute, 2012.

[24] CHEN F, ZHU H, YU B, et al. Environmental burdens of regular and long-term pavement designs: a life cycle view[J]. International Journal of Pavement Engineering, 2016, 17(4): 300-313.

[25] BLOMBERG T, BARNES J, BERNARD F, et al. Life cycle inventory: bitumen (version 2)[R]. Brussels, Belgium: The European Bitumen Association, 2011.

[26] Economic input-output life cycle assessment (ECOLCA)[EB/OL]. 2021. http://www.eiolca.net/.

[27] FIKSEL J, BAKSHI B, BARAL A, et al. Comparative life cycle analysis of alternative scrap tire applications including energy and material recovery[R]. Center for Resilience at the Ohio State University, 2009.

[28] HUANG Y, SPARAY A, PARRY T. Sensitivity analysis of methodological choices in road pavement LCA[J]. The International Journal of Life Cycle Assessment, 2013, 18(1): 93-101.

[29] The asphalt paving industry: a global perspective[M]. Brussels, Belgium: EAPA, NAPA, 2011.

[30] Engineering Toolbox[EB/OL]. 2001. https://www.engineeringtoolbox.com/[Accessed Day 06, 2023].

第6章 经济投入-产出生命周期评价

基于过程分析的生命周期评价方法作为一种非常典型的,且在道路领域被广泛使用的生命周期评价方法,是"自下而上"的评价方法,其分析结果的可靠性受分析目标、系统边界和数据源等的影响。而经济投入-产出生命周期评价方法则是"自上而下"的评价方法,能够全面地核算产品或服务的能耗及环境影响。本章介绍 EIO-LCA 的基本方法及其在道路工程领域的应用。

6.1 经济投入-产出生命周期评价原理

6.1.1 经济投入-产出模型

投入-产出模型指对经济系统(可以是国家、地区、行业或企业)的多个经济部门的投入与产出进行研究,编制投入-产出表,并建立数学模型。在 20 世纪 30 年代,经济学家 Wassily Leontief 基于购买行为与行业销售普查数据,编制了一份美国经济的经济投入-产出表。该表以部门为基础,反映了在每个经济部门中生产单位产品(即输出)的各种必需的投入(即输入)。对于部门,可理解为具有相似产品的产品商。对于投入-产出模型而言,可能是生产所有制造品的单一部门,也可能是由多个独立部门组成,分别对应大至"炼油"(EIO-LCA 模型中的一个部门)小至水泥(相对较小的产出)的生产。投入-产出表,能够追踪每个经济部门生产产品所需的所有经济购买活动,并一直溯源至材料生产阶段。

假设把国民经济划分为 n 个部分,用 $1,2,\cdots,n$ 表示。如"1"表示煤炭部门,"2"表示钢铁部门,"3"表示电力部门等(注意,这里的部门指的是"产品部门",即按同类产品划分的部门,而不是按行政隶属关系划分的"行政部门")。投入-产出表描述了各个经济部门在某个时期的投入与产出情况,如表6-1所示。

它的行表示某部门的产出;列表示某部门的投入;输入、输出矩阵中元素 X_{ij} 为经济部门 i 到经济部门 j 的投入;V_j 表示部门 j 劳动者的报酬,即工资总额。M_j 表示部门 j 为社会劳动创造的价值,即纯收入。如表6-1中第一行 X_1 表示部门1的总产出水平,X_{11} 为该部门的使用量,$X_{1j}(j=1,2,\cdots,n)$ 为部门1提供给部门 j 的使用量,各部门的供给最终需求(包括居民消耗、政府使用、出口和社会储备等)为 $Y_j(j=1,2,\cdots,n)$。这几个方面投入的总和代表了这个时期的总产出水平。

部门间投入-产出表　　　　　　　　　　　　　　　表6-1

		消耗部门						最终需求				总产出
		1	2	…	j	…	n	合计	消费	储蓄	出口	合计	
生产部门	1	X_{11}	X_{12}	…	X_{1j}		X_{1n}					Y_1	X_1
	2	X_{21}	X_{22}	…	X_{2j}		X_{2n}					Y_2	X_2
	⋮	⋮	⋮		⋮		⋮					⋮	⋮
	i	X_{i1}	X_{i2}	…	X_{ij}		X_{in}					Y_i	X_i
	⋮	⋮	⋮		⋮		⋮					⋮	⋮
	n	X_{n1}	X_{n2}	…	X_{nj}		X_{nn}					Y_n	X_n
	合计												
新创造价值	劳动报酬	V_1	V_2	…	V_j	…	V_n	GDP					
	社会纯收入	M_1	M_2	…	M_j		M_n						
	合计	Z_1	Z_2	…	Z_j		Z_n						
	总投入	X_1	X_2	…	X_j		X_n						

要定量掌握部门之间的相互联系，必须研究各部门间的直接消耗。直接消耗是指某部门的产品在生产过程中直接对另一部门产品的消耗。例如，炼钢过程中消耗的电力，就是钢对电力的直接消耗。

部门 j 生产单位价值所消耗部门 i 的价值称为部门 j 对部门 i 的直接消耗系数，如式(6-1)所示：

$$a_{ij} = \frac{X_{ij}}{X_j} \quad (i=1,2,\cdots,n; j=1,2,\cdots,n) \quad (6\text{-}1)$$

式(6-1)表示部门 j 生产单位产品消耗部门 i 产品的数量。直接消耗系数构成一个 n 阶方阵，定义为直接消耗系数矩阵 $\boldsymbol{A}$。相应地，用向量形式表征所有部门的产出与投入，分别为 $\boldsymbol{X}$ 和 $\boldsymbol{Y}$。

6.1.2 经济投入-产出生命周期评价模型

在理解经济投入-产出模型基础上，进一步将其与生命周期评价方法结合，建立 EIO-LCA 模型。对于经济活动中最终需求 $\boldsymbol{Y}$，相关的直接生产部门需要生产 $\boldsymbol{I} \times \boldsymbol{Y}$ 单位的产出（$\boldsymbol{I}$ 为单位矩阵）；同时，其他部门生产了 $\boldsymbol{A} \times \boldsymbol{Y}$ 单位的产出。因此，最终需求 $\boldsymbol{Y}$ 不仅需要考虑直接生产需求，而且需要考虑其他部门需求。由此考虑所有经济部门，总产出 $\boldsymbol{X}_{\text{direct}}$ 可以表示为：

$$\boldsymbol{X}_{\text{direct}} = (\boldsymbol{I} + \boldsymbol{A})\boldsymbol{Y} \quad (6\text{-}2)$$

然而式(6-2)只考虑一个级别的供货商。来自第一级供货商的产出需求进一步导致其直接供货商的产出需求(即该部门第二级供货商)。例如，计算机制造业对计算机的需求导致半导体制造业对半导体的需求(第一级)，这反过来导致发电部门(第二级)对运营半导体制造设施的电力需求。第二级供货商产出通过直接消耗系数矩阵 $\boldsymbol{A}$ 与最终产出 $\boldsymbol{A} \times \boldsymbol{Y}$ 的进一步相乘计算得到，即 $\boldsymbol{A} \times \boldsymbol{A} \times \boldsymbol{Y}$。在许多情况下，存在第三级、第四级或更高级的供货商。要确定总产出，则需要考虑这些因素的累积，如式(6-3)所示：

$$X = (I + A + AA + AAA + \cdots)Y \tag{6-3}$$

式中，X 包含所有级的供货商产出，第二级及以上供货商的产出被称为间接产出。

表达式 $(I + A + AA + AAA + \cdots)$ 可转化为 $(I - A)^{-1}$，称为总需求矩阵或 Leontief 逆矩阵。则总产出与总需求可简化为：

$$X = (I - A)^{-1}Y \tag{6-4}$$

通常情况下，矩阵和向量中的值以货币数字表示，如人民币、美元。如此，经济活动中的所有项目，如石油、水泥或蔬菜，都有了共同的比较单位。

经济投入-产出分析可以使用额外的非经济资料进行补充。通过向 EIO 框架添加外部信息，可以确定与每单位人民币/美元经济产出相关的外部总产出。当已知各部门的经济产出 X 时，我们就能通过将产出与单位人民币/美元产出所造成的环境影响 R 相乘，得到各部门的总环境影响（即直接与间接环境影响的总和）向量：

$$E = RX = R(I - A)^{-1}Y \tag{6-5}$$

式中，E 为环境负荷的向量（如空气污染物排放、生产部门电力消耗等）；R 是矩阵，其对角线的元素代表各部门单位人民币（美元）产出某特定能源或者环境负荷的影响。

经济投入-产出模型可以进行多种环境负荷的计算。例如，基于资源投入（如电力、燃油、矿料等）的估算，可以进一步估算出多种环境污染物排放。

6.2 经济投入-产出生命周期评价方法

对于使用 EIO-LCA 方法的使用者，并不需要完全掌握其背后的原理。目前已经存在成熟的工具，即卡内基梅隆大学绿色设计研究所开发的在线 EIO-LCA 模型[1]。使用者可以很方便地使用该工具，开展道路领域的生命周期评价研究。该 EIO-LCA 模型主要组成部分包括：

①投入-产出表。EIO-LCA 在线工具提供包括中国、美国、德国、加拿大等国家在内的模型。其中面向中国的 EIO-LCA 模型为 2002 年的，包含 122 个部门，是生产者模型。

②R 矩阵组成。EIO-LCA 模型采用货币化的输入，输出则包括经济活动、传统空气污染物（CO、NH_3、NO_x、PM_{10}、$PM_{2.5}$、SO_2、VOC）排放、温室气体（CO_2、CH_4、N_2O、$HFC/PFCs$）排放、能耗（煤、天然气、燃油、生物/废物燃料、非化石能源的能耗）、危害物排放、有毒物质排放（针对水体、空气、陆地等）、取用水、运输吨位-里程（铁路运输、公路运输、管道运输等）、土地使用以及上述因素的环境影响。

③环境影响评价。EIO-LCA 模型直接提供全面的环境影响评价，利用的是 Tool for Reduction and Assessment of Chemicals and Other Environmental Impacts（TRACI，减少和评估化学品及其他环境影响的工具）评价方法[2]，包括臭氧消耗、全球变暖、酸化空气、富营养化、空气烟雾、生态毒性、人体健康癌症指标、人体健康非癌症指标、化石燃料、土地使用和取用水等环境影响指标。

对于 EIO-LCA 模型，存在生产者和购买者两大基础模型。对于生产者 EIO-LCA 模型，其最终需求的背景以及直接消耗系数矩阵都是基于生产者立场。所以，基于生产者的模型的视角（或边界）是"从摇篮到大门"，即模型估计的影响终止于生产。EIO-LCA 模型同样可以建立在购买者价格基础上。在这样的模型中，生产之外的一些额外环节将被内化到每个部门的直接消耗系数中。简单理解,生产者价格是生产者从购买者处收到的金额,加上税收或减去补贴。因此,生产者价格等于基本价格与净税收之和。而购买者价格是购买者支付的金额,包括交付成本(如运输成本)以及支付给批发和零售实体的额外金额。由此可以得知,生产者模型和购买者模型的系统边界分别为"从摇篮到大门"及"从摇篮到消费者"。如果能够切割,则购买者模型包括"从摇篮到大门"和"从大门到消费者"两部分分别造成的环境影响。生产者模型和购买者模型的区别是显而易见的,因为购买者增加了"从大门到消费者"的环节,如运输阶段。如果购买的产品对长距离运输有显著需求,那么购买者模型的排放可能会比生产者模型高。

此外,EIO模型的关键输入之一为所研究对象的最终需求的增量。这一最终需求的合适"单位"为模型对应年份的某种货币值。如果我们使用的是我国2002年的EIO-LCA模型(包含122个部门),那么最终需求就需要以2002年时的人民币作为单位。如果我们用该模型去评价2016年沥青生产的环境影响,由于各部门的价值在模型对应的那年(2002年)后发生了显著变化,需要将2016年的货币调整到2002年的水平。一般可以采用国家价格指数进行转换。

6.3 经济投入-产出生命周期评价案例分析

6.3.1 案例背景

本EIO-LCA案例以美国俄克拉荷马州某一混凝土再生集料(Recycled Concrete Aggregate,RCA)混凝土路面项目为基础。在20世纪80年代,俄克拉荷马州交通厅建造了一些硅酸盐水泥混凝土路面,其中包含在混凝土中掺入再生混凝土集料以取代100%的粗集料。根据历史信息与实地调查以及俄克拉荷马州交通厅的路面数据,本案例设计了两种路面,一种是RCA水泥混凝土路面,另一种为普通水泥混凝土路面。

在本案例中,系统边界包括材料生产阶段、施工阶段、使用阶段和生命周期末期阶段。路面的末期阶段被定义为路面需要第一次大修的时间。此外,因为养护规划的不确定性,本研究忽略了水泥混凝土路面的服役期间的养护行为。

由于现有的路面设计和评价方法无法对含有RCA的混凝土路面进行准确设计和寿命预估,并且目前美国大部分含有RCA的混凝土路面使用和常规路面相同的设计参数,因此,本研究采用相同的路面结构设计。即两种水泥混凝土路面方案采用相同的路面厚度与路基设计。因此,LCA研究的功能单元定义为长12.8km、宽14.4m(每个方向两条车道;每条车道宽3.6m)和25cm厚的水泥面层的水泥路面。由于使用了RCA替代粗集料,RCA混凝土路面的性能较普通混凝土路面有所下降。为了使两种路面的对比更合理,路面性能的差异可以通过RCA混凝土路面较短的使用寿命来反映。在本案例中,LCA的分析周期设置为与RCA混凝土路面使用寿命相一致。而普通混凝土路面超出分析周期的使用寿命可以通过残余价值来反映。

为了合理确定路面的使用寿命,本案例使用了美国已有RCA混凝土路面及其对照组的长期路面性能的数据。Reza等[3]收集了美国明尼苏达州数个地点约341km RCA混凝土路面以及约341km普通混凝土路面的长期资料。通过统计分析,他们发现RCA混凝土路面第一次路面大修的平均时间为27年,而普通混凝土路面第一次大修的平均时间为32年。因此,在此生命周期评价案例中,RCA混凝土路面和普通混凝土路面的使用寿命分别设定为27年和32年。LCA分析周期设定为27年,普通混凝土路面5年的剩余使用寿命被转化成残余价值。

6.3.2 EIO-LCA 计算过程

EIO-LCA系统边界包括材料生产阶段、施工阶段、使用阶段以及生命周期末期阶段。将每个阶段的经济投入,作为美国卡内基梅隆大学绿色设计研究所开发的EIO-LCA模型的输入。该模型随后自动计算出各个阶段所产生的经济、环境、社会负荷清单。此外,该模型运用TRACI同时输出这些清单对环境和社会的影响。各阶段的经济投入信息获取过程如下。

(1) 材料生产和施工阶段

根据路面结构和混凝土配合比设计信息,分别计算两种设计方案所需的筑路材料数量。在所有的筑路材料中,水泥、粉煤灰、粗集料和细集料的成本是从RSMeans数据库中获得的。这些材料的成本数据包括了日常支出和利润,并考虑了城市(俄克拉荷马州)的成本修正指数。水的价格是从俄克拉荷马州城市网站上获得的。本研究的一个重要假设是RCA混凝土路面和普通混凝土路面都是基于原有旧路面重建,因此前者的粗集料成本假设为零。而如果不回收再利用,剩余的混凝土路面废料将被运送到填埋场进行填埋。加工路面旧料使之成为新混凝土路面的粗集料可能会产生额外的成本,但这样的成本较拆除旧路面的成本相比可以忽略不计。拆除旧路面的相关费用并没有被计入生命周期评价,因为该成本对两种设计方案而言是相同的。路面废料填埋的相关场地费用,以及垃圾填埋场倾倒费将在后文讨论。表6-2统计筑路材料的单价、所需筑路材料的数量以及每种筑路材料的总价。

筑路材料费用统计 表6-2

材料	单价($/t)	数量(t)		总价($)	
		普通混凝土路面	RCA混凝土路面	普通混凝土路面	RCA混凝土路面
水泥	288.1	13488	13488	3885892.8	3885892.8
粉煤灰	67.5	3238	3238	218565	218565
粗集料	27.7	52491	0	1454000.7	0
细集料	24.4	33961	31820	828648.4	776408
水	0.79	7062	7062	5578.98	5578.98
RCA	0	0	47732	0	0

通过计算,旧混凝土路面废料的总质量为100508t。对于普通混凝土路面,所有的废料都会被运送到垃圾填埋场进行填埋,运输距离假设为80km,运输成本为0.24$/(t·km)。对于RCA混凝土路面,需要拖走的混凝土废料是52776t,运输成本假设为0.24$/(t·km)[4-5],垃圾填埋费用都假设为42$/t。另外,除了将路面废料拖到垃圾填埋场所产生的运输成本外,还需要考虑集料从供货商运到混凝土拌和站的运输成本。在该案例中,集料供货商到混凝土拌和站的距离假设为48km,集料的运输成本也是0.24$/(t·km)。表6-3统计了运输集料和废料以及掩埋废料的费用。

运输集料、废料与掩埋废料费用统计　　　　　　　　表6-3

费用类型	普通混凝土路面	RCA 混凝土路面
将集料运送到拌和站费用($)	1008599	371243
废料托运费用($)	1954327	1026219
废料掩埋费用($)	4243680	2228360

根据 RSMeans 数据库,2018 年俄克拉荷马州的混凝土路面平均摊铺成本为 4.27 \$/m²。此案例中,铺设长 12.8km、宽 14.4m 的混凝土路面的总成本为 \$803047。RCA 混凝土路面的施工可以用传统的混凝土路面施工设备完成[6],因此我们可以合理地假设 RCA 混凝土路面的总摊铺成本也是 \$803047。

(2)使用阶段

道路生命周期评价使用阶段的影响通常应包括潜在的油耗、汽车养护、轮胎磨损、城市热岛效应等。遗憾的是,由于缺乏有效的模型和工具,许多道路生命周期评价没有量化使用阶段的影响。因此,如何将使用阶段的影响考虑进去是生命周期评价最需要研究的领域之一。使用阶段的影响(尤其是汽车燃料造成的影响)可能是决定道路可持续性最重要的因素之一。研究表明[7],通过提升路面平整度而降低 0.1% ~ 0.5% 的汽车油耗所产生的环境效益与所有其他道路生命周期阶段获得的总收益相当。

使用 EIO-LCA 方法,使用阶段的影响可以很容易地被表征出来。在此案例中,该阶段评估的重点在车辆的运营成本(Vehicle Operation Cost, VOC),即与车辆养护、燃料消耗和轮胎磨损相关的费用。对于两种设计方案,车辆运营成本都是通过美国公路合作研究计划开发的 VOC 模型估算[8]。在该 VOC 模型中,普通混凝土路面和 RCA 混凝土路面的性能参数区别在于路面 IRI 和纹理深度。两种路面初始的 IRI 都假设为 98 cm/km。根据 Reza 和 Wilde[9]的统计分析结果,普通混凝土路面和 RCA 混凝土路面的平均 IRI 年均增加率分别为 2.7427cm/km 和 3.1911cm/km。基于这些数据,可以计算两种路面每一年的 IRI 值。路面的纹理深度则直接使用美国俄克拉荷马州交通厅对普通混凝土路面和 RCA 混凝土路面的现场测量资料。所测的纹理深度分别为:普通混凝土路面为 0.73mm,RCA 混凝土路面为 0.84mm。在 VOC 模型的计算中,因为没有历史数据可用于建立路面纹理深度退化模型,所以并未考虑纹理深度随时间的变化。车辆在高速行驶的情况下,路面纹理对汽车油耗的影响并不显著。路面纹理深度仅对自重较重的卡车有一定的影响[10]。VOC 模型的另一个输入参数是年平均日交通量和汽车流量分布。根据俄克拉荷马州交通厅 AADT 交通计数数据库,I-40 路段 2017 年的 AADT 为 49200。假设流量增长率(假设呈指数增长)为 1.5%,则交通量分布根据俄克拉荷马州交通厅提供的资料估算结果如表 6-4 所示。

I-40 路段交通量分布　　　　　　表6-4

车辆类型	占比	车辆类型	占比
小型汽车(Small Car)	21.33%	中型汽车(Medium Car)	21.33%
大型汽车(Large Car)	21.33%	轻型运输车(Light Delivery Car)	22.86%
轻型货车(Light Goods Vehicle)	1.71%	四轮驱动车(Four-wheel Drive)	1.71%
轻型卡车(Light Truck)	0.37%	中型卡车(Medium Truck)	2.23%

续上表

车辆类型	占比	车辆类型	占比
重型卡车(Heavy Truck)	6.56%	铰接式卡车(Articulated Truck)	0.27%
小型客车(Mini Bus)	0.06%	轻型客车(Light Bus)	0.06%
中型客车(Medium Bus)	0.06%	重型客车(Heavy Bus)	0.06%
长途汽车(Coach)	0.06%	总计	100%

可以计算普通混凝土路面和RCA混凝土路面在整个分析阶段的VOC,然后根据式(6-6)将每年的成本转换为现值(即第1年的价值):

$$P = \frac{F}{(1+i)^n} \tag{6-6}$$

式中,P为现值;F为未来价值;i为年度折现率,本研究采用1.5%;n为年数。

27年分析期的累积VOC如表6-5所示。可以看出,混凝土再生集料的使用使路面具有更高的IRI,即更粗糙,车辆在RCA混凝土路面上行驶的轮胎损害更大,油耗也更高。因此,与普通混凝土路面相比,RCA混凝土路面与轮胎磨损和燃料消耗相关的VOC更大。值得注意的是,这两种方案产生的车辆养护成本相同。这可能是因为普通混凝土路面和RCA混凝土路面平整度差异不足以使模型产生不同的结果。

两种设计方案的累计VOC　　　　表6-5

费用类型	普通混凝土路面($)	RCA混凝土路面($)
养护维修	281806174	281806174
轮胎磨损	60968158	61122108
燃油消耗	861016189	863418887

(3)生命周期末期阶段

本案例中,普通混凝土路面和RCA混凝土路面的使用寿命分别设置为32年和27年。为便于比较,两种情况均采用27年的分析期。普通混凝土路面的剩余使用寿命用式(6-7)计入残余价值:

$$残余价值 = \frac{剩余寿命}{设计寿命} \times 初始造价 \tag{6-7}$$

因为残余价值是第27年的价值,根据式(6-6)转换为第1年的现值。包括筑路材料和摊铺成本在内的不同类别的残余价值列于表6-6。

普通混凝土路面残余价值　　　　表6-6

	材料	水泥	粉煤灰	粗集料	细集料	水	RCA
残余价值	第27年价值($)	607269	34138	227021	129712	873	125476
	转化为第1年价值($)	412348	23180	154152	88077	593	85201

6.3.3　EIO-LCA计算结果

经济价值输入EIO-LCA模型,模型输出生命周期清单。普通混凝土路面和RCA混凝土路面生命周期清单如表6-7所示。

两种设计方案的生命周期清单 表 6-7

生命周期清单	数值 普通混凝土路面	数值 RCA 混凝土路面	差值（%）
经济活动（×10^6 $）			
总量	2475.1	2477.8	0.11
直接经济价值	1879.7	1873.9	-0.31
间接经济价值	595.4	603.9	0.42
能耗（×10^6 M）			
总量	16001.8	16000.9	-0.29
煤	2362.7	2379.0	0.69
天然气	5798.0	5803.7	0.10
石油燃料	5695.1	5670.2	-0.44
生物质燃料	600.7	602.9	0.36
31% 的非化石燃料电力	1545.3	1545.1	-0.01
传统空气污染物（t）			
总量	12001.2	11970.2	-0.26
CO	3929.4	3924.0	-0.14
NH_3	54.8	54.4	-0.74
NO_x	2926.3	2914.0	-0.42
PM_{10}	611.8	590.1	-3.68
$PM_{2.5}$	233.0	228.8	-1.84
SO_2	2089.9	2107.1	0.82
VOC	2156.0	2151.8	-0.20
温室气体（t $CO_{2\text{-}eq}$）			
总量	1319716.7	1318833.9	-0.07
CO_2 fossil	888750.0	889600.0	0.10
CO_2 process	127820.0	130700.0	2.20
CH_4	287100.5	282550.0	-1.61
N_2O	6529.0	6478.0	-0.79
HFC/PFCs	9517.2	9505.9	-0.12
土地使用（hm^2）			
总量	34.1	34.0	-0.29
有毒物质释放（kg）			
总量	604308.8	601628.1	-0.45
空气逃逸	37707.9	37783.6	0.20
堆栈	123500.0	123750.0	0.20
空气总量	161609.0	161830.0	0.14

续上表

生命周期清单	数值		差值（%）
	普通混凝土路面	RCA 混凝土路面	
地表水	27043.5	27015.0	-0.11
地下水	18289.8	17984.0	-1.70
陆地	138006.0	135870.0	-1.57
场外	69638.8	68860.0	-1.13
POTW 金属	567.4	567.5	0.002
POTW	27946.4	27968.0	0.08
运输（$\times 10^6$ t·km）			
总量	15201.89	15199.03	-0.01
航空	1.00	1.00	-0.03
油管	1692.14	1691.29	-0.05
气管	71.17	71.26	0.13
铁路	449.74	448.34	-0.31
卡车	399.64	395.20	-1.11
水运	280.37	277.72	-0.95
国际航空	2.23	2.22	-0.45
国际水运	12305.60	12313.00	0.06
取用水（kgal）			
总量	8099700.0	8066000.0	-0.42

可见，除了经济指标外，RCA 混凝土路面可以减少所有其他的环境清单指标。尽管 RCA 混凝土路面和普通混凝土路面之间的差值并不显著，但绝对值的差异是巨大的。考虑到本案例仅针对 12.8km 的路面，如果所有的混凝土路面改造都采用混凝土再生集料，那么这项技术对环境和社会的效益将十分巨大。同时，RCA 混凝土路面的费用投入略高，这是由于路面不太平整从而导致轮胎磨损和燃油消耗较高。在不久的将来，制造出轮胎磨损和燃料消耗对路面平整度不太敏感的新车后，在混凝土路面中使用再生集料所产生的这些负面影响可以得到有效缓解。

生命周期评价的一个重要步骤是评估生命周期清单对环境和社会的潜在影响。EIO-LCA 使用 TRACI 评价方法作为环境影响评价工具，而 TRACI 评价方法采用通用等效单位量化了特定环境类别的潜在影响。在本案例中，TRACI 评价方法结果直接从 EIO-LCA 模型输出，包括全球变暖、酸化空气、人体健康空气污染物指标、水体富营养化、臭氧消耗、空气烟雾、生态毒性（低和高）、人体健康癌症指标（低和高）和人体健康非癌症指标（低和高），结果见表 6-8。

生命周期环境影响评价结果　　　　　　　　　表 6-8

环境影响类别	结果解释	数值 普通混凝土路面	数值 RCA 混凝土路面	差值(%)
全球变暖 (t CO_{2-eq})	地球表面附近和对流层大气温度的平均升高,可能导致全球气候模式的变化	1319708	1318834	-0.07
酸化空气 (t SO_{2-eq})	导致酸雨、雾、雪或干沉积,对建筑材料、油漆和其他建筑物、湖泊、溪流、河流以及各种动植物造成损害	4535	4536	0.02
人体健康空气污染指标 (t PM_{10-eq})	环境空气中的小颗粒物的集合,对人体健康造成负面影响,包括呼吸道疾病甚至导致死亡	1198	1174	-2.04
水体富营养化 (t N_{e-eq})	丰富水生生态系统营养物质,加速生物繁殖和藻类生物的不良增长	0.470	0.471	0.21
臭氧消耗 (t $CFC-11_{-eq}$)	导致人体皮肤癌和白内障的发病率增加,也影响农作物、其他植物、海洋生物和人造材料	0.401	0.402	0.25
臭氧消耗 (t O_{3-eq})	导致各种呼吸问题,包括支气管炎、哮喘和肺气肿症状加重;长期暴露在臭氧中可能导致渗透性肺损伤。生态影响包括对各种生态系统和对作物的破坏	80385	80280	-0.13
生态毒性(低)(t 2,4D)	描述化学品对水生或陆生生态系统造成的潜在不利影响	67	52	-28.85
生态毒性(高)(t 2,4D)		68	53	-28.30
人体健康癌症指标 (低)(t 苯$_{-eq}$)	描述潜在的癌症对人体健康的危害	99	90	-10.0
人体健康癌症指标 (高)(t 苯$_{-eq}$)		506	458	-10.48
人体健康非癌症指标 (低)(t 甲苯$_{-eq}$)	描述潜在的非癌症对人体健康的危害	63266	56300	-12.37
人体健康非癌症指标 (高)(t 甲苯$_{-eq}$)		1345530	1061000	-26.82

根据结果,与普通混凝土路面相比,RCA 混凝土路面对降低全球变暖、酸化空气、人体健康空气污染指标、空气烟雾、生态毒性(低和高)、人体健康癌症指标(低和高)和人体健康非癌症指标(低和高)等环境影响都产生有益作用。使用 RCM 混凝土再生集料在降低生态毒性(低和高)、人体健康癌症指标(低和高)和人体健康非癌症指标(低和高)潜力方面的有益效果尤为显著。其主要原因有两方面:一方面,使用回收集料可以降低开采、运输集料和填埋混凝土旧料的过程中所产生的环境影响;另一方面,对于 RCA 混凝土路面,部分环境影响值略高于普通混凝土路面,包括富营养化(空气和水)和臭氧消耗,这是由使用阶段较高的轮胎磨损和燃油消耗引起的。总体而言,相较于普通混凝土路面,RCA 混凝土路面对环境和社会更为友好。

6.4 经济投入-产出生命周期评价局限性

虽然 EIO-LCA 工具使用便捷、操作简单、结果明确,然而它在道路工程应用很少,原因在于该方法固有的一些局限性,如线性假设、多数据不确定性、产业部门聚合、清单分配等。

首先,EIO-LCA 默认采用线性假设的关系,即投入与产出之间的关系是线性的。换言之,如果沥青产品的用量增加 15%,则对沥青厂的投入也恰好提升 15%。实际情况当然不会如此简单,对于企业而言,随着产量的提升,单位产品的价格(边际成本)会随之降低。但是,这样的线性关系假设在基于过程的 LCA 研究中是普遍存在的。

其次,EIO-LCA 采用的是宏观经济数据,其本身包含诸多数据的不确定性。例如,对于我国的 EIO-LCA 模型,包括投入-产出表以及相应的环境数据,较为陈旧。对于一些产业,可能其直接消耗系数一直保持稳定;但是对于另一些产业(如计算机),其技术发展日新月异,直接消耗系数变化较大。更重要的是,环境数据(如生产单位产品的环境负荷)也会随着技术进步而不断优化。除此之外,国家层面的数据调研也会存在缺失和误差,从而影响 EIO-LCA 的结果。

再次,美国的 EIO-LCA 模型(2002 年)包含 428 个产业部门,中国的 EIO-LCA 模型(2002 年)包括 122 个产业部门,德国的 EIO-LCA 模型包括 58 个产业部门。对于纷繁复杂的经济活动,按照产品的相似性,将若干产业压缩到同一产业部门。因此,用生产单位价值产品的碳排放反映该部门的平均水平,不能很好地代表项目级别的环境清单数据,而这也恰恰是 P-LCA 的优势所在。

最后,即使是对于同一产业部门,也包含若干的产品。例如我国 EIO-LCA 模型中的燃油精炼为一个独立产业部门,其产品包括汽油、柴油、蜡、沥青等。对于道路工程,沥青为主要的筑路材料之一,如果用单位价值燃油精炼产业的平均能耗和碳排放来表征沥青生产的环境负荷,其代表性可能就要让人疑虑了。

因此,也有专家学者利用 EIO-LCA 和 P-LCA 的优势,在道路工程进行 LCA 的研究[10-11],取得了较好的效果,在此不再赘述。

本章参考文献

[1] Carnegie Mellon University Green Design Institute. Economic input-output life cycle assessment [EB/OL].[2021-08-24]. http://www.eiolca.net/.

[2] BARE J C,NORRIS G A,PENNING TON D W,et al. The tool for the reduction and assessment of chemical and other environmental impacts[J]. Journal of Industrial Ecology,2002,6(314):49-78.

[3] REZA F,WILDE W J,IZEVBEKHAI B I. Performance of recycled concrete aggregate pavements based on historical condition data[J]. The International Journal of Pavement Engineering,2020,21(5/6):677-685.

[4] SHI X J,MUKHOPADHYAY A, ZOLLINGER D. Sustainability assessment for Portland cement concrete pavement containing reclaimed asphalt pavement aggregates[J]. Journal of Cleaner

Production,2018,192:569-581.
[5] VERIAN K P,WHITING N M,OLEK J,et al. Using recycled concrete as aggregate in concrete pavements to reduce materials cost[R]. West Lafayette:Purdue University Joint Transportation Research Program,2013.
[6] Transportation application of recycled concrete aggregate[R]. Washington D. C. :Federal Highway Administration,2004.
[7] HÄKKINEN T,MÄKELÄ K. Environmental impact of concrete and asphalt pavements in environmental adaptation of concrete[J]. Technical Research Center of Finland,1996.
[8] CHATTII K,ZAABAR I. Estimating the effects of pavement condition on vehicle operating costs [M]. Washington D. C. :Transportation Research Board,2012.
[9] REZA F,WILDE W J. Evaluation of recycled aggregates test section performance[R]. Minnesota:U. S. Dep. of Transportation,2017.
[10] AURANGZEB Q,AL-QADI I L,OZER H,et al. Hybrid life cycle assessment for asphalt mixtures with high RAP content[J]. Resources,Conservation and Recycling,2014(83):77-86.
[11] RODRIGUEZ-ALLOZA A M,MALIK A,LENZEN M,et al. Hybrid input-output life cycle assessment of warm mix asphalt mixtures[J]. Journal of Cleaner Production,2015(90):171-182.

第7章 LCA-LCCA 联合应用

LCA 作为道路环境影响评价的有力工具，已经逐步被业界认可，并广泛应用于道路设计方案中环境影响的分析与优化。LCA 研究过程中涉及很多其他领域模型或工具的使用，能够在很大程度上加快 LCA 相关阶段的计算进度。然而，环境影响仅仅是道路工程关注的问题之一，道路工程还关注经济性、安全性等。因此，本章首先介绍生命周期成本分析理论与方法；其次，主要探讨环境影响分析与经济分析的耦合使用；最后，在经济目标的背景下完善道路工程环境影响评价的实施，推进道路工程节能减排技术的改进和落地。

7.1 生命周期成本分析

7.1.1 生命周期成本分析理论

生命周期成本分析(Life Cycle Cost Analysis，LCCA)是基于工程经济学的原理和经济分析方法而存在的。20 世纪 60 年代，美国军方首先提出生命周期成本的概念，将其应用于军用器材采购，例如美国国防部颁布的《生命周期成本评价采购指南》，随后该概念被推广到民用企业，并逐渐被应用到交通行业。美国联邦高速公路局于 1998 年颁布《道路设计中的生命周期成本分析》(*Life-Cycle Cost Analysis in Pavement Design*)技术指导公报，随后在 2002 年颁布《生命周期成本分析入门》(*Life-Cycle Cost Analysis Primer*)。英国路政署在 1992 年的《道路与桥梁设计手册》(*Design Manual for Roads and Bridges*)中 BD36/92 和 BA28/92 部分使用生命周期成本分析比较不同的养护方案。我国国务院于 2000 年颁布的《建设工程质量管理条例》也体现了生命周期设计理念。

建筑研究委员会(Building Research Board，BRB)于 1991 年在《先付或后付》(*Pay Now or Pay Later*)中将 LCCA 定义为"对一个建筑物进行设计、施工、运营及维护方面的决策，要从总体上考虑，使得建筑物在整个寿命周期内性能良好，而且所产生的寿命周期总成本最低"。国际标准化组织于 2008 年出版的 ISO 15686-5:2008 中将 LCCA 定义为"是工程项目费用的评估方法，旨在优选、对比实现不同寿命目标所采取的不同措施"。

在道路工程领域，美国联邦高速公路局将 LCCA 定义为"一种用以比较备选道路工程方案的经济属性的工程经济分析工具"。LCCA 是以经济分析原理为基础，评价备选道路工程方案的长期经济效益的一种技术。它考虑了备选道路工程方案的初始建造费以及未来的管理费用及使用者费用，其目的是为投资确定最佳值，即遴选满足所有性能目标下长期费用最低的道路工程方案。生命周期成本分析有助于评估与产品或系统相关的过程和流程的货币价值。根据美国联邦高速公路局的定义，生命周期成本分析是一种工程经济分析工具，可用于比较单个项目的竞争性和改建设计替代方案的相对经济价值。

采用生命周期成本分析方法是在路面性能满足要求的前提下,对道路工程项目的经济性进行评估和优化,使其技术可靠、经济合理。

7.1.2 生命周期成本分析组成要素

生命周期成本分析的组成要素是长寿命沥青路面成本分析的基础,是从经济角度衡量长寿命沥青路面对社会的影响程度。美国交通运输研究委员会(Transportation Research Board,TRB)将道路工程的生命周期成本分为代理成本(Agency Costs)和用户成本(User Costs),长寿命沥青路面的生命周期成本分析的组成要素如图7-1所示。

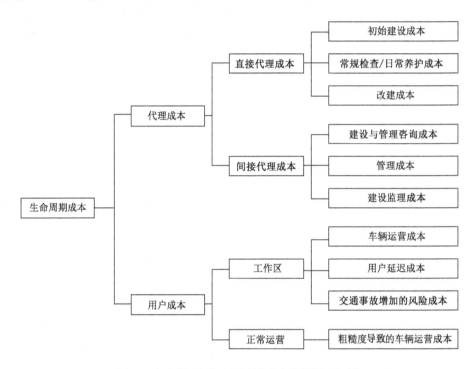

图7-1 长寿命沥青路面生命周期成本分析的组成要素

(1)代理成本

代理成本是指由业主支付的预算内和预算外的成本。在进行长寿命沥青路面项目比选方案经济分析时,所考虑的代理成本包括直接代理成本和间接代理成本。其中,直接代理成本包括长寿命沥青路面建设时所需的初始建设成本、寿命周期内进行的常规检查和日常养护成本以及改建成本;间接代理成本包括长寿命沥青路面建设与管理的咨询成本、管理成本和建设监理成本等。

(2)用户成本

用户成本是指长寿命沥青路面运营管理阶段与使用者相关的成本,包含道路养护和道路正常运营两种状态。用户成本还包括用户延迟成本(User Delay Cost)、车辆运营成本(Vehicle Operating Cost)和交通事故增加的风险成本。其中,用户延迟成本是指长寿命沥青路面在寿命周期内进行必要的养护活动时关闭道路所引发的交通中断和交通堵塞导致的经济损失费用。

交通事故增加的风险成本是指当长寿命沥青路面进行维修活动时,车辆行驶经过维修工作作业区域或者车辆避开作业区域绕行所增加的潜在交通事故风险产生的成本。

7.1.3 生命周期成本分析的计算模型及工具

生命周期成本分析通常用于支持网络和/或项目级路面管理决策,是在分析期间选择成本最低的路面系统的工具,其建立在有充分依据的经济分析的基础上,协助评估替代投资方案的经济效率。沥青路面生命周期成本分析概念模型如图 7-2 所示。

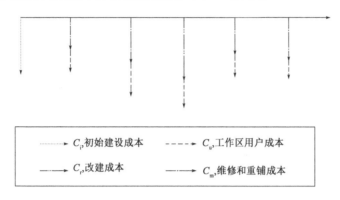

图 7-2 沥青路面的生命周期成本分析概念模型

在图 7-2 中,施工活动的时间和成本取决于所选择的设计策略,最优策略预期会使路面的生命周期成本最小。生命周期成本可以用该策略在选定的分析期内的净现值来表示。沥青路面的生命周期成本分析的计算公式表示为:

$$\text{NPV} = C_\text{i} + \sum_{k=1}^{n} C_\text{rk} \left[\frac{1}{(1+i)^{n_k}} \right] + \sum_{j=1}^{m} C_\text{mj} \left[\frac{1}{(1+i)^{n_j}} \right] + \sum_{l=1}^{n+m} C_\text{ul} \left[\frac{1}{(1+i)^{n_l}} \right] - \frac{S}{(1+i)^{np}} \tag{7-1}$$

式中,NPV 为净现值;C_i 为初始建设成本;C_rk 为第 k 条主要道路改建成本;C_mj 为第 j 条道路维修和重铺成本;C_ul 为第 l 条道路改建、维修和重铺的用户成本;n、m 分别为改建项目总数,维修和重铺项目总数;n_k、n_j、n_l 为从事某项活动的年份;S 为分析期期末的残差;np 为分析期;i 为分析的利率(或折现率)。

LCCA 可以采取人工计算,但很难考虑所有成本。美国联邦高速公路局还为路面工程师开发了名为"RealCost"的 LCCA 软件,用于优化路面设计。RealCost 由一系列带有图形用户界面的 Microsoft Excel 电子表格组成,其用户接口如图 7-3 所示。

7.1.4 生命周期成本分析的计算步骤

生命周期成本分析方法是一种评价工程投资决策的技术方法,当决策是否执行一个路面方案时,生命周期成本分析方法可以帮助用成本最低的设计与管理方式完成该项目;当多个路面方案进行比选时,生命周期成本分析方法可以用于帮助对比不同方案的总成本,并且这些总成本是指发生在项目生命周期内的所有成本之和,不只是简单的初期建造成本。路面的生命周期成本计算包括八个步骤,如图 7-4 所示。

图 7-3　RealCost 2.5 版本用户接口

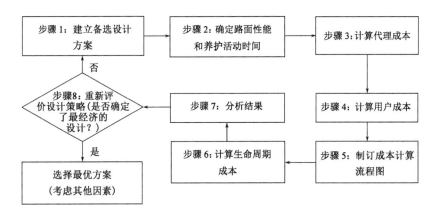

图 7-4　路面生命周期成本计算流程图

(1) 建立沥青路面的备选设计方案

生命周期成本分析的最初目的是量化初始设计所确定的长期相关的经济因素。首先需要确定在分析阶段(例如路面40年的寿命内)可供选择的不同策略,如图7-5所示。

(2) 确定各个沥青路面备选设计方案的路面性能和养护活动时间

对每个沥青路面备选设计方案进行路面性能预测,并进行不同养护策略的期望寿命估计,以确定不同养护策略的实施时间。

(3) 计算各个沥青路面备选设计方案的代理成本

计算每个备选设计方案的代理成本,包括工程初始建造成本、养护成本以及残余价值。其中,残余价值是指不同方案在分析期最后阶段的价值。

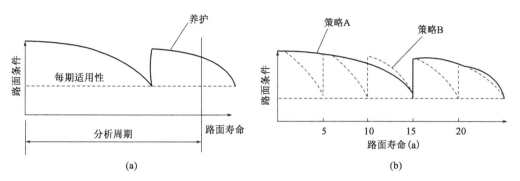

图 7-5 生命周期成本分析两种备选设计方案示意图
(a)路面设计方案的分析；(b)两种养护策略的性能曲线

(4) 计算各个沥青路面备选设计方案的用户成本

计算每个备选设计方案的用户成本,包括用户延迟成本、车辆运营成本和交通事故增加的风险成本。

(5) 制订各个沥青路面备选设计方案的成本计算流程图

制订各个沥青路面备选设计方案的成本计算流程图,使得每个备选设计方案的成本范围和适用时机更加形象化。

(6) 计算各个沥青路面备选设计方案的生命周期成本

生命周期成本分析考虑资金的时间价值,因此需要确定折现率或利率以将未来的成本折现到基准年。

(7) 分析结果

对所有结果进行敏感性分析,确定其主要输入变量产生的影响。

(8) 重新评价设计策略

需要对所有备选设计方案进行重新评价,确定"设计寿命和养护成本是否合适""是否所有的成本都考虑了""是否充分考虑了不确定性因素""是否还有其他可供选择的方案",最终选择最优方案。

7.2 LCA-LCCA 联合应用:单目标优化

对于道路工程,LCCA 和 LCA 是主流的分析方法,前者针对经济评价,后面针对环境评价,两者在应用场景上分别独立使用,其结果分别指导经济方案优化和节能减排策略。通常,道路管养部门更多关注经济性而忽视了环境影响(这也是为什么 LCCA 的历史要比 LCA 久远)。然而,随着我国履行《巴黎协定》承诺而制定的一系列政策的落地,以及碳达峰、碳中和等目标的提出,道路交通行业作为能源消耗和碳排放大户,需要做出应有的贡献。本章将 LCCA 和 LCA 研究工具结合,并将其应用于道路养护决策优化,实现道路养护的经济节约和节能减排双重目标优化。

根据 7.1 节的介绍,LCCA 研究对象是代理成本和用户成本。本书的研究对象主要是环境污染物排放,因此考虑将环境污染物排放转化为经济成本。其背后的机理是计算为了治理排放的污染物带来的负面环境影响,人们需要花费多少成本。例如,治理 1kg SO_2 空气污染物的花费。然而,由于大气污染物、水污染物、固体废弃物、噪声等处理导致的环境破坏成本(Environmental Damage Cost,EDC)在 LCCA 体系中明显缺失。原因可能是人们尚未习惯考虑环境影响以及难以准确估计某些污染物的坏境破坏成本。因此,本书在代理成本和用户成本基础上,提出环境污染物破坏成本,作为 LCCA 研究中新的成本类型。为了实际应用 LCA-LCCA 联合模型,还需要解决两个关键问题:折现率选择和环境污染物破坏成本计算。

7.2.1 折现率选择

折现率是经济学中的一个基本概念,在 LCCA 模型中得到了广泛的应用。它考虑了现在的投资额和将来的等价货币之间的关系,从而使投资受到时间效应的影响。对于如何选择合适的折现率,经济学家们争议很大。就环境污染物成本而言,他们想知道需要花费多少钱来缓解当前的全球气候变化,以避免未来的灾难。问题的核心在于折现率的选择,它将在很长一段时间内显著地改变经济预期。进行贴现原因有两个:一是空气污染物被排放在大气中后很长时间都不会消失,现在的排放导致未来很长一段时间内空气污染物的浓度增加;二是气候系统具有明显的惯性,排放的影响在相当长的一段时间后才有所体现。例如,即使立即停止温室气体的排放,也不会使我们这一代人受益,因为先前的排放仍继续对气候系统产生影响。换句话说,现在的排放伤害了将来的人们,现在的减排帮助了未来的人们[1]。

折现率有多重要呢?Weisbach 和 Sunstein[2] 开展了相关研究,他们假设由于气候变化,预计 100 年内损失 1 万亿美元。如果使用 Stern 建议的 1.4% 的折现率[3] 和 Nordhaus 建议的 5.5% 的折现率[4],结果相差很大。前一种情况将导致 100 年内的成本几乎是后一种情况的 53 倍。如果危害发生在 200 年后,使用 Stern 建议的方法导致的成本将超过 Nordhaus 建议方法的 2800 倍。折现率的不同选择将导致不同的政策决定。Stern 认为,迫切需要一个严格的温室气体排放控制政策,而 Nordhaus 认为,应该采取适度的行动。

本书的目的并不是提出一个合适的折现率,而是引导人们选择一个合适的折现率,使计算更切合实际。Stern 和 Nordhaus 在研究中使用了固定的折现率,其默认的含义是远期的利益对当今的决策影响有限。而 Weitzman 认为[5],应使用"可能最低"利率对任何投资项目的未来部分进行贴现,例如减轻全球气候变化可能影响的措施。Weitzman[5] 在对全球 2160 位经济学家进行广泛问卷调查的基础上,提出了采用 Gamma 分布折现率来分析全球变暖。具体而言,当下(1~5 年),折现率为 4%;近期(6~25 年),折现率为 3%;中期(26~75 年),折现率为 2%;远期(76~300 年),折现率为 1%;未来(300 年以后),折现率为 0。在 Zhang 等人的研究中[6],就采用了滑动比例折现率。

7.2.2 环境污染物破坏成本计算

开展环境污染物破坏成本计算的核心在于估算处理单位排放污染物的成本,即污染物边际破坏成本(Marginal Damage Cost,MDC)。环境污染物破坏成本等于污染物排放量乘以边际破坏成本。本节中,我们遵循 Tol 方法[7],并在此基础上略加修改,以估算典型空气污染物边际破坏成本。

在大量文献的基础上,采用四种方法计算 MDC。第一种方法(Composite Method,复合法)为对不同文献进行等权简单平均计算。第二种方法(Author Weight Method,作者权重法)是基于已发表报告中的研究结果,根据原作者的设定进行分配权重,其权重的总和为1。第三种方法(Quality Weight Method,质量权重法)为采用主观质量权重体系,由五个标准组成:"一是是否经过同行评审? 二是是否基于独立的影响评估? 三是是否基于动态气候变化情景? 四是是否基于经济情景? 五是是否估计了边际破坏成本(而不是平均损失成本)? 最高分为 5 分,最低分为 0 分。"此处,我们进一步考虑时间效应。自 1995 年以来每年 0.1 分(在 Tol 方法中,自 1990 年以来每年 0.1 分)。第四种方法(Peer Reviewed only Method,同行评议法)为采用相同的权重体系,但仅适用于同行评审研究。一些研究报告提供了标准偏差、置信区间或整个概率密度分布,这些将被直接用于模拟。然而,有些研究只报告了"最佳估计",因此其假定为正态分布,标准偏差等于平均值。对于提供置信区间的研究,采用指数分布和负指数分布相结合的方法;如果没有提供,则区间中间被认定为"最佳估计"。这种数据处理似乎具有主观性。然而,与以往的路面 LCA 研究相比,该方法有三个优点:一是通过广泛的文献研究,增加了样本量;二是评价结果不是简单的算术平均,而是基于质量评价,高质量论文的评价会得到高分,反之得低分;三是能够获得概率密度分布。基于建立的四种方法论,估算典型空气污染物的边际破坏成本。

(1)二氧化碳(CO_2)边际破坏成本

Yu[8]从 28 项研究的 103 个样本中进行了 CO_2 边际破坏成本估计。由于该估算非常全面,本书也进行 CO_2 破坏成本计算。其结果如表 7-1 所示。

CO_2 边际破坏成本概率估计　　　　表 7-1

计算方法	边际成本($/t,2005 年价格)					
	平均值(Mean)	5th 百分位数	10th 百分位数	中位数(Median)	90th 百分位数	95th 百分位数
复合法(Composite Method)	93	-10	-2	14	165	350
作者权重法(Author Weight Method)	90	-8	-2	10	119	300
质量权重法(Quality Weight Method)	129	-11	-2	16	220	635
同行评议法(Peer Reviewed only Method)	50	-9	-2	14	125	245

从表 7-1 可以看出,同行评议法的研究具有较低的估计值和较小的不确定性,CO_2 的边际破坏成本超过 50 $/t 的概率较小,而且有时可能要小很多。

(2)甲烷(CH_4)边际破坏成本

根据 Tol 的修正方法,对 CH_4 的 MDC 进行了广泛的文献研究,并采用不同的权重体系对其进行评价,其结果总结在表 7-2 中。在使用这些数据之前,都将其按照 2010 年的价格换算成单位为 $/t 的数据。

CH₄ 边际破坏成本文献统计参数　　　　表 7-2

数据来源	C. Est.	Unc. R	AW	PR	New	Dyn	Eco	MDC
COWI(2000)		53~237 €/t (1993)	1/3	N	Y	N	N	Y
	2223 €/t(1995)		1/3					
	86 €/t (1993)		1/3					
Tollesfen(2009)	25 €/t (2009)		1/8	Y	N	Y	Y	Y
	72 €/t (2009)		1/8					
	156 €/t (2009)		1/8					
	240 €/t (2009)		1/8					
	750 €/t (2009)		1/8					
	1500 €/t(2009)		1/8					
		906~1656 €/t (2009)	1/8					
		990~1740 €/t (2009)	1/8					
ExternE(1997)		386~741 €/t (1997)	1/2	N	Y	Y	N	Y
		370~710 €/t (1997)	1/2					
EIA(1995)	220 $/t(1989)		1	N	N	N	N	N
MIRA(2011)	420 €/t(2011)		1	N	N	N	N	N
West(2006)	240 $/t(2006)		1	Y	Y	Y	N	N
Schilberg(1989)	0.19 $/lb(1989)		1	N	N	N	N	N

续上表

数据来源	C. Est.	Unc. R	AW	PR	New	Dyn	Eco	MDC
MA DPU(1990)	0.11 $/lb(1989)		1	N	N	N	N	N
Tol 和 Downing(2000)	44.9 €/t(2000)	1.9~2579 €/t(2000)	1	N	Y	N	N	Y
Defra(2004)		158~630 £/t(2003)	1	N	Y	N	N	Y
Kandlikar (1995;1996)		114~456 £/t(2003)	1	Y	Y	Y	N	Y
Fankhauser(1995)		190~760 £/t(2003)	1	N	Y	N	N	Y
Hammitt(1996)		105~418 £/t(2003)	1	Y	N	Y	N	Y
Pietrapertosa et al(2010)	493.5 €/t (2010)		1	Y	N	Y	Y	Y
Chernick 和 Caverhill (1991)	0.11 $/lb(1989)		1	Y	N	N	N	N

注:C. Est.,中心极限定理(Central Estimate);Unc. R,不确定性区间(Uncertainty Range);AW,作者权重法(Author Weight);PR,同行评议法(Peer Reviewed);New,独立影响评估(Independent Impact Assessment);Dyn,动态气候变化(Dynamic Climate Change);Eco,经济场景(Economic Scenario);N 表示未采用该方法,Y 表示采用该方法;以下表格缩略语含义相同。

图 7-6 是通过 Monte Carlo 方法模拟了 25 个估值的概率密度函数 PDF 以及一个复合 PDF。复合 PDF 基于"投票"形成,表 7-2 中的每个条目都投票一次,其输入为各自 PDF,每个投票 PDF 的权重依据方法一复合法确定。其余三种方法 CH_4 边际破坏成本 PDF,见图 7-7。

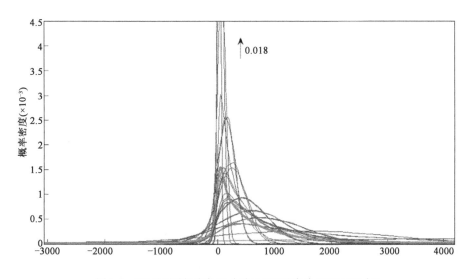

图 7-6 CH_4 边际破坏成本 25 个独立 PDF 和复合 PDF(2010 年)

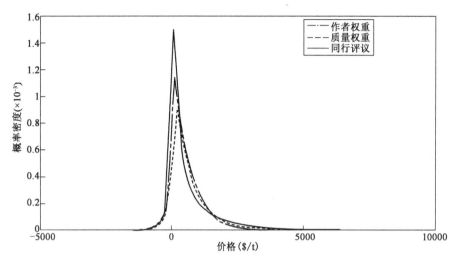

图7-7 其余三种方法 CH_4 边际破坏成本 PDF(2010年)

基于获得的 PDF，可以计算 CH_4 边际破坏成本各项统计参数，如表7-3所示。结果显示了边际破坏成本估计的不确定性。其中，作者权重法模拟的不确定度范围最窄，其他三种方法的差异上限显著。由于现有的同行评议文献很有限，从这个意义上说，CH_4 的边际破坏成本的"最佳估计"可能是 625 \$/t。

CH_4 边际破坏成本概率估计　　　　表7-3

计算方法	边际成本($/t,2010年价格)					
	平均值(Mean)	5th百分位数	10th百分位数	中位数(Median)	90th百分位数	95th百分位数
复合法(Composite Method)	764	−128	−15	350	1888	3099
作者权重法(Author Weight Method)	625	−151	2	387	1424	1993
质量权重法(Quality Weight Method)	636	−70	12	361	1496	2151
同行评议法(Peer Reviewed only Method)	722	−131	−12	302	2060	3070

(3) 一氧化二氮(N_2O)边际破坏成本

本节采集了10组估算数据，其信息可参考文献[8]。根据四种计算方法，N_2O 边际破坏成本统计参数如表7-4所示。

N_2O 边际破坏成本概率估计　　　　表7-4

计算方法	边际成本($/t,2010年价格)					
	平均值(Mean)	5th百分位数	10th百分位数	中位数(Median)	90th百分位数	95th百分位数
复合法(Composite Method)	10347	−2459	−199	7280	22900	35547
作者权重法(Author Weight Method)	8721	−2813	−414	6927	19424	25873
质量权重法(Quality Weight Method)	12341	−1983	−108	6802	30539	47700
同行评议法(Peer Reviewed only Method)	28046	−1410	−412	1340	8899	10973

由表 7-4 可知,同行评议法的不确定度范围最窄。然而,10 组估算数据中只有两篇文献是同行评议的。另外三种模拟结果之间的差异显著,导致边际破坏成本估计结果难以抉择。N_2O 边际破坏成本的"最佳估计"可能为 12341 \$/t,该估计值来自所有开展质量评估的文献综合。

(4) 挥发性有机化合物(VOC)边际破坏成本

对于挥发性有机化合物(Volatile Organic Compounds,VOC),采集了 40 组样本数据,其信息可参考文献[8]。根据四种计算方法,VOC 边际破坏成本统计参数如表 7-5 所示。

VOC 边际破坏成本概率估计 表 7-5

计算方法	边际成本(\$/t,2010 年价格)					
	平均值(Mean)	5th 百分位数	10th 百分位数	中位数(Median)	90th 百分位数	95th 百分位数
复合法(Composite Method)	3483	−1132	−210	1420	10360	17550
作者权重法(Author Weight Method)	4271	−1203	−145	1652	14119	21013
质量权重法(Quality Weight Method)	1303	20	76	702	2661	3796
同行评议法(Peer Reviewed only Method)	1445	−388	−37	900	3546	5129

从表 7-5 中可以看出,同行评议法(Peer Reviewed only Method)和质量权重法(Quality Weight Method)结果具有相似性和最小的不确定度范围。环境成本数据集中来源于同行评议的文献只有三篇,VOC 的边际破坏成本的"最佳估计"可能是 1303 \$/t。

(5) 氮氧化物(NO_x)边际破坏成本

对于NO_x,采集了 84 组样本数据,其信息可参考文献[8]。根据四种计算方法,NO_x 边际破坏成本统计参数如表 7-6 所示。

NO_x 边际破坏成本概率估计 表 7-6

计算方法	边际成本(\$/t,2010 年价格)					
	平均值(Mean)	5th 百分位数	10th 百分位数	中位数(Median)	90th 百分位数	95th 百分位数
复合法(Composite Method)	10458	−3508	−156	4866	28147	43560
作者权重法(Author Weight Method)	9552	−3315	−106	3869	26217	42072
质量权重法(Quality Weight Method)	6566	−2871	−194	3234	18611	24595
同行评议法(Peer Reviewed only Method)	5511	−2839	−108	2742	16576	20772

由表 7-6 可知,同行评议法中 Monte Carlo 模拟结果的不确定度范围最窄。同行评议法与质量权重法得到的结果差异不大,但与其他两种模拟结果相比差异较大。NO_x 的边际破坏成本的"最佳估计"可能是 5511 \$/t。

(6) 一氧化碳(CO)边际破坏成本

对于 CO,采集了 30 组样本数据,其信息可参考文献[8]。根据四种计算方法,CO 边际破坏成本统计如表 7-7 所示。

CO 边际破坏成本概率估计 表 7-7

计算方法	边际成本($/t,2010年价格)					
	平均值(Mean)	5th百分位数	10th百分位数	中位数(Median)	90th百分位数	95th百分位数
复合法(Composite Method)	3398	-1194	-21	349	11370	18510
作者权重法(Author Weight Method)	1736	-3234	-18	1236	4477	9771
质量权重法(Quality Weight Method)	368	-102	0	16	1023	1817
同行评议法(Peer Reviewed only Method)	354	-11	1	59	1122	2066

由表 7-7 可见,质量权重法模拟的不确定度范围最窄。质量权重法与同行评议法模拟结果差异不大,但与其他两种方法模拟结果相比差异较大。CO 的边际破坏成本的"最佳估计"可能是 354 \$/t。

(7)悬浮颗粒物(PM_{10})边际破坏成本

对于悬浮颗粒物 PM_{10}(粒径小于 10μm),采集了 47 组样本数据,其信息可参考文献[9]。根据四种计算方法,PM_{10} 边际破坏成本统计参数如表 7-8 所示。

PM_{10} 边际破坏成本概率估计 表 7-8

计算方法	边际成本($/t,2010年价格)					
	平均值(Mean)	5th百分位数	10th百分位数	中位数(Median)	90th百分位数	95th百分位数
复合法(Composite Method)	10933	-4695	-856	3870	32029	54516
作者权重法(Author Weight Method)	11409	-9504	-1453	4631	36898	60578
质量权重法(Quality Weight Method)	10169	-1194	119	4027	26977	42400
同行评议法(Peer Reviewed only Method)	7851	-693	183	4321	21575	29885

由表 7-8 可知,同行评议法模拟结果的不确定度范围最窄。同行评议法模拟结果与其他三种方法模拟结果之间的差异较为显著。PM_{10} 的边际破坏成本的"最佳估计"可能是 7851 \$/t。

(8)硫氧化物(SO_x)边际破坏成本

对于 SO_x,采集了 77 组样本数据,其信息可参考文献[8]。根据四种计算方法,SO_x 边际破坏成本统计参数如表 7-9 所示。

SO_x 边际破坏成本概率估计 表 7-9

计算方法	边际成本($/t,2010年价格)					
	平均值(Mean)	5th百分位数	10th百分位数	中位数(Median)	90th百分位数	95th百分位数
复合法(Composite Method)	9707	-4290	-220	4383	28372	41025
作者权重法(Author Weight Method)	10065	-8954	-1588	3757	32099	47754
质量权重法(Quality Weight Method)	9695	-8397	-1582	4164	29847	42920
同行评议法(Peer Reviewed only Method)	12233	-14644	-5237	2873	31758	52944

由表7-9可知,复合法模拟的不确定度范围最窄。SO_x的边际破坏成本的"最佳估计"可能是9707 \$/t。

(9) 空气污染物边际破坏成本

前面第(1)~(8)条通过广泛的文献检索,估算各种空气污染物的边际破坏成本。在Monte Carlo模拟的基础上,得到了典型大气污染物边际破坏成本平均值、PDF和CDF,可用于计算环境破坏成本。总体而言,边际破坏成本估计值具有很大的不确定性。然而,在大多数情况下,与其他模拟方法相比,使用质量权重法[无论是质量权重法还是同行评议法]进行模拟的估计具有较小的不确定性范围,这和Tol的经验类似。选择上述研究中各类空气污染物较为合适的边际破坏成本数值,并将其估算结果汇总在表7-10中,以便读者选用。对于固体废弃物和水污染物的边际破坏成本,可采用类似的研究方法。

空气污染物边际破坏成本概率估计(\$/t)　　　表7-10

项目 (Item)	平均值 (Mean)	5th 百分位数	10th 百分位数	中位数 (Median)	90th 百分位数	样本大小 (Sample size)
CO_2	50	−9	−2	14	125	103
CH_4	625	−151	2	387	1424	25
N_2O	12341	−1983	−108	6802	30539	10
VOC	1303	20	76	702	2661	40
NO_x	5511	−2839	−108	2742	16576	84
CO	354	−11	1	59	1122	30
PM_{10}	7851	−693	183	4321	21575	47
SO_x	9695	−8397	−1582	4164	29849	77

生命周期环境污染物的破坏成本可通过式(7-2)计算:

$$\text{EDC} = \sum_i \text{MDC}_i \times M_i \tag{7-2}$$

式中,EDC为环境破坏成本;i为LCA研究中输出的环境污染物指标;MDC为某一环境污染物的边际破坏成本;M为生命周期清单中某一环境指标的量。

7.2.3 LCA-LCCA 案例:单目标分析

5.1节案例分析了旧水泥混凝土路面的三种罩面修复方案,分别为HMA方案、PCC方案和CSOL方案,并且输出了三个设计方案的生命周期清单。在原来的设计方案中,养护计划默认为每16年开展一次,本节利用LCA-LCCA联合工具,综合考虑三种方案的经济和环境指标,开展道路养护决策优化。

(1) 各类成本计算

LCA-LCCA联合应用的基本思路为依据LCA输出的生命周期清单,计算环境破坏成本,连同代理成本和用户成本,开展生命周期经济分析,三类成本计算方法如下。

根据式(7-2),结合5.1节案例的生命周期清单(表5-3),可以计算得到三个养护方案的生命周期环境污染物的破坏成本。

代理成本是交通部门为建设和养护活动而进行的投资。在5.1节案例背景下,各项施工活动的成本如表7-11所示。

三类罩面工程的经济成本单价[9]　　　　　　　　　　表7-11

项目	报价
道路开挖	10.38 \$/m^3
水泥混凝土 PCC	160.64 \$/m^3
热拌沥青混合料 HMA	88.47 \$/t
钢筋	1.579 \$/kg
金刚石研磨	2.00 ~ 8.00 \$/m^2
铣刨加铺	66875 ~ 151560 \$/lane-km

用户成本包括用户延迟成本和车辆运营成本。用户延迟成本由将单位时间价格和车辆在队列中等待、通过工作区或绕路等附加时间相乘所得。根据文献,客车、卡车和拖挂卡的平均单价分别为10.20 \$/h、19.62 \$/h 和 24.63 \$/h[10]。需要指出的是,上述价格年份往往与研究开展的年份并不一致,可通过消费者价格指数更新到研究当年的价格。用户延迟可以使用Quickzone模型中的延迟时间来计算。然而,由于事故发生率及其赔偿成本存在很大的不确定性,本案例忽略了施工和养护期间的事故率和死亡人数增加,以及由此增加的用户成本。

车辆运营成本是指车辆通过工作区或在老化路面上行驶时产生的额外燃油消耗。使用LCA模型中的拥堵模块对由施工和养护活动引起的异常驾驶行为导致的额外燃油消耗进行估算。按十年平均值计算,燃油价格为2.76 \$/gal。LCCA经济分析中,以40年为分析周期,折现率为4%。

与代理成本和用户成本的固定折现率相反,由于大气污染物的长期影响,环境破坏成本以浮动利率贴现。根据7.2.1节的讨论:当下(1~5年),折现率为4%;近期(6~25年),折现率为3%;中期(26~75年),折现率为2%。

(2) 养护决策优化算法

许多研究将LCCA方法应用于路面养护决策优化。然而,传统做法只考虑了代理成本和用户成本,忽略了环境破坏成本,LCCA方法的成本体系不完整。本节改进LCCA方法,将LCA生命周期清单反馈到LCCA优化过程中,实现环境目标和经济目标共同优化,其实现方法采用动态规划算法。动态规划算法的关键参数定义如下:

①阶段变量:分析期间的年份指数。

②状态变量:受养护决策影响的当前路面服务性指数(PSI),PSI值与IRI值密切相关,其关系可由式(7-3)描述:

$$\begin{cases} PSI = 7.21e^{-0.47IRI} & (R^2 = 0.84) \text{沥青路面} \\ PSI = 14.05e^{-0.74IRI} & (R^2 = 0.93) \text{水泥混凝土路面} \\ PSI = 9.00e^{-0.56IRI} & (R^2 = 0.84) \text{复合路面} \end{cases} \tag{7-3}$$

此外,还定义了其他的优化参数:①约束条件:PSI≥2.5;②优化目标:优化目标为单目标,即仅优化一个目标,如降低生命周期总成本;③养护决策:如采取养护措施则标记为1,否则标记为0;④状态转换矩阵。基于IRI发展规律模型,受到三种设计方案和养护决策的影响,动态规划算法伪代码如图7-8所示。

```
定义参数：阶段变量 =i，决策 =j，状态变量 = PSI(i,j)，环境负荷 = B(i,j,PSI)
% 在最后一年初始化环境负荷(i = N)
    从初始状态到限值，循环   阶段变量 PSI，每次减少 0.01
        计算生命周期成本
        B(i,j,PSI) = Material(i,j,PSI)ψ^material + Construction(i,j,PSI)ψ^construction
                   + Distribution(i,j,PSI)ψ^distribution + Congestion(i,j,PSI)ψ^congestion
                   + Usage(i,j,PSI)ψ^usage + EOL(i,j,PSI)ψ^EOL
    结束   循环
% 算法主体
循环   阶段变量 i = N；-1；1
    从初始状态到限值，循环   状态变量 PSI，每次减少 0.01
        循环   决策变量 j = 0 or 1
            Total_B(i,PSI) = min{B(i,j,PSI) + Total_B(i+1,PSI)}
                           j=0,1
        结束   循环
    结束   循环
结束   循环
```

图 7-8 动态规划算法伪代码

注：B 表示生命周期成本，无论是能源消耗、温室气体还是经济成本；i 为年份数；j 为养护决策变量，j = 0 表示不养护，j = 1 表示进行养护；PSI(i,j) = 第 i 年采用决策 j 的 PSI，如果 j = 1，PSI 将在第 i + 1 年得到改善，如果 j = 0，则相反；ψ 为生命周期能源消耗、温室气体排放或某个生命周期模块的成本；B(i,j,PSI) 为某特定 PSI 下，第 i 年采用决策 j 的成本（生命周期能源消耗、温室气体排放或经济成本）；Material(i,j,PSI) 为某特定 PSI 下，第 i 年采用决策 j 的材料消耗；Construction(i,j,PSI) 为某特定 PSI 下，第 i 年采用决策 j 的施工设备使用；Distribution(i,j,PSI) 为某特定 PSI 下，第 i 年采用决策 j 的材料和设备运输；Congestion(i,j,PSI) 为某特定 PSI 下，第 i 年采用决策 j 的交通拥堵；Usage(i,j,PSI) 为某特定 PSI 下，第 i 年采用决策 j 的使用模块各个组分的影响；EOL(i,j,PSI) 为某特定 PSI 下，第 i 年采用决策 j 的生命周期末期策略；Total_B(i,PSI) 为特定 PSI 下，第 i 年的总生命周期成本。

利用图 5-2 中的 IRI 发展趋势，构造状态转换矩阵，并将其输入图 7-8 的算法中，以优化养护活动。如果没有养护活动正在进行，则 IRI 按照图 5-2 中发展趋势劣化；如果实施了养护活动，则 IRI 恢复到其初始值。

（3）养护决策优化效果

在本案例的研究背景下，开展 LCA-LCCA 联合养护决策优化，所选取的优化目标分别为最小化生命周期能耗、温室气体排放和生命周期成本总和。优化后的养护计划如图 7-9 所示。

从图 7-9 可以看出，与原始养护计划相比，优化后的养护计划增加了 PCC 方案和 CSOL 方案的养护频率；对于节约能源和减少温室气体排放目标，提前了 HMA 的养护计划。就生命周期成本目标而言，养护计划保持了相同的频率，但是养护时间提前，表明从节约经济成本的角度出发需要尽早实施养护（与预防性养护有异曲同工之处）。此外，节约能源和减少温室气体排放目标（两者目标具有一致性）对 PCC 方案和 CSOL 方案的养护频率要求比成本目标更高，这是由于用户延迟成本占用户成本很大比例。更多的养护活动会显著增加用户延迟成本，而这无法通过节省燃油消耗得到足够的补偿。

图 7-10 显示了养护计划优化前后在能耗和成本方面的结果比较。在整个生命周期，与三种修复方案的原始方案相比，优化方案改善了路面性能，也降低了各项成本。

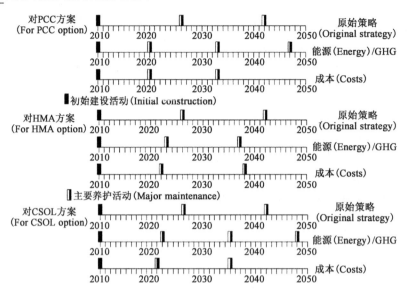

图 7-9 优化前后养护方案

图 7-10 结果表明,所提出的 LCA-LCCA 联合优化算法能有效地优化养护计划,降低能耗和成本。三种罩面设计方案的能耗和成本分别降低了 10.9%、12.3%、8.2% 和 5.9%、10.0%、10.2%。此外,三种罩面设计方案的环境破坏成本占总成本相当大比例,说明将环境破坏成本纳入成本构成的有效性和必要性。总成本中,用户成本占主导地位,其中车辆运营成本贡献最大。然而,用户延迟成本也有显著的贡献。因此,如何优化施工养护活动,缩短工期和减少对邻近交通的影响,降低用户延误成本,非常值得研究。整体而言,考虑折扣效应后,车辆运营成本最高,其次是环境破坏成本、代理成本和用户延迟成本。40 年分析期的估计总成本分别为 285 万美元、462 万美元和 387 万美元。在成本效益方面,似乎可以推断出 PCC 方案 > CSOL 方案 > HMA 方案的排序。然而,由于在建模和优化过程中引入了较大的不确定性,这种推断还需要进一步研究。

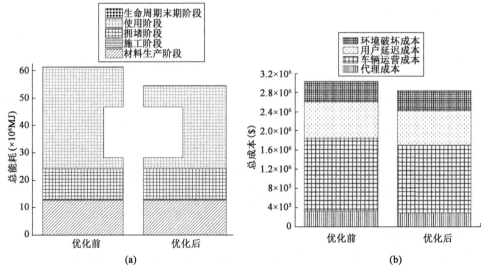

图 7-10

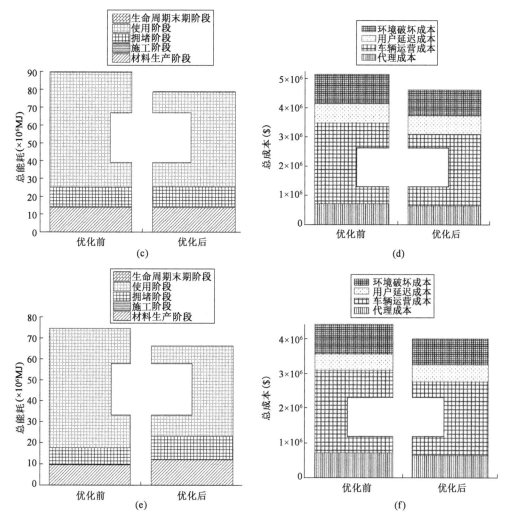

图 7-10 养护计划优化前后成本、能耗变化

(a)PCC 方案的能耗比较;(b)PCC 方案的成本比较;(c)HMA 方案的能耗比较;(d)HMA 方案的成本比较;(e)CSOL 方案的能耗比较;(f)CSOL 方案的成本比较

必须指出的是,案例分析只考虑了主要的养护活动,而忽略了次要的养护活动。可以通过在养护决策向量中添加元素来更新算法以包括更多的养护场景;例如,$j=2$、1 和 0 对应大修、小修和不维修。

7.3 LCA-LCCA 联合应用:多目标优化

在 7.2.3 节的案例中,通过计算环境污染成本,并将其作为生命周期经济性分析的成本之一,建立了 LCA-LCCA 联合优化方法,其本质仍然是单目标优化问题,而且环境污染成本的计算存在较大波动,可能会影响模型的优化结果。因此,为了弥补环境影响评价和路面养护优化之间的差距,本节建立了一个多目标养护决策框架,综合考虑了路面性能、成本和环境影响,可用于权衡三个决策要素,并形成养护决策优化方案。

建立的 LCA-LCCA 多目标优化模型主要由四个子模型组成,旨在解决模型建立过程中的四个问题:①评估不同养护策略的实施效果;②生命周期内养护活动的成本计算;③通过 LCA 为各种养护活动编制生命周期清单;④通过优化算法对三个子模型进行集成和评价。下面对每个子模型进行单独介绍。

7.3.1 养护效益评价

与大修相比,预防性养护变得越来越普遍。预防性养护采用轻量的养护行为来延缓路面结构的劣化速度,从而延长道路服役寿命。然而,养护效益如何评价是一项具有挑战性的任务,其评价维度多种多样,包括交通事故数量、车辆运营成本、路用性能等。在本案例中,养护效益由养护前面积和养护后面积的差值决定[11],如图 7-11 所示。在本书中,采用修正的曲线覆盖面积法估算养护效益,并将其纳入年平均日交通量参数,以考虑交通量的影响,计算如式(7-4)所示[12]:

$$\text{Benefit area}_j = \sum_{i=0}^{t} \frac{\text{PSI}_{ij} + \text{PSI}_{(i+1)j}}{2} \times \text{AADT}_i \quad (7-4)$$

式中,i 为时间(a);j 为第 j 类型养护措施;PSI 为道路性能指数。

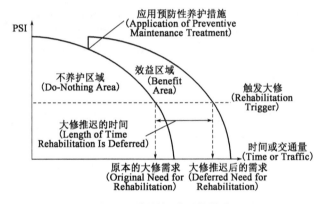

图 7-11 养护效益概念性说明

根据式(7-4),养护效益的评价取决于路面性能衰变规律和养护对路用性能的影响。对于每一种养护行为,如要估算其养护效益,需要建立其养护后道路性能发展模型。当然,此处的性能取决于具体的研究案例。本研究中使用了 PSI 指标,而 Huang 和 Dong[13] 的研究报告中使用了其他指标,如车辙和 IRI 等。

7.3.2 LCCA 成本分析

对于 LCCA,为了简化模型,本研究仅包括用户成本、代理成本以及回收成本。代理成本为交通部门养护行为的花费;广义的用户成本包括车辆运营成本、用户延迟成本以及由于养护活动而增加的事故率和死亡率所造成的成本的总和。回收成本指分析期末期,各种养护方案还存在残余价值,相当于"收益"。但是,在本案例研究中,仅仅考虑车辆运营成本而排除其他两个成本,这是因为养护期间交通延误和事故率增量的估算以及相应费用的计算仍存在很大的不确定性。在本案例中,LCCA 计算是采用成本现值(New Present Value,NPV)指标来比较

各种养护活动,如式(7-5)所示

$$\text{NPV} = \sum_i (\text{CI}_i - \text{CO}_i)/(1+r)^i \tag{7-5}$$

式中,i 为时间(a);CI 为成本输入;CO 为成本回收;r 为折现率,取 4%。

对于用户成本,即车辆运营成本,与路面状况密切相关。本案例同样采用 IRI 值标准,采用更为详细的 IRI 与燃油消耗系数,如表 7-12 所示。

油耗与平整度关系表[14]　　　　　　　　　　表 7-12

速度	车型	基础油耗系数 FC^b (mL/km)	油耗调整系数 AF				
			IRI(m/km)				
			1	2	3	4	5	6
112km/h(70 mile/h)	中型汽车(Medium Car)	107.85	1.02	1.05	1.07	1.09	1.12
	厢式货车(Van)	128.96	1.01	1.02	1.03	1.03	1.04
	运动型多用途汽车(SUV)	140.49	1.02	1.04	1.06	1.08	1.10
	轻型卡车(Light Truck)	251.41	1.01	1.01	1.02	1.03	1.04
	铰接式卡车(Articulated Truck)	656.11	1.01	1.02	1.04	1.05	1.06

注:1mph = 1 英里/h = 1.609344km/h。

因此,不同 IRI 值下车辆运营成本计算如式(7-6)所示:

$$\text{VOC} = \sum_i \text{FC}_i \times \text{AF}_i \times C \tag{7-6}$$

式中,i 为车辆类型;C 为燃油的单价。i 仅列举了 IRI 值为整数的情况,可以通过线性插值外推。如果 IRI 值小于 1m/km,其油耗计算采用基础油耗系数。

残余价值由式(7-7)中剩余时间和预期时间的比值确定:

$$\text{SV} = \left(1 - \frac{S}{T}\right)\text{MC} \tag{7-7}$$

式中,S、T 分别为养护活动的实际和预期服务年;MC 为最后一次养护的成本。

7.3.3　LCA 环境影响分析

对于 LCA,第 5 章前面的案例已经展示了详细的过程以获取生命周期清单。在此值得一提的是,生命周期清单通常包括众多的输出数据,如能耗、碳排放、氮氧化物等,对所有的清单数据开展多目标优化既无必要,也难实施,因此可以考虑通过生命周期环境影响评价,将众多生命周期的清单输出转化为综合的环境影响评价指标,或者压缩到有限的环境影响评价指标,以便后续多目标优化。

对于本案例,其生命周期清单分析过程与第 5 章案例(5.1 节)分析类似,包括材料生产、运输、施工、养护、使用和生命周期末期阶段。由于拥堵阶段受到交通量因素、施工组织因素影响,存在着较大的不确定性,因此在本案例中将其排除在外。

7.3.4 多目标优化模型

本研究涉及三个目标函数,包括最大化路面性能效能、最小化成本和最小化环境影响,彼此互不兼容。因此,需要确定一个帕累托集(Pareto Set)。如图7-12所示(假设最小化某一目标函数),若一个目标的绩效无法在不损害至少一个其他目标绩效的情况下得到改善,则可行的解决方案为帕累托集。

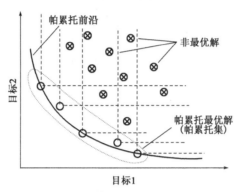

图7-12 帕累托集示意图

(1)多目标优化算法

通过遗传算法执行帕累托集搜索过程,一般过程如下:

①定义相关参数的遗传特征染色体,长度为40个字符长度,以代表40年分析期的决策向量,如图7-13所示。

②创建一个初始随机的母群体池,作为搜索的起点。

③评估每个解的适用性,以确定其对后代产生的贡献。

④通过选择、交叉和变异从亲本群体中筛选后代。

⑤后代成为亲本群体,重复过程①~④,直到达到预定的停止标准。

图7-13 分析期间养护计划(每个数字代表一个养护计划)的遗传特征

(2)适用性评价

采用基于秩的适应度评估方法对每个解的适应度序列进行排序。首先,确定帕累托前沿,并将其分配为第一级。然后,对其余解进行并行比较,以确定一组新的非支配解,标记为第二级。最后,重复该过程,直到为所有解决方案分配了等级卷标,如图7-14所示。

根据定义,低阶解比高阶解具有更高的适应度。因此,对于最小化问题,每个解决方案的适应度可通过式(7-8)计算[15]:

$$\text{fitness}_i = \frac{1}{\text{rank}_i} \tag{7-8}$$

式中,fitness_i、rank_i 分别为方案 i 的适应度和秩。

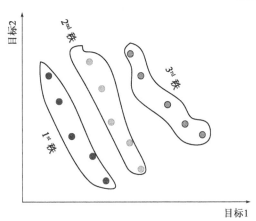

图 7-14 基于秩的适应度评估

(3) 目标方程定义

①归一化与约束定义。

为了处理不同单元的目标函数,特别是对于环境影响评价,设置了归一化规则,以便在相同的基础上进行比较。选择大修场景作为基准方案。根据基本情况的值对三个目标函数进行标准化,并为三个目标函数定义了一组约束条件,如式(7-9)所示:

$$\begin{cases} M_{ij} = \begin{cases} 1 & (\text{第 } i \text{ 年执行 } j \text{ 养护活动}) \\ 0 & (\text{其他}) \end{cases} \\ \sum_{j=0}^{n} M_{ij} = 1 \\ \text{PSI} \geqslant 3.0 \end{cases} \tag{7-9}$$

式中,i 为年份;M_{ij} 为养护类型(不养护、预防性养护、大修);第一个约束条件表示在任何一年,只执行一项养护活动;第二个约束条件表示不允许 PSI<3.0,这是洲际公路的可接受阈值。

②路面性能目标函数定义。

根据图 7-11 的养护效益概念性说明,定义路面性能目标函数,如式(7-10)所示:

$$f_1 = \left[\sum_{i=0}^{t} \sum_{j=1}^{n} \frac{\text{PSI}_{ij} + \text{PSI}_{(i+1)j} - 2\text{PSI}}{2} \times \text{AADT}_i \right] / \text{ME}_b \tag{7-10}$$

式中,ME_b 为基准方案(大修)的养护效益。

③成本目标函数定义。

如前所述,成本构成包括三个要素:代理成本、用户成本和回收成本。式(7-11)整合了三个要素,形成成本目标函数:

$$f_2 = \left\{ \left[\sum_{i=0}^{t} \sum_{j=1}^{n} (\text{AC}_{ij} + \text{VOC}_{ij})/(1+r)^i \right] - \text{SV}_{ij}/(1+r)^t \right\} / \text{Cost}_b \tag{7-11}$$

式中,AC 为代理成本;VOC 为车辆运营成本;SV 为残余价值;r 为折现率;Cost_b 为基准方案的成本。

④环境影响目标函数定义。

环境影响目标函数的确定相当复杂。通常,在道路生命周期中会产生以下环境影响:酸雨、臭氧消耗、全球变暖、光化学氧化、呼吸效应和能耗等。在本研究中,考虑三个最重要的空气污染物相关问题(全球变暖、光化学氧化和呼吸效应)以及能耗,以评估养护活动的环境影响。前三个影响分别根据全球变暖潜能、酸化潜能(AP)和呼吸系统影响潜能(REP)进行评估。GWP、AP 和 REP 分别以 CO_2 当量、SO_2 当量和 $PM_{2.5}$ 当量表征。表7-13 列出了各污染物类别的换算系数。

三类环境影响类别的换算系数[17] 表7-13

污染物	GWP(CO_{2-eq})	AP(SO_{2-eq})	REP($PM_{2.5-eq}$)
SO_2	—	1	1.9
CO_2	1	—	—
NO_x	—	0.7	0.3
$PM_{2.5}$	—	—	1
CO	3	—	—
CH_4	21	—	—
N_2O	310	0.7	—

因此,环境影响的目标函数公式如下:

$$\begin{cases} f_3 = \sum_{i=1}^{t}\sum_{j=1}^{n}(w_1 E_{ij}/E_b + w_2 GWP_{ij}/GWP_b + w_3 AP_{ij}/AP_b + w_4 REP_{ij}/REP_b) \\ s.j. \sum_{i=1}^{4} w_i = 1 \end{cases} \quad (7-12)$$

式中,E 为能耗;w_1、w_2、w_3 和 w_4 为每个指标的权重;b 为基准方案;约束条件为权重之和等于1。

7.3.5 案例分析

(1)案例背景

案例路面由 200mm 的 HMA 面层、225mm 临时基层和路基组成。功能单元长度为 1km,半幅路的宽度为 12m,包括左侧路肩(1.5m)、两条车道(3.75m×2)和右侧路肩(3.0m)。交通量设置为双向 10000 AADT,卡车占 10%,年增长率为 2.5%。路面的初始 PSI 为 4.5,分析期为 40 年。

对于基准方案,仅进行大修。根据 MEPDG 软件预测的路面结构的破坏发展情况,在第 16 年和第 32 年分别实施了全厚度大修(用相同厚度的新路面替换 200mm 旧 HMA 路面)。

除了基准的大修方案,还考虑四种常用的养护策略(稀浆封层、微表处、HMA 罩面和铣刨加铺)作为预防性养护候选方案。因此,可构造由五种养护方案组成的养护策略集{不养护,稀浆封层,微表处,HMA 罩面,铣刨加铺},分别表示为{0,1,2,3,4}。

(2)路面性能目标函数建立

建立沥青路面性能目标函数的关键是确定每种养护方案的 PSI 发展趋势。关于"不养护"选项,PSI 劣化曲线参照标准 AASHTO 劣化曲线得到[16]。假设大修后 PSI 值将恢复到初始值,且 PSI 劣化率保持不变。对于四种预防策略的 PSI 改善程度和处置后发展趋势,本研究参考 Huang 和 Dong[13]的研究报告,其经验模型基于 36 个典型养护项目的现场资料,适用于

本研究的背景,如式(7-13)所示:

$$PSI = \begin{cases} 3.454 - 0.0397t & (R^2 = 0.71) \text{微表处} \\ 3.977 - 0.0643t & (R^2 = 0.55) \text{稀浆封层} \\ 3.560 - 0.0468t & (R^2 = 0.87) \text{HMA罩面} \\ 3.655 - 0.0401t & (R^2 = 0.56) \text{铣刨加铺} \end{cases} \quad (7-13)$$

式中,t 为年份。

(3) 成本目标函数建立

代理成本考虑了材料和施工的投资,并根据材料成分(如Ⅱ型或Ⅲ型稀浆封层)和工作量(如铣刨加铺深度)不同而有所不同。表7-14列出了成本信息。

不同沥青路面养护活动的单位成本　　　　表7-14

类型	成本($/m²)	标准偏差($/m²)	样本
微表处	4.82	0.87	9个工程
稀浆封层	5.10	0.53	3个工程
HMA罩面	13.77	12.31	13个工程
铣刨加铺	25.18	7.91	9个工程

燃油消耗量受平整度水平的影响,而本案例选用PSI作为性能指标。对于沥青路面,IRI和PSI之间的关系如式(7-3)所示。根据不同的养护计划,可通过式(7-6)估算VOC。假设按汽车燃烧汽油、卡车燃烧柴油统计燃油均价,设定汽油和柴油的平均价格分别为0.95 \$/L和1.03 \$/L。

(4) 环境影响目标函数建立

材料生产阶段的环境影响取决于养护活动的设计。对于HMA罩面,设定HMA为典型的配合比设计,厚度为3cm。使用黏结层喷洒机、摊铺机和压路机进行摊铺工作。运输距离假定为25km。可以相应地估计材料生产、施工和运输阶段的环境影响。

采用类似程序评估微表处、稀浆封层和铣刨加铺养护方案的环境影响。但是,具体清单可能会根据配合比设计略有不同,例如稀浆封层(Ⅰ型、Ⅱ型和Ⅲ型)或微表处(Ⅱ型和Ⅲ型)。与HMA罩面方案相比,铣刨加铺方案涉及铣刨既有沥青面层的附加工艺。路面旧料的处理和新路面材料的运输仍假定25km的运输距离。

在完成LCA模型的每个模块后,确定了四个环境指标,包括GWP、AP、REP和能耗。通过为本研究中的四个指标分配相等的权重,使用式(7-12)将其转换为单个值,以确定环境影响目标。

(5) 多目标优化结果

利用建立的多目标优化模型来搜索本案例研究的帕累托集(非支配解)。图7-15绘制了帕累托边界,每个轴以基准案例(大修)为标准。图7-15中的每个点代表一套路面养护计划,相应地,也在路面性能、成本和环境影响之间提供了最佳的权衡。决策者可以直观、定量地评估不同目标方向,以便安排适当的养护计划。本案例中,通过优化求解,共获得103组养护计划,其参数信息如表7-15所示。

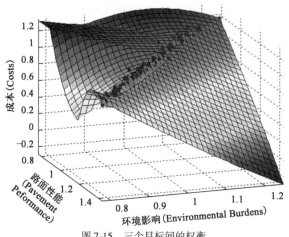

图 7-15 三个目标间的权衡

优化结果的摘要信息 表 7-15

指标	下限	上限	基准值
路面性能[①]	75.2%	146.6%	1.038×10^8 辆(年平均日交通量)
环境影响	77.8%	124.8%	2.46×10^8 MJ(仅以能耗为代表)
成本	80.3%	122.1%	3.52×10^6 \$

注:①计算公式如式(7-4)所示。

根据表 7-15,与基准方案相比,有机会将成本和环境影响分别降低至 80.3% 和 77.8%,并将路面性能提高到 146.6%。然而,三个目标之间需要相互妥协,不能同时达到。

图 7-15 的三维图像可用于可视化路面性能、环境影响和成本之间的权衡,以支持决策者评估各种养护计划组合的养护绩效。如图 7-16 所示,还可以通过二维图片实现两个目标之间的权衡。

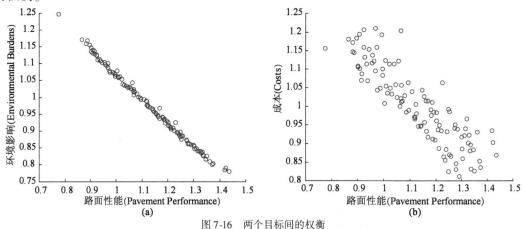

图 7-16 两个目标间的权衡

图 7-16 总的趋势是,随着路面性能的提高,整体成本和环境影响降低。这是因为,尽管需要更多的代理成本以改善路面状况,但由此产生的用户成本降低抵消了额外的代理成本,并实现总体成本节约。这就解释了为什么需要实施预防性养护。环境影响目标也是如此,因为它与成本密切相关,尤其是在使用阶段。

本章参考文献

［1］ POSNER R A. Catastrophe:risk and response[J]. Homeland Security Affairs,2008,4(1).

［2］ WEISBACH D,SUNSTEIN C R. Climate change and discounting the future:a guide for the perplexed[J]. Yale Law and Policy Review,2009,27:433-457.

［3］ STERN N H. The economics of climate change:the Stern review[M]. Cambridge:Cambridge University Press,2007.

［4］ NORDHAUS W D. A review of the Stern review on the economics of climate change[J]. Journal of Economic Literature,2007,45(3):686-702.

［5］ WEITZMAN M L. Gamma discounting[J]. American Economic Review,2001,91(1):260-271.

［6］ ZHANG H,KEOLEIAN G A,LEPECH M D,et al. Life-cycle optimization of pavement overlay systems[J]. Journal of Infrastructure Systems,2010,16(4):310-322.

［7］ TOL R S J. The marginal damage costs of carbon dioxide emissions:an assessment of the uncertainties[J]. Energy Policy,2005,33(16):2064-2074.

［8］ YU B. Environmental implications of pavements:a life cycle view[D]. Los Angeles:University of South Florida,2013.

［9］ YU B,LU Q,XU J. An improved pavement maintenance optimization methodology:integrating LCA and LCCA[J]. Transportation Research Part A:Policy and Practice,2013,55:1-11.

［10］ RISTER B,GRAVES C. The costs of construction delays and traffic control for life-cycle cost analysis of pavements[R]. KTC-02-07/SPR197-99 and SPR218-00-1F,Kentucky Transportation Center Lexington,Ky,2002.

［11］ PESHKIN D G,HOERNER T E,ZIMMERMAN K A. Optimal timing of pavement preventive maintenance treatment applications[R]. NCHRP Report 523,2004.

［12］ ZIMMERMANN K. Pavement management methodologies to select projects and recommend preservation treatments[R]. National Cooperative Highway Research Program,1992.

［13］ HUANG B S,DONG Q. Optimizing pavement preventive maintenance treatment applications in Tennessee(phase I),Final report[R]. Department of Civil and Environmental Engineering,The University of Tennessee,2009.

［14］ CHATTI K,ZAABAR I. Estimating the effects of pavement condition on vehicle operating costs [M]. Washingt on D. C.:Transportation Research Board,2012.

［15］ EIHADIDY A A,ELBELTAGI E E,AMMAR M A. Optimum analysis of pavement maintenance using multi-objective genetic algorithms[J]. HBRC Journal,2015,11(1):107-113.

［16］ JING Y-Y,BAI H,Wang J-J,et al. Life cycle assessment of a solar combined cooling heating and power system in different operation strategies[J]. Applied Energy,2012,92:843-853.

［17］ American Association of State Highway and Transportation Officials. AASHTO guide for design of pavement structures[M]. Washington D. C.,ISBN:1560510552,1993.

第8章 生命周期评价-离散事件模拟联合应用

积极推动公路交通建设行业的绿色发展是实现节能减排的重要途径。道路施工消耗的化石能源以及温室气体和污染物的排放对大气环境有一定的影响,直接测量道路施工过程的能耗与温室气体和污染物排放存在着技术与成本等方面的困难,这导致相应的研究进展缓慢。但研究道路施工过程的能源消耗与温室气体和污染物排放,对实现低碳环保型交通具有积极的意义,可以引导人们合理地规划施工方案,采用低碳施工技术。

8.1 离散事件模拟在施工中的应用

按照系统状态变化与时间的关系,可将系统分为连续系统和离散系统。连续系统是指系统状态随时间呈连续变化,离散系统是指系统状态在离散时间点上发生跳跃性变化。对于道路施工,以沥青路面施工为例,运料车将混合料运到摊铺机、摊铺机摊铺混合料、压路机压实路面可以构成时间上的一系列不均匀的离散点。就生命周期施工阶段的节能减排而言,不仅需要关注施工阶段整体清单,还需要考虑施工过程中能耗、排放随时间的变化和发展情况,强调典型时段系统状态的变化,因此,道路施工过程可以按照离散事件模拟(Discrete Event Simulation)开展研究。

离散事件模拟施工过程在国内外研究中得到了广泛的应用,柳春娜[1]通过耦合生命周期评价和离散事件模拟,建立了基于生命周期的混凝土大坝碳排放计算模型,提出了生命周期的各阶段碳排放计算方法,揭示了混凝土大坝建设过程中碳排放和建设成本、建设进度之间的变化机理。Zhang[2-4]基于非道路移动源模型(EPA NONROAD Models)和面向对象活动进行模拟,提出利用离散事件仿真原理计算沥青路面施工过程中的能耗和碳排放。Hassan等[5]和Lu[6]通过离散事件模拟研究水泥混凝土路面改建施工过程中的能源消耗和生产效率,为管理者制订最佳施工方案提供依据。印术宇[7]根据离散事件模拟原理,选用GPSS World仿真软件建立模型,对大型混凝土堤坝施工建设进行模拟。Tang等[8]通过交互模拟研究建设施工过程的温室气体排放,通过模拟施工过程,优化施工流程,做出合理的施工决策,可以在不增加经济负担的情况下,有效地降低施工过程的温室气体排放。González等[9]基于离散事件模拟理论,建立了环境影响动态评价模型,以研究道路建设施工过程中的环境影响。鞠琳等[10]介绍了EZStrobe软件的使用情况,结合两个实际案例,详细说明了EZStrobe构建施工系统仿真模型图的原理,并通过优化规则建立优化模型。肖培伟[11]利用离散事件模拟模拟堆石坝施工过程,对施工工期、施工形体进行动态把握,并为堆石坝工程施工的有效管理、合理组织、过程优选提供决策支持。胡超[12]对面板堆石坝施工过程进行离散事件模拟,将整个施工过程分为开挖与调配、交通运输和坝面施工三部分,采用离散事件系统仿真的理论建立了坝面作业仿真系统,对施工方案的进度、资源等进行模拟和优化。Uslu[13]利用离散事件模拟软件构建施工决策模型,用以管理高速公路维修施工过程。Lim 等[14]将离散事件仿真和全寿命周期分析两者相结合,提出了一种综合计算建设施工过程中碳排放的方法。

从上述研究可以看出,离散事件仿真软件模拟施工过程在国内外建筑施工的研究中得到了广泛的应用。研究人员利用离散事件仿真软件模拟其施工过程,进而研究施工过程中伴随的环境、成本、管理等问题,为决策者优化施工过程、选择施工方案提供依据。

鉴于现有道路工程对环境影响的案例研究大多基于工程的生命周期,采用的多为现场测量结合文献分析、经验公式计算的方法,对施工过程的能耗及碳排放数据的处理并不精确;且由于道路施工过程的不确定性和复杂性,在现场直接测得施工过程的能耗和碳排放数据代价过高。本案例结合现有的能耗排放模型和沥青路面施工特点,提出一种基于离散事件模型的计算沥青路面施工影响的数值模拟方法论。

8.2 离散事件模拟软件与建模参数

离散事件模型平台大多基于C++语言构建,例如 OMNeT++,可以为各个领域的研究提供基本的离散事件模型;基于 GPSS World 语言的工作流建模仿真,可以搭建工程系统或非工程系统的离散事件平台;另外,还有专业领域的离散事件模拟软件,例如专门为施工构建的模拟平台 SDESA,可以实现快速构建工程事件。但上述几种离散事件平台可视化程度较低,编译过程较为复杂。近年来,实体流图法作为一种离散事件图形化建模方法开始应用于模拟系统。实体流图法采用图形化的变量在模拟系统中表示事件的状态变化,并按照时间和活动交替的原则,表达时间系统的进程。目前,比较成熟的图形化离散事件模拟软件有 EZStrobe[15]、CYCLONE[16]等。本书中采用 EZStrobe 作为离散事件仿真软件。

EZStrobe 是基于事件流程图的离散事件模拟软件,该软件通过 Vision 流程图与其内置函数编译模块 Stroboscope 相结合的方法,实现了离散事件的可视化模拟过程。该软件可以对各步骤要素进行定义,包括步骤名称、执行条件、随机事件耗时概率函数类型、事件执行结果,并可以通过流程图的方式直观显示各事件进行的方向,从而对各施工步骤进行有序模拟。EZStrobe 软件中主要包含以下要素。

排队事件:排队要素即可用于模拟施工步骤受场地限制的事件先后进行顺序。对于沥青路面施工而言,运料车在等候前一运料车向摊铺机卸料,运料车在拌和楼等待装料等均为排队事件。EZStrobe 可以对排队序列在运行过程中等待的时间做出统计,并记录排队序列的排队最大值和最小值,从而获得 NONROAD 模型计算排放的数据。图 8-1 为 EZStrobe 中的排队要素,其中 QueName 为队列名称,下方的数字代表队列初始排队数量。例如模拟装料过程中,QueName 为"Load",下方数字为施工方案中运料车配置数量。

图 8-1 排队要素

图 8-2 条件事件

条件事件:条件事件即为满足一定条件才执行的事件。对于沥青路面施工而言,装载(条件:需前一运料车装载完毕)、卸料(条件:需前一卸料车卸料完毕)等均为条件事件。条件事件的前一要素为排队要素。图 8-2 中 CombiName 为事件名称,下方函数代表事件的持续时间概率函数,其中 Pert[1,2,3]为 Beta-PERT 分布函数。

图 8-3 执行事件

执行事件:执行事件即为发生的某一普通的施工步骤,也是施工工艺中最常见的事件。对于沥青路面施工而言,运输、摊铺等均为执行事件。图 8-3 中 NormalName 为事件名称,下方函数代表事件的持续时间函数,其中 Tri[1,2,3]为三角形概率分布函数。

EZStrobe 内置的基本事件要素即为上述三种,施工过程中的复杂施工工艺可由上述三种要素有序组合实现,而不同事件之间的连接可能有以下数种情形:

连接符号 1 用于连接排队事件和条件事件,不等式代表后一事件发生的条件,逗号后方数字代表从排队事件移除的资源数量。如图 8-4 所示,">0,20"代表排队序列大于 0 时下一事件才继续执行,执行后从排队事件移除数量为 20 的资源。以路面摊铺流程为例,连接符号 1 可以连接沥青混合料排队事件与装载执行事件。拌和楼混合料数量大于 0t 时开始装载,装载结束后拌和楼混合料数量减少 20t。

连接符号 2 用于连接排队事件和条件事件,等式代表后一事件发生的条件,逗号后方数字代表从排队事件移除的资源数量。以图 8-5 为例,"==2,2"代表排队序列恒等于 2 时下一事件才继续执行,执行后从排队事件移除数量为 2 的资源。

连接符号 3 用于连接执行事件或连接执行事件与排队序列,数字代表资源从上一事件移除到下一事件的数量。图 8-6 即代表移除数量为 1 的资源。以路面摊铺流程为例,该连接符号可以连接卸料执行事件与摊铺执行事件,即代表卸料完成后数量为 1 的沥青混合料从运料车移到摊铺机中。

图 8-4 连接符号 1　　图 8-5 连接符号 2　　图 8-6 连接符号 3

8.3　沥青路面摊铺施工离散事件模拟与环境影响分析

8.3.1　沥青路面摊铺施工方案与环境影响计算模型

沥青路面摊铺过程中产生排放的设备为运料车、摊铺机以及压路机,涉及的主要工序为运料车在拌和楼等待、装料、运输、卸料、摊铺机工作、等待、压路机压实、运料车返回[17],具体流程如图 8-7 所示。离散事件仿真的主要任务为计算上述各个步骤所涉及的能耗及温室气体和污染物排放。

为了检测温室气体和污染物的排放情况,中国的很多研究机构都建立了温室气体和污染物排放检测系统,但多用于计算实际道路车辆污染排放[18]。NONROAD 非道路移动源排放模型是计算各种非道路移动机械污染物排放量的程序,该模型给出了不同发动机类型、燃料性质、排放控制阶段非道路机械温室气体和污染物的基本排放因子,并提供了各种机械的活动水平和使用状况的调查数据,提出了相关影响因素和环境温度对温室气体和污染物排放的影响。

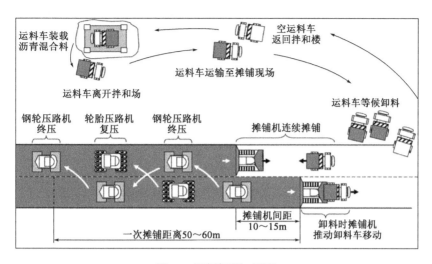

图 8-7 沥青路面施工流程

NONROAD 能耗模型,主要是根据能耗、时间与载荷系数来计算施工步骤的能耗、温室气体和污染物排放。NONROAD 数据库用来估计铺筑设备能耗的公式为:

$$E = BPFT \tag{8-1}$$

式中,E 为能耗;B 为制动比油耗,相当于在满载下每小时每千瓦消耗的燃油量;P 为制动比油耗额定功率;F 为载荷系数,指实际功率与额定功率之比;T 为铺筑设备操作时间。

在沥青路面施工过程的基本模型中,各施工设备具体参数见表 8-1。拌和楼距离摊铺地点平均运距假定为 15 km。

施工设备参数　　　　　　　　　　　　　表 8-1

摊铺设备	型号	功率(kW)	排放标准	容量(m^3)	速度(km/h)
运料车	EQ3259GF3	131.989	中国第 4 阶段	12800.0	0~100
摊铺机	SAP200C-5	148.178	中国第 2 阶段	8.5	0~3
钢轮压路机	STR120-5H	119.312	中国第 2 阶段	12000.0	0~12.5
轮胎压路机	SPR200-5	93.004	欧洲第 2 阶段	10000.0	0~14

则 NONROAD 模型计算温室气体和污染物排放公式为:

$$Q = RPFT \tag{8-2}$$

式中,Q 为温室气体和污染物排放量;R 为设备的温室气体和污染物排放率;其他符号含义见式(8-1)。

HC、CO、NO_x 以及颗粒污染物 PM_{10} 的排放率 K_1、K_2、K_3、K_4 可在 NONROAD 数据库找到,CO_2 的排放指标 K_5 按式(8-3)计算:

$$K_5 = 3.19(0.99792B - K_1) \tag{8-3}$$

在 NONROAD 数据库中查阅不同设备的 HC 的排放率 K_1 以及 B 值,采用式(8-3)计算各步骤的 K_5,结果见表 8-2。

施工设备 NONROAD 模型温室气体和污染物排放参数[g/(kW·h)]　　表 8-2

摊铺设备	B	K_1	K_2	K_3	K_4	K_5
运料车	166.4675	0.1762	0.1006	0.3701	0.0123	711.5783
摊铺机	166.4675	0.4137	1.0024	5.3641	0.1765	710.8207
钢轮压路机	166.4675	0.4538	1.1623	5.4982	0.2414	710.6928
轮胎压路机	166.4675	0.4538	1.1623	5.4982	0.2414	710.6928

8.3.2 沥青路面摊铺施工离散事件建模

EZStrobe 内置的基本事件包括排队事件、条件事件、执行事件。沥青路面施工过程中的复杂施工工艺可运用上述 3 种要素构建如图 8-7 所示的施工流程。EZStrobe 离散事件模型将事件与连接符号有序结合成一个事件系统,软件模拟运行流程采用循环判断的方法,通过循环判断事件的发生条件并对计算值累加实现结果的输出。本研究即采用此种方法实现沥青路面施工过程中能耗和温室气体与污染物排放的累加计算。

结合上文沥青路面铺装方案以及 EZStrobe 各基本事件要素,即可构建沥青路面摊铺施工离散事件仿真模型,如图 8-8 所示。从事件装料开始,依次按条件进行运料、卸料、摊铺、压实以及返回,以运料车装料为例,Tri[2.5,3.0,3.5]是三角形概率分布函数,代表装料耗时在 2.5~3.5min 之间,具体值按照三角形概率函数在该区间内随机分布。模型其他变量的定义与运料车装料事件类似。摊铺过程被分为 2 组事件,分别为第 1 摊铺阶段和第 2 摊铺阶段,第 1 摊铺阶段代表运料车卸料时摊铺机同时进行装料工作,第 2 摊铺阶段代表摊铺机摊铺剩余沥青混合料。除各执行事件外,模型中还包含几个排队事件,包括运料车等候卸料、运料车排队等候、摊铺控制和压实控制。摊铺控制用于模拟向摊铺机卸料时等候情况,其下方的值为 1 时代表摊铺机处于空闲状态,可以向摊铺机卸料,否则需等待当前运料车卸料完成,摊铺机将混合料摊铺完毕后,可进行下一次卸料(第 2 摊铺阶段完成后,摊铺控制值加 1)。压实控制用于控制压路机压实事件的开始条件,当铺筑达到一定距离后,即进行初压、复压、终压 3 次连续压实操作。

沥青路面摊铺离散事件模型构建完成后,即可利用 EZStrobe 中 Output 函数构建 NON-ROAD 能耗与温室气体和污染物排放计算模型。以式(8-2)为例,离散事件模型可以对各事件耗时进行计算,载荷系数、功率、温室气体和污染物排放率可以在离散事件模型 Input 函数定义具体值或函数,故只需计算各项事件温室气体和污染物排放值,在 EZStrobe 中累加即可。在 EZStrobe 中定义各温室气体和污染物排放函数,其数值计算参照 NONROAD 数据库,在模拟完成后,EZStrobe 会输出温室气体和污染物排放总值,以及各个施工步骤的温室气体和污染物排放量。以 CO_2 排放计算为例,依照代表装料、运料、返回、卸料、摊铺、压实、等候阶段的 CO_2 排放量计算函数依次进行模拟,完成后,EZStrobe 会输出 CO_2 排放总值与各个施工步骤 CO_2 排放量。CO_2 排放总量 q 计算公式为:

$$q = \sum_{i=1}^{8} q_i \tag{8-4}$$

式中,$q_1 \sim q_8$ 分别为装料、运料、卸料、返回、摊铺、压实、运料车等候、摊铺机等候过程产生的 CO_2 排放量。

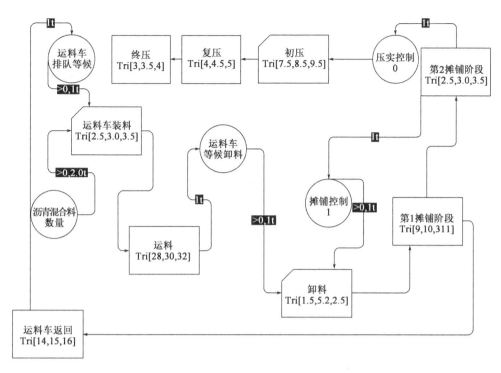

图 8-8　沥青路面摊铺施工离散事件仿真模型

能耗计算模块的定义采用式(8-1)的计算方法,定义各施工步骤中涉及能源消耗的事件,结合 EZStrobe 中模拟数据以及变量,定义与温室气体和污染物排放计算相类似的 Output 函数。

8.3.3　沥青路面摊铺施工方案分析

基于上文建立的沥青路面摊铺施工的离散事件仿真模型,进一步设定相关参数初值并进行方案分析。沥青路面施工过程中的各施工设备具体参数(型号、功率、排放标准、容量、速度)见表 8-1,各施工设备 NONROAD 模型温室气体和污染物排放参数见表 8-2。拌和楼与摊铺地点之间的平均距离为 15km。选取运料车为 4 辆、摊铺沥青混合料 1000t。各施工步骤持续时间与载荷系数见表 8-3。运用沥青路面摊铺离散事件模型、能耗和污染物排放计算函数,分析各施工步骤的能耗,对比不同施工步骤下的温室气体和污染物排放,统计各施工设备的能耗和温室气体和污染物排放量。基于结果,对原沥青路面施工方案进行优化。

各施工步骤持续时间及载荷系数　　表 8-3

序号	工序	持续时间(min)	载荷系数
1	拌和楼等待	—	0.10
2	装料	Tri[2.5,3.0,3.5]	0.25
3	运料	Tri[28.0,30.0,32.0]	0.45
4	卸料	Tri[1.5,2.0,2.5]	0.25
5	返回	Tri[14.0,15.0,16.0]	0.25

续上表

序号	工序	持续时间(min)	载荷系数
6	摊铺1	Tri[9.0,10.0,11.0]	0.45
7	摊铺2	Tri[2.5,3.0,3.5]	0.30
8	初压	Tri[7.5,8.5,9.5]	0.40
9	复压	Tri[4.0,4.5,5.0]	0.65
10	终压	Tri[3.0,3.5,4.0]	0.40
11	摊铺机等待	—	0.10

8.3.4 沥青路面摊铺能耗与温室气体和污染物排放分析

基于图8-8模型,利用EZStrobe仿真并参照NONROAD数据库的模拟结果进行能耗分析,各步骤能耗模拟结果见图8-9。结果表明,每摊铺1000 t沥青混合料,各铺筑设备产生的柴油消耗约为1500 L,能源消耗主要来源于运料过程,该过程所消耗的柴油为663 L,占能耗总量的44%。此外,摊铺过程以及运料车返回过程的能源消耗也比较大,分别占总量的32%和12%。

利用EZStrobe仿真并参照NONROAD数据库的温室气体和污染物排放模拟结果见图8-10,其中CO_2的排放量单位为kg,其余化合物的排放量单位为g(图8-11、图8-12、图8-15、图8-19亦然)。由图8-10可见,施工设备温室气体排放中CO_2所占比例最高,摊铺1000t沥青混合料产生的CO_2约为4000kg;污染物排放主要为NO_x,其排放量约为12kg,其次是CO、HC以及颗粒污染物PM_{10},分别为2.1kg、1.8kg、0.2kg。

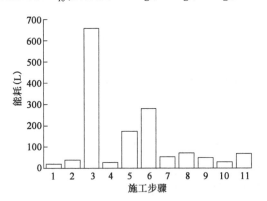

图8-9 各步骤能耗模拟结果

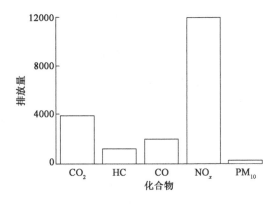

图8-10 温室气体和污染物排放量模拟结果

(1)施工步骤温室气体和污染物排放分析

对各施工步骤产生的温室气体和污染物进行模拟统计,结果见图8-11。排放的主要来源为运料和摊铺阶段,二者占总量的50%以上,而运料车空载状态、装载、卸料产生的温室气体和污染物最少;返回、压实及摊铺机等待过程也产生了一定的温室气体和污染物。

各施工过程产生的温室气体和污染物排放比例不同,摊铺、压实过程产生的主要为NO_x,占总NO_x排放量的50%左右;运料过程主要排放CO_2,其排放总量占总CO_2排放量的50%左右,二者为主要的排放来源。

对各施工设备不同温室气体和污染物排放进行统计,如图 8-12 所示,由图 8-12 可见:运料车与摊铺机为排放的主要来源,前者 CO_2 的排放高达 2500kg,后者 NO_x 的排放量为 7.5kg,分别占总量的 60%、70%;钢轮压路机的排放量相比于轮胎压路机较大。

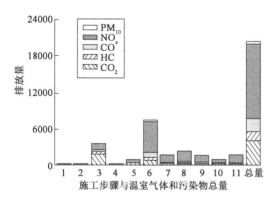

图 8-11 各施工步骤温室气体和污染物排放模拟

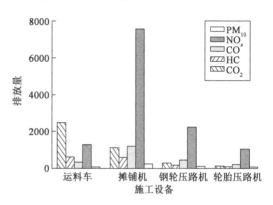

图 8-12 各施工设备温室气体和污染物排放模拟

(2)结果优化

在上述问题的基础上对基本模型进行优化分析。对施工工艺及施工设备进行调整,分析优化后的施工方案对能耗及温室气体和污染物排放的影响。

① 施工工艺优化。

据上文分析结果可知,施工过程的主要能耗来源为运料过程和摊铺过程,且两者所产生的温室气体和污染物占总温室气体和污染物排放比例较高。因此,可采取相对应的特殊施工工艺优化以减少温室气体和污染物排放。

将原有施工工艺改为不间断摊铺新工艺:当混合料即将摊铺完成时,等候的运料车会慢慢靠近摊铺机与其对接,然后摊铺机推动运料车前进。由于摊铺机始终处于连续工作状态,摊铺机空载状态排放会大幅降低。采用此施工工艺,在运输方面,可以避免运料车在卸料时对摊铺机水平方向的碰撞、垂直方向的挤压,减少混合料卸入料斗引起的冲击,还可避免由于不当操作使混合料洒落等,使摊铺机更好地平稳作业;在摊铺方面,可以向摊铺机连续平稳地供料以保证摊铺机连续不间断地摊铺。

为分析不间断摊铺新工艺对温室气体和污染物排放总量的影响,根据不间断摊铺施工过程,对改进后的离散事件模型进行建模,如图 8-13 所示。

运行 EZStrobe 软件,对改进后的施工方案进行能耗计算,得到不同温室气体和污染物排放量计算结果,与基本模型排放计算结果对比见图 8-14。由图 8-14 可见:连续型摊铺方式仅在摊铺过程以及运料车和摊铺机等候过程略微降低了能耗。由图 8-15 可见:改进后的施工工艺对 NO_x 排放有较明显的降低作用,每 1000t 混合料可以降低 2kg NO_x 排放,同时可以略微降低温室气体 CO_2 的排放。

以 CO_2 为例,由图 8-16 可见:连续型摊铺方式显著降低了等待状态时的 CO_2 排放量,摊铺过程的 CO_2 排放也有一定程度的减少;另外,摊铺效率的提高降低了运料车等候阶段的 CO_2 排放,但对整体减排的贡献较少。与 CO_2 排放对比类似,由图 8-17 可见:NO_x 的减排也主要发生在摊铺机等待状态,等待过程的 NO_x 的排放降低,摊铺过程的 NO_x 排放大幅降低。

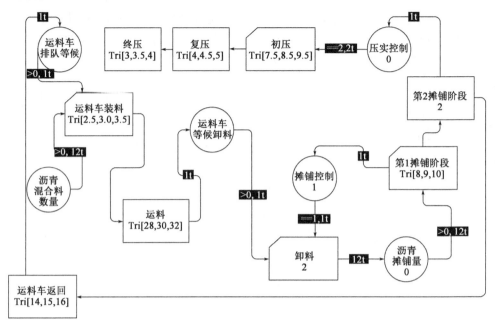

图 8-13 改进后沥青路面摊铺离散事件模型

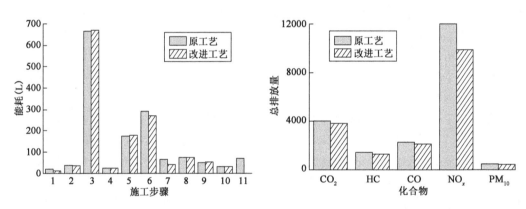

图 8-14 能耗模拟结果对比

图 8-15 温室气体和污染物排放模拟结果对比

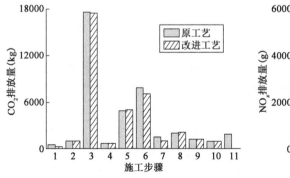

图 8-16 改进前后 CO_2 排放模拟结果对比

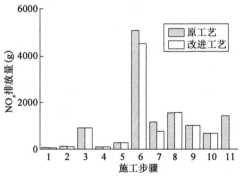

图 8-17 改进前后 NO_x 排放模拟结果对比

②施工设备优化。

图 8-12 可知,运料车与摊铺机为施工过程排放的主要设备来源,对运料车以及摊铺机做出调整,适当增大摊铺设备的容量,新的摊铺设备参数及按照式(8-1)~式(8-3)计算各设备 NONROAD 模型温室气体和污染物排放的参数见表 8-4。

改进后施工设备 NONROAD 模型温室气体和污染物排放参数 [g/(kW·h)]　　　　表 8-4

摊铺设备	B	K_1	K_2	K_5	K_3	K_4
运料车	223.2366	0.2462	1.0024	710.7416	3.3526	0.2012
摊铺机	223.2366	0.4137	1.0024	710.7416	5.3641	0.1765

在 EZStrobe 中用改进设备参数构建新的离散事件模型,得到改进后能耗和温室气体和污染物排放模拟对比结果,如图 8-18 和图 8-19 所示。由图 8-18 可知:增大运料车以及摊铺机设备容量显著降低了运料、返回以及摊铺过程的能耗,节约柴油消耗 50% 左右。由图 8-19 可见:适当增大摊铺设备的容量会减少 CO_2 和 HC 的排放,前者减排量在 25% 左右,后者在 17% 左右;然而,CO、NO_x 和颗粒污染物 PM_{10} 排放量有所增加。

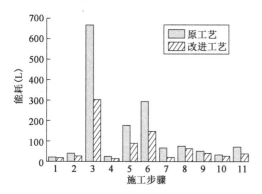

图 8-18　改进前后能耗模拟结果对比

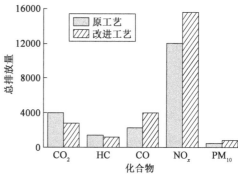

图 8-19　温室气体和污染物排放模拟结果对比

8.4　沥青路面就地热再生施工离散事件模拟与环境影响分析

8.4.1　沥青路面就地热再生施工方案

沥青路面就地热再生技术就是利用加热机械在短时间内将旧沥青路面经过表面加热软化,并通过铣刨机铣刨、翻松路面,然后按照项目与施工要求,向回收的旧沥青混合料中掺入一定比例的新集料、新沥青和再生剂,利用移动式的现场拌和设备进行加热拌和,重新摊铺、压实成新路面。其核心就是添加新材料,恢复旧料性能。道路工作者针对不同的道路病害情况,提出了三种基本的与之对应的施工工艺,即表面再生法、重铺再生法和复拌再生法。三种施工工艺分别适用于不同的道路病害情况,其施工工艺流程图如图 8-20 所示。

随着路面再生技术的不断发展,道路工作者将复拌再生法与重铺再生法相结合,在利用复拌再生法再生路面之后,再额外加铺一层磨耗层,以提高路面的抗滑能力,此种施工工艺称为复拌加铺法。复拌加铺法将复拌再生的面层作为中间联结层,在高温施工条件下,新铺面层可与中间联结层充分接触,并节省原料。研究表明,复拌加铺法可以显著提高再生路面的使用寿命,此种施工工艺所适用的道路病害类型更加广泛,在实际道路再生施工中得到了广泛的应用,其施工工艺流程图如图 8-21 所示。

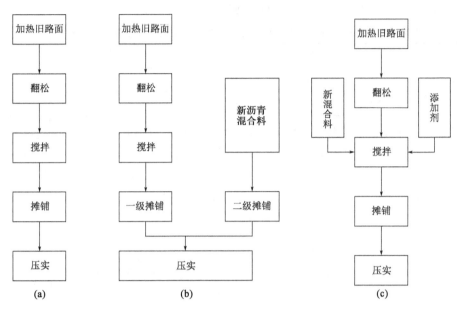

图 8-20　三种基本就地热再生施工工艺流程图
(a)表面再生法;(b)重铺再生法;(c)复拌再生法

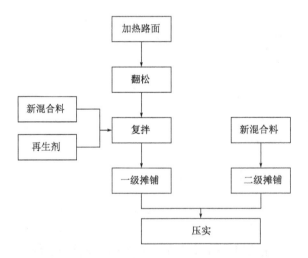

图 8-21　复拌加铺法再生施工工艺流程图

从实际调查情况来看,表面再生法由于其处理道路病害能力有限,在实际工程应用中往往不会单独使用,通常会与加铺技术、复拌工艺相结合。重铺再生法是在表面再生法的基础上,再添加一层新的功能层,此种工艺可以显著提高路面路用性能,但该工艺仅仅是对旧料的重新再利用,并没有提升旧沥青混合料的性能。直到复拌工艺的开发,道路工作者通过向旧料中添加再生剂、新混合料等方式,使旧料性能恢复到满足相关规范要求,沥青路面就地热再生质量才得到了根本性的提升,复拌再生法与复拌加铺法两种施工工艺便在此背景下应运而生。基于上述分析,本案例选择复拌再生法、复拌加铺法两种代表性的施工工艺作为研究对象,建立相应离散事件施工仿真模型,研究其再生过程中的环境影响。

在沥青路面就地热再生施工前,需对旧路信息进行收集与评价,以便更好地制订相应的路面再生方案。沥青路面就地热再生施工时,其再生机组工作长度可达到100m,因此该技术不适用于小范围内路面维修。按照实际调查情况,沥青路面就地热再生机组每天施工长度可达到2km。同时,就地热再生施工时温度不应低于15℃,且从保养机械的角度出发,持续施工时间应控制在12h内。在本案例研究中,为保证施工效率,并且与实际施工情况相符合,应保证模拟摊铺距离在1000~2500m之内。

沥青路面就地热再生所需材料大部分都是就地取材,回收旧料的质量与铣刨深度呈正相关,按照铣刨机工作能力与设计要求,铣刨深度一般为4~6cm,不同的铣刨深度致使需要运送的新料质量不同,其环境影响与经济效益自然也不同。以改建一条长度为1000m、宽度为3.75m的车道为例,假定铣刨深度6cm,旧沥青混合料密度2.4t/m^3,则回收的旧沥青混合料质量为:1000m×3.75m×6cm×2.4t/m^3=540t。

对于复拌再生法,本案例拟定新料为AC-13沥青混凝土,新料密度为2.4t/m^3,新料比例控制在10%~30%,本案例假定摊铺速度为2.5m/s,新料掺量为20%。对于复拌加铺法,新料的占比应在30%~50%之间,本案例假定新料掺量为40%,摊铺速度为2m/s。基于上述假设,暂定初始施工方案如表8-5所示。

两种施工工艺施工方案参数　　　　表8-5

施工工艺	复拌再生法		复拌加铺法	
施工长度(m)	1000	2500	1000	2500
新料掺量(%)	20	20	40	40
摊铺速度(m/s)	2.5	2.5	2	2
回收旧料(t)	540	1350	540	1350
所需新料(t)	108	270	216	540

8.4.2　NONROAD能耗和温室气体与污染物排放计算模型

为确定能耗和温室气体与污染物排放计算的具体参数,首先要拟定沥青铺装过程各设备型号以及施工状况。在本案例中,选择WIRTGEN4500机组作为研究对象,加热机型号为HM4500,复拌机型号为RX4500,运料车采用容量为20t的DF3250A9型自卸汽车,压路机采用型号为STR120-5H的双钢轮压路机以及XP261轮胎压路机,各施工设备具体参数可见表8-6。

WIRTGEN4500机组施工设备参数　　　　表8-6

摊铺设备	型号	功率(hp)	工作能力	排放标准
自卸汽车	DF3250A9	197	20t(容量)	US Tier2[①]
钢轮压路机	STR120-5H	160	12t(工作质量)	US Tier2

续上表

摊铺设备	型号	功率(hp)	工作能力	排放标准
轮胎压路机	XP261	156	26t(工作质量)	US Tier2
加热机	HM4500	102	—	US Tier3
复拌机	RX4500	322	6t(料斗容量)	US Tier3

注：①排放标准与发动机生产年份相关，发动机生产年份在 2003—2006 年，排放标准为 US Tier2；发动机生产年份在 2007 年以后，排放标准为 US Tier3。

确定各设备参数后，在 NONROAD 数据库中查阅不同设备的温室气体和污染物（HC、CO、PM 和 NO_x）排放参数以及 B 值（制动比油耗，相当于在满载下每小时每千瓦消耗的燃油量）。然而，上述各施工设备的排放参数不是固定不变的，随着施工设备使用时间的增加，施工设备的效率也会有一定程度的下降，实时温室气体和污染物排放率会发生一定的变化。为此，需要结合机械使用与施工现场实际情况，对部分温室气体和污染物排放参数进行修正。NONROAD 模型针对不同的温室气体和污染物，分别提出了相应的修正公式。修正后的排放因子如表 8-7 所示。

修正后实际施工设备 NONROAD 模型温室气体和污染物排放参数　　　表 8-7

摊铺设备	B [lb/(hp·h)]	HC [g/(hp·h)]	CO_2 [g/(hp·h)]	CO [g/(hp·h)]	NO_x [g/(hp·h)]	PM [g/(hp·h)]	SO_2 [g/(hp·h)]
自卸汽车	0.371	0.335	535.762	1.259	3.834	0.250	0.821
钢轮压路机	0.371	0.367	535.660	1.460	3.930	0.305	0.821
轮胎压路机	0.371	0.367	535.660	1.460	3.930	0.305	0.821
加热机	0.371	0.198	536.199	1.526	2.621	0.455	0.822
复拌机	0.371	0.183	536.247	1.484	2.621	0.304	0.822

8.4.3　沥青路面就地热再生施工离散事件负荷因子及时间参数

负荷因子的大小取决于施工设备使用状态与现场施工条件，当设备空闲或压路机、自卸汽车返程，且负荷因子明显低于正常运转时，负荷因子取值的准确性对环境影响计算结果的质量具有决定性作用。但在 NONROAD 模型中，仅提出高、中、低(0.59、0.43、0.21)三种类型的负荷因子以对应设备不同的施工状态，显然无法准确反映机械设备施工时的复杂性与变化性。Zhang[2]利用均匀分布函数 Uniform 来表征负荷因子在区间范围内取值的任意性与等概率性。按照我国环境保护部（现生态环境部）提出的《非道路移动源大气污染物排放清单编制技术指南(试行)》，建议基于实际调查数据获得负荷因子，若无实际资料，推荐取 0.65。本案例基于上述研究基础，并结合实际工程案例，提出用 Uniform 函数与实际施工情况相结合的方法，以确定不同的施工工序负荷因子取值，负荷因子取值具体情况如表 8-8 所示。

仿真时间是仿真软件在虚拟空间运行过程中所花费的时间，模拟时间的准确性是决定仿真结果质量的关键因素。本案例基于离散事件模拟沥青路面就地热再生施工过程，利用离散事件模拟软件 EZStrobe 定义仿真时间，并将模拟时间作为输入参数计算沥青路面就地热再生施工环境影响。工序时间的概率分布函数的选择必须兼顾施工习惯与实际条件，本案例基于离散事件模拟特点,将各施工工序分为排队事件、执行事件和条件事件,下面分别研究其时间参数的分布特征。

(1) 排队事件时间参数

对于离散事件模型中各排队事件,如自卸汽车在料场等待装料、在施工现场等待卸料等事件,其时间参数并不符合各种概率分布形式,需在离散事件模拟软件 EZStrobe 中模拟得到。

(2) 执行事件时间参数

对于自卸汽车来回、摊铺等执行事件,在本案例的研究中,建议概率分布函数选用三角形概率分布(Triangular Probability Distribution)。因为在实际的施工过程中,每项施工事件的持续时间波动范围较小,以运输沥青混合料为例,该事件持续时间一般为 28～32min,出现极值的可能性较低,其他分布函数,例如正态分布、伽马分布等,虽然可以更好地反映事件的波动规律,但有小概率的情况使模拟状态下出现极值。在离散事件模拟的过程中,极值可能导致模拟结果出现大幅波动,增大分析排放趋势的难度,故本案例选用可以规定范围的三角形概率分布作为执行事件的离散事件模型概率分布函数。

(3) 条件事件时间参数

对于装料、卸料、初次压实等条件事件,本案例建议选用 Beta-PERT 分布作为其概率分布函数。对于各条件事件,其工序时间受上一排队事件影响较大,有一定概率出现极值情况,但其工序时间在多数情况下与实际施工平均时间相符合。Beta-PERT 分布需要确定工序时间的极值与最可能取值,其分布满足条件事件时间分布规律。同时,最可能取值范围的确定,提高了模拟结果的准确性,并确保模拟时间不会出现较大波动。

本案例规定拌和楼与摊铺地点之间的平均距离为 15km,运料车满载状态速度为 30km/h,空载为 60km/h;复拌再生法、复拌加铺法一次性摊铺距离分别为 100m、60m,两种施工工艺所需新混合料质量分别为 240t、320t,再生机组整体速度为 2.5m/min 和 2.0m/min;初压时压路机应紧随再生机组工作,一趟压实距离分别为 100m、60m,为保证压实能够在规定的温度下进行,在摊铺机运行 5～6m 后开始初压,压实速度分别为 1.5km/h、4.5km/h 和 3.0km/h,暂定复拌再生法压实次数分别为 2 次、4 次和 2 次,复拌加铺法压实次数分别为 3 次、6 次和 3 次。各施工步骤持续时间及负荷因子如表 8-8 所示。

各施工步骤持续时间及负荷因子 表 8-8

工序	持续时间(min)		负荷因子	平均负荷因子
	复拌再生法	复拌加铺法		
自卸汽车等待	—	—	0.1	0.1
装料	Pert[2.5,3.0,3.5]	Pert[2.5,3.0,3.5]	Uni[0.2,0.3]	0.25
运输	Tri[28,30,32]	Tri[28,30,32]	Uni[0.4,0.5]	0.45
卸料	Pert[4,5,6]	Pert[4,5,6]	Uni[0.2,0.3]	0.25
返回	Tri[14,15,16]	Tri[14,15,16]	Uni[0.2,0.3]	0.25
加热 1	Tri[39,40,41]	Tri[29,30,31]	Uni[0.5,0.8]	0.65

续上表

工序	持续时间(min)		负荷因子	平均负荷因子
	复拌再生法	复拌加铺法		
加热2	Tri[39,40,41]	Tri[29,30,31]	Uni[0.5,0.8]	0.65
摊铺机等待	—	—	0.1	0.1
摊铺1	Pert[14,15,16]	Pert[11,12,13]	Uni[0.5,0.8]	0.65
摊铺2	Tri[4,5,6]	Tri[2,3,4]	Uni[0.4,0.5]	0.45
压路机等待	Tri[2,2.2,2.4]	Tri[2.4,2.7,3]	0	0
压实1	Tri[19,20,21]	Tri[14,15,16]	Uni[0.3,0.5]	0.40
压实2	Tri[11,12,13]	Tri[8,9,10]	Uni[0.5,0.8]	0.65
压实3	Tri[7,8,9]	Tri[5,6,7]	Uni[0.3,0.5]	0.40

注:来回一趟压实为一次;自卸汽车、摊铺机等待时间需在软件中模拟得到。Uni、Tri 和 Pert 为概率分布函数,分别表示均匀分布(Uniform Distribution)、三角形概率分布(Triangular Probability Distribution)和 Beta-PERT 概率分布。

8.4.4 沥青路面就地热再生施工离散事件仿真模型

以复拌再生法为例,结合沥青路面就地热再生施工方案以及 EZStrobe 各基本事件要素,即可构建复拌再生法沥青路面就地热再生施工的离散事件仿真模型,如图 8-22 所示,各基本事件要素解释如表 8-9 所示。

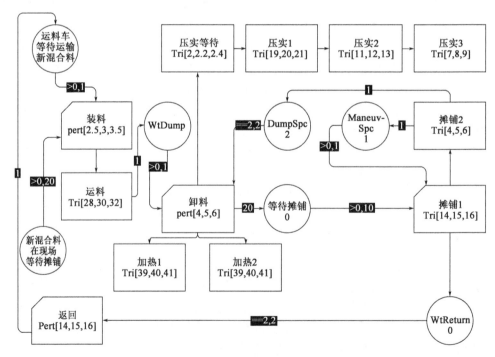

图 8-22 复拌再生法沥青路面就地热再生施工离散事件仿真模型

第8章 生命周期评价-离散事件模拟联合应用

基本事件要素解析　　　　　　　　　　　　　　　　　　　　　　表8-9

事件类型	事件名称	要素解析
排队事件	Asph to pave	拌和楼新混合料等待运输到施工现场
	TruckWt	运料车等待运输新混合料
	WtDump	运料车等待向摊铺机卸料
	Asph in pave	新混合料在现场等待摊铺，每次倾倒10t
	WtReturn	运料车等待返回
	ManeuvSpc	控制同一运料车卸料，每辆运料车卸料2次
	DumpSpc	控制不同运料车卸料排队等待
条件事件	Load	拌和楼卸料过程，上一辆运料车装满离开之后执行
	Dump	运料车卸料，上一汽车卸料完成之后执行，每次倾倒20t
	Pave 1	运料车卸料时挂空挡，摊铺机带动前行
	Return	运料车返回拌和楼，卸料完成2次之后执行
执行事件	Travel	运料车运料到施工工地
	Heating 1	加热机1工作
	Heating 2	加热机2工作
	Wait Compact	控制压实过程开始时间
	Compact 1	初压
	Compact 2	复压
	Compact 3	终压
	Pave 2	摊铺机摊铺剩余沥青混合料

从条件事件装料"Load"开始，依次按条件进行运料"Travel"、卸料"Dump"、摊铺"Pave"、加热"Heating"、压实等待"Wait Compact"、压实"Compact"以及返回"Return"。以对象"Load"为例，代表运料车在拌和楼装料事件，"Pert[2.5,3,3.5]"为上文确定的运料车装料所耗时间，左侧连接箭头连接"Asph to pave"为拌和楼所生产的混合料数量，">0,20"代表每次"Load"事件会从拌和楼运输20t沥青混合料。在该模型中，其他变量的定义与"Load"事件类似，分别对应于表8-8中的各事件名称。需要注意的是，此处摊铺过程被分为两组事件，分别为"Pave 1"和"Pave 2"，"Pave 1"代表运料车卸料时挂空挡，由摊铺机带动运料车前行，"Pave 2"代表摊铺机摊铺剩余沥青混合料；卸料"Dump"表征向摊铺机卸掉全部混合料；压实等待"Wait Compact"表示为保证压实温度，压实机应在摊铺机摊铺5~6m时开始压实作业。

除各执行事件外，该模型中还包含"WtDump""ManeuvSpc""DumpSpc""Asph in pave""WtReturn"等排队事件。"WtDump"用于模拟运料车到达摊铺现场等候卸料的过程。"ManeuvSpc"用于模拟向摊铺机卸料时等候情况，当ManeuvSpc值为1时代表摊铺机处于空闲状态，可以向摊铺机卸料，否则需等待当前运料车卸料完成。摊铺机将混合料摊铺完毕后，可进行下一次卸料（Pave 2事件完成后，ManeuvSpc值加1）。"DumpSpc"值为2时，下一辆运料车方能开始卸料。"Asph in pave"表示运料车每次运输混合料20t，每次卸料10t，卸料完成后在超车道等候。"WtReturn"表示运料车只有完成2次卸料活动才能返回。

复拌加铺法沥青路面就地热再生施工离散事件仿真模型与复拌再生法相比,除时间参数不同外,其他与复拌再生法一样,如图 8-23 所示。

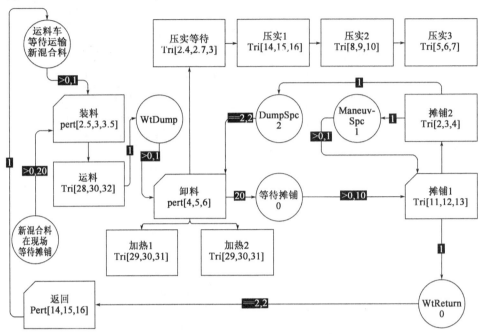

图 8-23　复拌加铺法沥青路面就地热再生施工离散事件仿真模型

8.4.5　沥青路面就地热再生施工离散事件环境影响量化分析

(1) 施工过程能耗与污染物排放分析

分别运行离散事件模拟软件 EZStrobe 30 次,对比两模型的输出结果,发现复拌再生法施工模拟时间(单位为 min)分布在 [575,585] 内,复拌加铺法则分布在 [599,609] 内,且分布呈现两头少、中间多的情况,这与上文所选择的时间参数概率分布形式相符。因此本书分别取模拟时间为 580.483min、604.057min 的仿真结果为分析对象,两模型能耗对比结果如图 8-24 所示,其中 A(6 辆运料车,新料 240t)代表复拌再生方案,B(6 辆运料车,新料 320t)代表复拌加铺方案。A、B 两方案消耗柴油总量分别为 1678L、1778L;从施工过程来看,"Pave 1""Travel"和"Heating"事件耗能最多,A 方案能耗分别为 508L、196L 和 196L,B 方案则为 542L、264L 和 197L。

表 8-10 是所有气体排放模拟结果,可以发现 CO_2 排放量远远大于其他污染物,NO_x、CO、SO_2、PM 和 HC 排放量依次递减。从表 8-10 可知,A 方案所有污染物排放量都少于 B 方案。

以 CO_2 排放量为研究对象,以摊铺距离、运输新料质量为变量,研究三者之间的变化关系,结果如图 8-25 所示。

从图 8-25 可以看出,A 方案 CO_2 排放量受新料质量影响较大,而 B 方案则受摊铺距离影响较大。分别拟合 CO_2 排放量与运输新料质量、摊铺距离之间的关系,结果如式(8-5)所示:

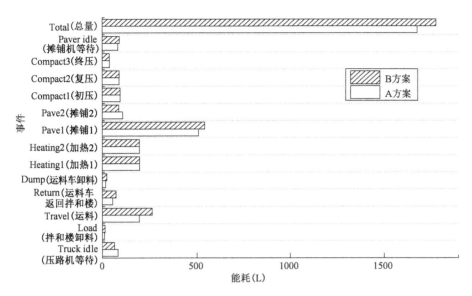

图 8-24　能耗模拟结果

温室气体和污染物排放模拟结果　　　　　　　　　　　　　　　表 8-10

方案	NO_x(kg)	SO_2(kg)	PM(kg)	CO(kg)	HC(kg)	CO_2(t)
A	14.0	3.72	1.48	6.50	1.12	2.43
B	15.0	3.94	1.55	6.85	1.20	2.57

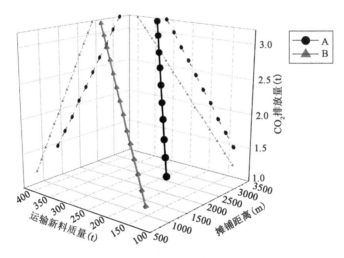

图 8-25　CO_2 排放量与摊铺距离、运输新料质量之间变化关系

$$E_{CO_2} = \begin{cases} 0.09442 + 0.00097 L_A & (R^2 = 0.999) \\ 0.08133 + 0.00129 L_B & (R^2 = 0.998) \\ 0.09442 + 0.00972 W_A & (R^2 = 0.999) \\ 0.09620 + 0.00722 W_B & (R^2 = 0.999) \end{cases} \quad (8-5)$$

式中,E_{CO_2}为CO_2排放量(t);L_A、L_B分别为两方案摊铺距离(m);W_A、W_B分别为两方案运输新料质量(t)。

按照式(8-5),可以计算A、B两方案在不同摊铺距离、运输新料质量下的CO_2排放量。

(2)施工过程温室气体和污染物排放分析

A、B方案各施工过程温室气体和污染物排放情况(除CO_2外)如图8-26所示,"Pave 1"过程的温室气体和污染物排放量远高于其他过程,温室气体和污染物排放量约占总排放量的30%左右;两方案各温室气体和污染物排放量差异主要体现在"Travel"过程,A、B两方案的温室气体和污染物排放量占比分别约为11%和15%,A、B两方案运输新料的次数分别为12次、16次,即每多运一次新料,排放量就增加1%;"Heating 1""Heating 2"过程排放量并无太大差距,分别占总排放量的11%左右;其他过程排放量,如"Return""Pave 2"等过程,其排放量占比都在6%以下。

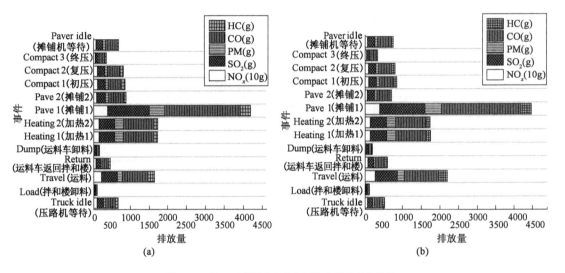

图8-26 施工过程温室气体和污染物排放模拟结果
(a)A方案;(b)B方案

A、B方案各施工机械的温室气体和污染物排放情况如图8-27所示,RX4500摊铺机各温室气体和污染物排放总量最多,各温室气体和污染物排放量占比在32%、25%以上。以CO_2、NO_x的排放量为例,A、B两方案CO_2的排放量分别为1.01t、1.04t,NO_x的排放量分别为5.08kg、5.25kg。A方案中一台HM4500加热机排放温室气体和污染物总量要多于6辆运料车的总排放量;B方案中,运料车的总排放量要多于一台HM4500加热机的总排放量,主要原因是运输新料次数增加,其对应的返回、倒料事件次数也随之增加,排放亦随之增加。以CO_2、NO_x的排放量为例,B方案气体排放量与A方案相比,分别增加了21.3%、21.4%。STR120-5H钢轮压路机的排放量要高于XP261轮胎压路机,虽然轮胎压路机负荷因子较大,但是轮胎压路机在压实过程中速度较快,其压路时间约为钢轮压路机压路时间的43%左右,故其各CO_2和NO_x排放量小于钢轮压路机。

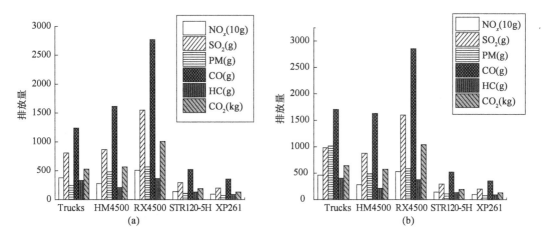

图 8-27　施工机械温室气体和污染物排放模拟结果
(a)A 方案;(b)B 方案

(3)最优运料车数量分析

通过改变 EZStrobe 中 Input 函数中"nTrucks"参数的数值,研究运料车数量对施工过程排放、能耗和施工时间的影响情况,以分析出最优运输卡车数目,结果如图 8-28 所示。从图中可以看出,对于 A 方案,运料车数量为 2 时最优,CO_2 排放量为 2.3t,能耗为 1606.8L,施工时间为 585min;对于 B 方案,运料车数量为 3 时最优,CO_2 排放量为 2.5t,能耗为 1738.1L,施工时间为 612min。对于 A、B 两种方案,随着运料车数量的增加,CO_2 排放量与能耗先降低后增加,而施工时间却逐渐维持稳定,这表明运料车数量达到 4 辆以后,再增加运料车数量并不会提高施工效率,只会增加 CO_2 排放量与能耗。

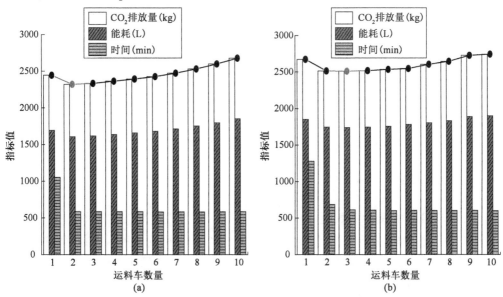

图 8-28　不同运料车数量下各指标模拟结果
(a)A 方案模拟结果;(b)B 方案模拟结果

当前研究是基于运输距离为15km的条件下进行的,而在实际情况中,拌和楼安置地点受地形、交通等条件影响,其到施工现场的距离并不是固定不变的。本文以运输距离条件为自变量,研究不同运输距离条件下最优运料车数量、CO_2排放量与施工时间的变化情况,分析运输距离与CO_2排放量、施工时间之间的关系,计算结果如表8-11所示。

不同运输距离条件下最优运料车数量、CO_2排放量与施工时间　　　　表8-11

运输距离 (km)	A方案			B方案		
	最优运料车 数量(辆)	CO_2排放量 (t)	施工时间 (h)	最优运料车 数量(辆)	CO_2排放量 (t)	施工时间 (h)
9	2	2.17	9.4	2	2.3	9.8
12	2	2.25	9.6	2	2.39	10.1
15	2	2.32	9.8	3	2.51	10.2
18	3	2.39	9.9	3	2.6	10.3
21	3	2.48	10.0	3	2.69	10.4
24	3	2.56	10.2	3	2.81	10.5
27	3	2.63	10.3	4	2.9	10.6
30	3	2.69	10.4	4	2.99	10.7
33	4	2.79	10.6	4	3.11	10.9
36	4	2.85	10.7	5	3.21	11.1
39	4	2.95	10.9	5	3.32	11.2

8.5 就地热再生施工多目标优化

前述以施工环境影响为唯一评价目标。而在实际决策过程中,决策者要求在规定的工期内,以合理的施工成本完成施工,并保证施工质量。而环境影响、成本、质量三者之间关系错综复杂,同时取得最优效果较为困难。因此,本节拟构建以环境影响、成本、质量为决策变量的施工方案多目标优化模型,分别构建相应的目标函数与约束条件,通过NSGA-Ⅱ算法求解多目标优化问题以获得Pareto最优解,从而优化沥青路面就地热再生施工方案的决策过程。

8.5.1 目标函数与约束条件

(1)施工环境影响目标函数

在施工过程中,排放的污染物对环境造成的影响各不相同,同一种污染物可能造成多种大气污染,而某一大气污染可能是多种污染物共同作用引起的。参照第7章7.3.4节,继续选择全球变暖潜能、酸化潜能、呼吸系统影响潜能三个最为重要的环境指标作为二级评价指标。

基于A和B方案的基准方案,通过均一化,获得各个GWP、AP和REP的归一化指标,则定义环境影响评价方程为f_1,如式(8-6)所示:

$$\begin{cases} f_1 = w_1 \text{EC} + w_2(w_{21}\text{GWP} + w_{22}\text{AP} + w_{23}\text{REP}) \\ \text{s.t.} \begin{cases} w_1 + w_2 = 1 \\ w_{21} + w_{22} + w_{23} = 1 \\ 0 < w_i < 1 \end{cases} \end{cases} \qquad (8\text{-}6)$$

式中,w_i 为指标权重,本文取 $w_1 = w_2 = 0.5$,$w_{21} = w_{22} = 0.33$;EC、GWP、AP 和 REP 分别为归一化后能源消耗指标、温室效应指标、酸化效应指标和危害呼吸健康效应指标的评价值。

(2)施工成本评价目标函数

工程项目施工成本主要由直接成本和间接成本构成。直接成本主要由人工费、建筑工程材料费和施工机械使用费等构成,间接成本主要为管理成本和规费。本章是基于离散事件模拟沥青路面就地热再生施工,管理成本等间接成本难以直接计算,施工成本评价的主要对象应为直接成本。基于上述分析,本章拟从工程预算的角度出发,对筑路材料成本(新混合料、旧混合料和柴油)和施工机械成本进行重点研究,以构建施工成本评价函数。

①筑路材料成本。

本文旧料利用率100%,所使用新料种类为 AC-13C,A、B 两方案新料掺量分别为20%、40%,而柴油消耗量要通过模拟得到。各施工材料用量及成本如表8-12所示。

各施工材料用量及成本　　　　　表8-12

材料名称	价格	用量	
		A方案	B方案
AC-13C	317①(元/t)	20%	40%
旧料	60②(元/t)	100%	100%
柴油	5.80③(元/L)	—	—

注:①2017 年 1—6 月江苏省 AC-13C 沥青混合料平均价格。
②2017 年市场指导收购价格。
③2017 年 1—6 月全国柴油平均价格。

②施工机械成本。

在本节中,施工机械成本分为两部分,即机械租赁成本及人工费,各施工机械成本(不包含能耗成本)如表8-13所示。

各施工机械成本　　　　　表8-13

名称	型号	施工成本(元/h)	数量
运料车	DF 3250A9	60	—
	DF EQ3243VB3G	85	—
加热机	HM4500	280	2~4
摊铺机	RX4500	320	1
钢轮压路机	STR120-5H	90	1
胶轮压路机	XP261	65	1

假定施工成本为 C，单车道施工(施工宽度 3.75m)，则施工成本如式(8-7)所示：

$$C = \sum_{j=1}^{n} c_j t_j m_j + (c_1 M_1 - c_2 M_2) + c_c E_c \tag{8-7}$$

式中，c_j 为机械施工成本；t_j 为机械施工时间；m_j 为机械数量；c_1 为新料价格；c_2 为旧料价格；M_1 为新料用量；M_2 为旧料用量；c_c 为柴油价格；E_c 为柴油消耗量。

定义施工成本评价目标函数如式(8-8)所示：

$$\min f_2 = \frac{C_i}{C_b} \tag{8-8}$$

式中，C_b 为基础方案施工成本；C_i 为其他方案施工成本。

(3) 施工质量评价目标函数

本章研究是在离散事件模拟的基础上进行的，无法通过常规实地路面质量检测手段进行施工质量评价，需建立基于仿真的施工质量评价体系。在实际施工过程中，加热机的加热效果是决定沥青路面就地热再生施工质量的基础，通过增加加热机数量可以使路面加热更加均匀，加热效果得以显著提高。而摊铺过程的流畅与稳定是决定施工顺利进行的重要保证，这要求运料车必须始终源源不断地为再生机组提供新混合料，这对运料车数量及运输效率提出了严苛的要求。加热机数量与运料车数量是施工顺利进行的重要保障，也影响着施工质量。在本章中，将机械数量方面的因素定义为施工可靠性，认为每增加一辆施工机械设备，施工质量可靠性便提高一分，因此将其作为施工质量评价的一项指标。与此同时，在实际施工中，压实度是一项重要的质量评价指标，其决定再生路面的使用期限。基于上述分析，本节以施工可靠性与压实度两项指标作为研究对象，对沥青路面就地热再生施工质量进行评价。

① 施工可靠性评价。

在前述研究中，假定有两台 HM4500 加热机投入施工，这是基于天气条件良好的情况下，而在气温较低、施工工期紧张的情况下，可以增加加热机数量，以充分加热路面。2017 年 8 月，在共茶高速公路青海段就地热再生施工中，施工单位首次使用"1+4"组合，即 1 台 RX4500 摊铺机和 4 台 HM4500 加热机共同作用，施工质量显著提高。因此，根据施工条件适当增加加热机数量以提高施工质量是可行的。定义加热机数量指标为 N_h，其表达式如式(8-9)所示：

$$N_h = \frac{h_i}{h_b} \tag{8-9}$$

式中，h_b 为基础方案加热机数量；h_i 为其他方案加热机数量。同时，为减少投入，保证施工过程流畅性，加热机数量应控制在 2~4 辆。

在摊铺过程中，要求摊铺机连续作业，摊铺机等待时间不能过长。为满足上述施工要求，运料车应及时到达施工现场，而上述研究中最佳运料车数量是基于施工环境影响最小所确定的，如果运料车在往返过程中发生故障、交通事故等意外情况，会致使施工流程中断。因此，在实际施工过程中，要适当增加运料车数量。定义运料车数量指标为 N_t，其表达式如式(8-10)所示：

$$N_t = \frac{t_i}{t_b} \tag{8-10}$$

式中，t_b 为基础方案运料车数量；t_i 为其他方案运料车数量，运料车数量不应过多，应控制在 2~4 辆之间。

②施工压实度评价。

压实质量直接决定着沥青路面就地热再生的使用寿命,而压实度是表征压实质量的重要指标,按照《公路沥青路面再生技术规范》(JTG/T 5521—2019)的要求,再生路面压实度应大于94%。压实度主要由施工效果及再生混合料特性共同决定。在本节中,主要考虑施工方面因素对压实度的影响。压路机的压实次数与压实度之间存在着紧密联系,但这并不意味着压实次数越多,压实度越高。对于 A、B 两种施工方案,压实次数与压实度之间的关系也存在着一定程度差异。基于长沙理工大学张清平[19]及刘振兴[20]关于沥青路面就地热再生路面压实质量控制研究,可发现随着压实次数的增加,采用复拌再生法的再生路面,其压实度在压实次数为 8~10 次时达到极值;而采用复拌加铺法的再生路面,其压实度随着压实次数增加而不断增加,直到达到稳定。本文选取部分试验路段压实度检测结果作为原始资料以开展研究,其结果如表8-14所示。

A、B 两种施工方案压实次数与压实度之间的关系[19-20]   表8-14

压实次数	压实度	
	A 方案	B 方案
6	94.4%	93.9%
7	94.6%	94.1%
8	94.9%	94.3%
9	95.1%	94.6%
10	94.7%	94.9%
11	94.4%	95.2%
12	94.3%	95.6%
13	94.2%	95.8%
14	94.1%	95.9%
15	94.3%	96.0%
16	94.6%	96.0%

定义压实度指标为 N_c,其表达式如式(8-11)所示:

$$N_c = \frac{c_i}{c_b} \tag{8-11}$$

式中,c_b 为基础方案压实度;c_i 为其他方案压实度。

定义施工质量评价函数及其约束条件如式(8-12)所示:

$$\begin{cases} \max f_3 = w_1' N_c + w_2'(w_{21}' N_h + w_{22}' N_t) \\ \text{s.t.} \begin{cases} w_1' + w_2' = 1 \\ w_{21}' + w_{22}' = 1 \\ 0 < w_i' < 1 \\ c_i \geq 94\% \end{cases} \end{cases} \tag{8-12}$$

与环境影响评价函数相同,本节采用等权重法定义指标权重,假定同级别权重相等,即 $w_1' = w_2' = 0.5$,$w_{21}' = w_{22}' = 0.5$。

8.5.2 多目标问题优化模型算法

本节首先通过假设不同的施工条件,可以构建出不同决策变量的离散事件仿真施工方案,将这些方案作为决策备选方案库。然后通过 NSGA-Ⅱ 算法求解该多目标优化模型,从中求解出符合要求的 Pareto 最优解,并对选择出的多目标优化方案进行评价。

本节拟分别对 A、B 两种施工方案进行多目标优化。主要工作包括:编码、初始化、遗传操作、非劣排序。本节采用混合编码形式对代表解的染色体进行编码,对运料车类型的选择采用二进制编码,具体形式如表 8-15 所示。对施工机械(运料车、加热机)数量和压实次数采用实数编码,具体形式如表 8-16 所示。其染色体结构如图 8-29 所示,共由四个基因组成。

二进制编码表达形式　　　　　　　　　　　　　表 8-15

决策变量	运料车类型	
二进制编码	DF 3250A9	DF EQ3243VB3G
	0	1

实数编码表达形式　　　　　　　　　　　　　　表 8-16

决策变量	施工工艺	运料车数量	加热机数量	压实次数
实数编码	A	2~4	2~4	6~10
	B	3~5	2~4	10~14

0	2	2	8
运料车类型	运料车数量	加热机数量	压实次数

图 8-29　染色体结构组成

本节将 A 施工工艺、染色体(0,2,2,8)所代表的方案作为 A 施工工艺基础方案,将 B 施工工艺、染色体(0,2,2,12)所代表的方案作为 B 施工工艺基础方案,其目标函数值(f_1,f_2,f_3)设定为(1,1,1)。

8.5.3 施工工艺优化结果

根据本章构建的施工多目标优化模型,并通过运行 NSGA-Ⅱ 算法,对沥青路面就地热再生施工方案 A 进行优化,共求得 20 组 Pareto 最优解,其分布示意图如图 8-30 所示。可以看出,按照施工质量(目标函数值 f_3)的不同,20 组 Pareto 最优解分别分布在高、中和低三个不同的分层,最优解的个数分别为 6、9 和 5,这表明 20 组 Pareto 最优解能够充分兼顾不同的施工方案,满足决策者对不同施工质量的决策需求。

第8章 生命周期评价-离散事件模拟联合应用

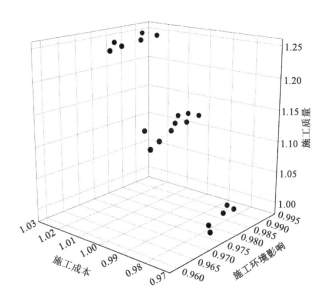

图 8-30 沥青路面就地热再生施工方案 A Pareto 最优解分布示意图

从图 8-30 可知,优化求解结果的非劣排序都为 3 层,Pareto 最优解的多样性得到保证。此外,随着施工成本的增加,施工环境影响与施工质量不断提高,而施工环境影响与施工质量之间并无明显的线性关系。决策者可根据投资预算、预期环境影响评估和最低施工质量要求,选择相应的施工方案。

表 8-17 为施工方案多目标优化结果,其中方案 1、12 和 19 分别为施工成本最低、施工环境影响最轻和施工质量最高的施工案例。通过优化,与基础施工方案相比,f_1、f_2 能够降低至 0.965 和 0.973,f_3 最高可提高至 1.251。但上述情况不能同时出现,多目标优化结果是各目标之间相互权衡比较得出的结果,即追求某一目标达到最优,其余两目标则会有一定程度的损失。

施工方案多目标优化结果　　　　　　　　　　　　表 8-17

方案序号	方案编码	目标函数值		
		f_1	f_2	f_3
1	(0,2,2,6)	0.973	0.973	0.997
2	(0,2,2,7)	0.987	0.982	0.998
3	(0,2,3,6)	0.983	1.001	1.122
4	(0,2,3,7)	0.991	1.005	1.123
5	(0,4,2,6)	0.976	1.021	1.247
6	(0,4,2,7)	0.989	1.025	1.248
7	(1,2,2,8)	0.975	0.976	1.001
8	(1,2,2,9)	0.982	0.978	1.001
9	(1,2,2,10)	0.986	0.978	0.998
10	(0,3,2,6)	0.974	1.003	1.122

续上表

方案序号	方案编码	目标函数值		
		f_1	f_2	f_3
11	(0,3,2,7)	0.988	1.006	1.123
12	(1,3,2,6)	0.965	0.988	1.122
13	(1,3,2,7)	0.97	0.991	1.123
14	(1,3,2,8)	0.977	0.995	1.125
15	(1,3,2,9)	0.984	0.997	1.126
16	(1,3,2,10)	0.991	1.001	1.124
17	(1,4,2,6)	0.968	1.011	1.247
18	(1,4,2,7)	0.973	1.012	1.248
19	(1,4,2,8)	0.98	1.013	1.251
20	(1,4,2,9)	0.987	1.015	1.249
最大值	—	0.991	1.025	1.251
最小值	—	0.965	0.973	0.997
均值	—	0.980	0.999	1.130

以表 8-17 施工方案的优化结果为依据,对决策变量与多目标优化结果之间的关系进行分析,各决策变量出现频数结果如表 8-18 所示。可以发现,施工优化后的运料车(DF EQ3243VB3G)具有更好的表现效果,在 20 组方案中共出现 12 次。而运料车数量对多目标优化结果影响较小,这与其自身能耗与成本较低有关,因此在制订施工方案时,可适当增加运料车数量。而加热机数量对上述三个目标结果影响较大,加热机数量为 2 的方案有 18 个,加热机自身使用成本高、能耗高的特性制约着加热机数量不能过度增加。随着压实次数增多,其频数呈现断层式下降,其原因是压实次数与压实度之间并不是简单的线性关系,在制订施工方案时应更加注重其实际压实效果,不应单方面追求过多次数的碾压施工。

决策变量多目标优化结果 表 8-18

决策变量	运料车类型		运料车数量			加热机数量			压实次数				
编码值	0	1	2	3	4	2	3	4	6	7	8	9	10
频数	8	12	7	7	6	18	2	0	6	6	3	3	2

对于就地热再生方案 B,可以开展类似优化,结果如文献[21]所示,在此不再赘述。

本章参考文献

[1] 柳春娜. 基于生命周期的混凝土大坝碳排放评价方法研究[D]. 北京:清华大学,2013.

[2] ZHANG H. Simulation-based estimation of fuel consumption and emissions of asphalt paving operation[J]. Journal of Computing in Civil Engineering,2015,29(2):4014039.

[3] ZHANG H,TAM C M,LI H. Activity object-oriented simulation strategy for modeling construction operations[J]. Journal of Computer in Civil Engineering,2005,19(3):13-322.

[4] ZHANG H, ZHAI D, YANG Y N. Simulation-based estimation of environmental pollutions from construction processes[J]. Journal of Cleaner Production, 2014, 76:85-94.

[5] HASSAN M M, GRUBER S. Simulation of concrete paving operations on Interstate-74[J]. Journal of Construction Engineering and Management, 2008, 134(1):2-9.

[6] LU M. Simplified discrete-event simulation approach for construction simulation[J]. Journal of Construction of Engineering and Management, 2003, 129(5):537-546.

[7] 印术宇. 基于GPSSWorld的碾压混凝土坝施工模拟[D]. 大连:大连理工大学, 2015.

[8] TANG P, CASS D, MUKHERJEE A. Investigating the effect of construction management strategies on project greenhouse gas emissions using interactive simulation[J]. Journal of Cleaner Production, 2013, 54:78-88.

[9] GONZÁLEZ V, ECHAVEGUREN T. Exploring the environmental modeling of road construction operations using discrete-event simulation[J]. Automation in Construction, 2012, 24:100-110.

[10] 鞠琳,刘全. EZStrobe图基离散事件仿真软件在施工资源分配优化的应用[J]. 水电与新能源, 2015, 19(4):36-39.

[11] 肖培伟. 堆石坝工程施工过程动态仿真[D]. 成都:四川大学, 2005.

[12] 胡超. 面板堆石坝坝面作业动态仿真与资源优化研究[D]. 宜昌:三峡大学, 2012.

[13] USLU B. Discrete event simulation model for pavement maintenance policy analysis[R]. Presentation and Publication at the 6th Annual Inter-university Symposium on Infrastructure Management, Virginia Polytechnic Institute and State University, 2011.

[14] LIM T-K, GWAK H, KIM B-S, et al. Integrated carbon emission estimation method for construction operation and project scheduling[J]. KSCE Journal of Civil Engineering, 2016, 20(4):1211-1220.

[15] MARTINEZ J C. EZStrobe-general-purpose simulation system based on activity cycle diagrams[C]. IEEE Winter Simulation Conference-Washington, DC, USA(13-16 Dec. 1998).

[16] SAWHNEY A, ABOURIZK S M, HALPIN D W. Construction project simulation using CYCLONE[J]. Canadian Journal of Civil Engineering, 1998, 25(2):16-25.

[17] KIM B, LEE H, PARK H, et al. Greenhouse gas emissions from onsite equipment usage in road construction[J]. Journal of Construction Engineering and Management, 2012, 138(8):982-990.

[18] 王云鹏,沙学锋,李世武,等. 城市道路车辆排放测试与模拟[J]. 中国公路学报, 2006, 19(5):88-92.

[19] 张清平. 沥青路面现场热再生技术研究[D]. 长沙:长沙理工大学, 2011.

[20] 刘振兴. 海南省现场热再生沥青路面施工工艺及质量控制研究[D]. 长沙:长沙理工大学, 2009.

[21] 刘强. 沥青路面就地热再生环境影响评价[D]. 南京:东南大学, 2018.

第 9 章 生命周期评价-物质代谢分析联合应用

道路的占地面积约为城市已建面积的四分之一,在城市基础设施中占有重要地位。随着城市道路网络的不断扩张,道路系统内部蕴含的物质存量也在不断增加;道路的设计年限一般为 15 年(长寿命道路的设计年限可以达到 30 年),道路系统内部的物质材料性能会随着使用时间的增加而不断下降,最终会因为超过设计年限而面临成为废料的问题。为了推进道路的可持续发展,现有研究通常将目光聚焦于长寿命路面结构、提升路面现有材料性能或废料(废旧橡胶、再生沥青、废弃钢渣和塑料垃圾等)在路面中的再利用。新材料和新技术已在道路系统中取得了很好的效果。但是,现有研究缺乏将道路系统视为一个整体并对其资源需求和可能产生的环境负荷进行宏观定量分析。为了进一步构建绿色低碳道路体系,可以将材料输入、储存以及废料的输出模拟为生命体体内的"新陈代谢过程",将道路系统生命周期中筑路材料的开采运输、材料的生产加工、道路的建设、道路的运营与养护以及道路的拆除再利用都纳入研究范畴。

为了填补现阶段对于道路系统代谢研究的空白,促进道路系统的绿色可持续发展。本章拟将道路系统内的物质能量与外部环境的交换过程和有机生命体体内的自然代谢这一过程进行模拟,提出一种全新的研究视角——物质代谢;从区域范围的层面,对生命周期内的整个道路系统内部的物质存量、物质代谢消耗的时空分布情况进行描述与分析,为评估整个道路系统可能产生的环境影响提供计算方法,为提出针对性的解决方案和制定相应规划政策等提供切实有效的、具有指导性的参考建议。

9.1 城市代谢理论

1857 年,生物学界首次提出了"代谢"概念。基于这一理论,Wolman[1]于 1965 年提出了"城市代谢"的概念。由于碳等元素在城市系统中的流动与其在生命有机体代谢过程中的流动相似,Wolman 模拟生物代谢循环,建模分析了城市内部的物质元素流动,将城市内物质和能量的输入与废弃物的输出视为城市的"代谢"过程。

自此,研究者不断提及"城市代谢",并对其进行补充。环境学家 Girardet[2]提出了"环形代谢"和"线形代谢"两个概念,并在 1996 年发现了城市代谢与城市可持续发展的关键联系,为研究城市代谢的工业生态学方法奠定了基础,实现了研究代谢方法的"由自然系统向社会系统"的转变[3]。随后,城市代谢理论得到了极大的发展,逐渐演变为计算城市能源消耗、CO_2 等空气污染物排放以及产生的环境影响的主要方法[4]。

目前关于城市代谢的研究方法有很多,主流的两种研究方法为能值分析法(Emergy Analysis, EMA)和物质流分析(Material Flow Analysis, MFA)法。能值分析法是 Odum[5]在对 19 世纪 50 年代的巴黎进行代谢分析时,首次提出的。他指出能值分析法中有两个关键因素:能值和能值转换率。能值分析是将一种类型的能量定义为标准能量(通常是太阳能),基于能值转换率将其他类型能量转换成标准能量,从而计算出包括直接能量和间接能量的所有可用能量的总和。

在能值分析法被提出后,Huang[6]以中国台湾为例,利用能值分析法分析评估了中国台湾和全球分类生态经济系统的发展,并对中国台湾的能量等级进行分类。他将台湾分成四个城市生态经济系统,揭示了台湾内部的空间能量层次,并提出了城市能量流的未来研究方向。Zhang 等[7]在系统生态学和能值综合的基础上,开发了一种基于能值的指针系统,用于评估城市代谢因子(通量、结构、强度、效率和密度),并通过图表绘制、账户评估来评价我国北京的环境和经济发展状况,使用基于生物、物理的生态核算方法来寻找并分析北京新陈代谢系统中的物质、能源和货币流动。

与 Odum 提出的能值分析法中关注系统内能量不同,MFA 主要以质量守恒定律为依据,通过跟踪物质、元素在代谢系统中的输入、储存和输出的路径与规模,继而研究系统的运行特征和代谢效率。MFA 是以物质数量来报告能源流动和库存,例如欧盟统计局在关于 MFA 的指导方针中,化石燃料的数量是以千吨或每年千吨为单位进行报告[8]。MFA 作为一种分析特定区域内的物质使用和流动的方法,被广泛应用于环境管理中。

在 20 世纪 90 年代,MFA 的完善与应用取得了一定的进展。在 Baccini 和 Brunner[9]编撰的《人类圈的代谢:分析、评价、设计》一书中,确认了四种社会活动(培育、清洁、居住和工作、运输和交流),并从这四种社会活动的代谢过程出发对 MFA 进行了详细的介绍。作者利用技术设施管理学科中的建筑环境、供能和供水、交通和通信、废水处理与之相对应。Baccini 在对物质流的分析中切断了能量的供应,却将其包括在其他类别中,成为代谢研究中的一个重要变量,这与能值分析法截然不同。在城市系统中,可以利用笔者解释的技术来分析诸如水、废物、运输货物和人员等物质的流动,其结果与可持续分析的物质平衡方法类似[9]。

MFA 主要针对城市各种物质(如水、材料、食物)的流动与污染物的输出进行分析。Marteleira 等[10]以城市代谢为基础的物质流分析方法评估了里斯本大都市区的水流量,并提出了一套全球指标。他们使用这套指标对该地区的 18 个直辖市进行了基准分析,并基于各城市水流量以及水务部门与城市活动之间的相互作用提出了综合城市水管理政策,针对研究区域内的某单一物质元素进行分析。Hao 等[11]将现代锂工业加工阶段分成资源开采、化学生产和产品制造阶段,对该工业价值链中的各种活动进行物质流分析。由于 MFA 在数据源上主要依靠国家发布数据、集团发布数据以及原有研究数据,并且只从系统外围研究其代谢行为,无法突破 MFA "自上而下"方法的"黑箱"模型,导致计算精度不高。Forkes 等[12]建立了消耗前的食物与消耗后的食物垃圾之间的氮平衡,利用简单的输入、存储和输出平衡,计算输入氮元素的回收利用的影响,确定了加拿大多伦多市政府废物管理政策和计划。结果显示,城市系统中仅有 4.7% 的食物垃圾氮被回收利用,显示了当地市政府对食物垃圾管理政策的缺失。这些研究重点关注城市内部的特定物质元素,更加深入、细致地探讨了城市代谢。

为了解决 MFA 的"黑箱"问题,研究者也做了许多相关尝试。Wang 等[13]提出了对城市内部的各个代谢分区进行研究,以中国天津为研究区域,利用政府提供的数据对该城市九个部分(内部环境、农业、矿业、能量转换、工业、回收利用、生活消耗、建造业和交通运输)的物质流进行计算分析,并且建立了一个生态网络模型,对天津 2000—2015 年的物质流进行量化分析。

结果发现,天津对外部的金属矿产依赖度特别高,特别是其工业,研究结果为天津优化城市结构提供了指导方向。Huang 等[14]为解决城市代谢中的"黑箱"问题,提出了动态分析的方法,分析我国"京津冀"城市群的内部元素、驱动因素、相互关系和回馈过程。结果显示,北京市是一个以人为本的代谢系统,而天津市和河北省的发展依赖于物质和能量的利用;北京市和天津市依赖外来输入能源,出口是其能量代谢的主要驱动力,而河北省使用大量的地方资源,家庭需求是其代谢的主要驱动力。这一方法克服了城市代谢中的"黑箱"问题和物质能量流的一般核算问题,对城市代谢的发展有很大的促进作用。Cui 等[15]基于 MFA 理论提出了一种方法论框架,通过对人类活动进行分类并描述内部流量,构建了城市新陈代谢模型。这一模型阐明了城市系统内不同部门之间的相互关系,实现了物质动态的估算。以广州为例,通过确定新陈代谢特性和资源稀缺性,揭示了新陈代谢如何影响周围环境和城市弹性。这项研究在内部流动性结构上取得了突破,从而打开了 MFA 的"黑箱"。Guibrunet 等[16]为解决城市代谢的"黑箱"问题,提出了一种采用政治方法的物质流分析方法,基于城市代谢中的废弃物处理,对墨西哥的墨西哥城和智利的圣地亚哥两座城市的代谢边界问题展开研究。研究中以多尺度的方式探究废弃物管理模式,放弃了一直以来城市代谢中以城市作为行政单位,通过多种方式来重新架构系统边界的概念,研究与城市普通市民有关的城市新陈代谢流,并以此作为系统边界。

许多学者深入探讨了城市代谢的理论、方法和应用,在世界范围内也进行了大量的相关研究。面临维持社会经济发展和生态环境可持续发展的需求,各国政府正在寻找提升城市生态环境的解决方法。"生态城市"和"低碳城市"的目标促使城市代谢研究的需求提升,为城市代谢理论的实际应用提供了契机,也促进了理论和实践研究的发展。

9.2　道路代谢理论

尽管代谢理论在城市及其他基础设施领域得到广泛的应用,但大多数关于代谢的研究关注城市(国家)层面的能源和材料消耗,或者关注基础设施建设中的建筑物代谢,鲜有人将关注点聚焦于道路结构代谢。在研究基础设施领域的代谢时,因为其内部储存大量的物质材料,通常使用 MFA 方法对其进行分析。

Hashimoto 等[17]利用 MFA 对日本建筑矿物的流量和存量进行计算,阐明建筑矿物成为废弃物的机制以及未来再生碎石的供需关系,为建筑矿物在基础设施中的应用和处理提供决策方法。Wang 等[18]通过分析中国台湾台北市和新北市的建筑物质(水泥和碎石)流动,发现超过 80% 的建筑材料被用于建筑物的建设,其次被用于道路改建和维护。除了对建筑物内的建筑物质进行分析,MFA 也常见于基础设施领域中的供水[19]情况分析。

道路作为基础设施的一种,对它的研究往往需与其承载的交通状况一同分析。Federici 等[20]利用四种不同的评估方法对意大利的交通运输系统进行调查分析,量化了影响交通运输系统的各种因素。结果表明,影响交通运输系统的环境成本不仅包括人们熟知的车辆燃料、能源与物质消耗,还包括在交通运输系统的基础设施建设中能源和物质的消耗。特别地,因为技术和安全问题需要而使用的高能耗建筑材料和导致的低交通量,其能源和环境成本非常高。因此,我们不能忽视针对交通基础设施的相应 MFA 研究。

Meng 等[21]建立了一个城市交通代谢模型,应用于我国厦门的交通系统中,发现了影响城市交通代谢的因素包括车辆的直接燃料消耗、能源和材料成本,以及基础设施建设上游和下游的能源和材料使用。随后他们[22]为了进一步研究道路与交通代谢,又提出构建一个生命周期综合方法的框架,集成了物质流分析(MFA)、累积能量需求(CED)、有效能分析(EXA)、能值分析(EMA)和排放(EMI)五种代谢研究的方法,将其运用于分析厦门道路和交通系统的能量使用效率。结果表明,大量资源和资金投入交通系统中,可以实现专用的道路、更现代的运输技术和更快的运行速度;这种转化能促进资源的更好利用,同时缓解环境压力。

Samaniego 和 Moses[23]注意到道路网和生物心血管网络之间存在相似性,基于代谢理论,将道路网模拟为人类心血管,研究不同路网形式对交通运输效率的影响,阐述了城市发展可能对道路基础设施造成的影响。虽然研究未涉及道路自身生命周期内的物质代谢过程,但是为道路代谢研究提供了一种新思路。

Guo 等[24]基于 MFA 框架,建立了城市道路系统的物质代谢模型,并用此模型研究了我国北京市城市道路内的物质存量规模、组成及其空间分布情况。研究结果表明:高存量区域主要分布在环形和放射状快速路以及主要交汇处,同时整个道路体系过分强调快速路和主干路的作用,相对而言忽略了支路。由于支路长度在城市道路网络中占较大的比重,其道路横截面的厚度变化会对整个道路系统中的物质存量规模产生很大影响。因此,该研究结果提醒道路工作者在设计城市道路网络时,不应过分强调某一类道路,而应该均衡考虑整个路网结构的合理性。

为研究道路系统中物质流入对于正在使用的物质存量累积的影响,Miatto 等[25]建立了一种"自上而下"的存量模型,用于计算道路系统的长期流入、流出和材料累积,以评价美国道路网对建筑矿物的使用需求。研究中以道路网扩张时建筑材料的需求为驱动因素,根据工程文献中的养护计划和技术指南等进行道路系统的物质流评价。研究结果发现:1905—2015 年,道路网建成后的拓展和养护翻新中的建筑材料消耗占整个道路网物质材料消耗的绝大部分;完全新建的道路则与之相反,其在建设过程中的物质消耗只占很小的一部分。这一结论进一步揭示了在道路建成后道路养护的重要性,引起了道路工作者对于道路养护的重视。

为了研究区域资源利用能力和探索人类密集活动下的可持续发展模式,对典型基础设施储备进行系统评估是必不可少的。Guo 等[26]基于物质代谢理论建立了公路系统的物质存量模型,并将其运用于我国山东半岛公路系统的物质存量规模、影响因素、能源消耗情况和环境影响研究中。分析表明,影响山东半岛公路系统物质存量的三大因素为道路长度、道路横断面组成以及断面路基结构,适当地调整低等级道路的道路长度和路基结构,可以在很大程度上减少物质的投入。同时,山东半岛公路系统产生的环境影响主要来自建筑材料的生产阶段,约占全部影响的 79%,其次为道路的建设阶段;山东半岛公路系统的主要环境破坏类型为化石燃料、可吸入无机物、气候变化和土地利用。

Nguyen 等[27]基于 MFA 的"黑箱"模型,分别从国家层级、省层级,研究了越南 2003—2013 年公路系统的物质存量和流量,并开创性地将国家公路网中储存的材料与国家的社会经济因素联系在一起。分析结果发现,越南国内消耗的建筑材料中约有 40% 被用于扩大和维护公路网,公路网中库存的物料在 2003—2012 年增长了两倍。同时,研究表明在此期间公路网的物质存量增长率与国内生产总值(GDP)极为相似,因此可以推断国家道路基础设施发展与经济发展具有相互依存的关系。对省层级道路网的研究结果显示，当地的道路系统内物质存量及其客、货运运输能力存在显著差异。特别地，城市中心地区道路系统中物质存量迅猛增长，而城市区域之间道路通行能力却存在不足，道路物质存量与其通行能力之间存在不平衡的现象。

从以上研究可以看出，目前对于道路代谢的研究相对于其他基础研究较少，并且大多数研究将目光聚焦于交通代谢。除此之外，道路代谢研究的主要方法依赖于"自上而下" MFA 框架中的"黑箱"模型，存在数据精度低、内部研究缺失的问题；同时，道路代谢的研究对象局限于对道路存量的初步估算，仍不成熟。因此，需要建立一种更加精细的道路代谢模型。

9.3 基于遥感影像的城市道路网络信息提取

城市道路系统的物质代谢研究大多停留在国家层级、世界层级，为解决"自上而下"(Up-Bottom)形式 MFA 模型中存在的数据精度低问题，本书提出将城市道路系统划分为区域层级，圈定研究系统边界，不单单依靠以"输入-输出"作为判断指标的 MFA 模型，而是参考物质存量（Material Stock, MS）模型，利用"自下而上"(Bottom-Up)形式，将城市道路系统中的道路结构简化成"点-线-面"基础模型，建立城市道路系统的 MS 模型。

因此，基于高分辨率遥感影像图片，建立基于卷积神经网络的道路识别提取模型，训练道路特征参数提取神经网络结构；收集不同时期同一研究区域的高分辨率遥感影像进行道路动态信息提取，获取研究区域内的道路参数信息；利用建立的城市道路系统 MS 模型，统计其物质存量，分析其时间、空间演化特征，建立精细化的 MFA 模型。

9.3.1 遥感影像预处理

本书中采用的遥感影像是高分二号（GF-2）遥感影像，GF-2 卫星是我国目前分辨率最高的民用卫星，其采集的遥感影像空间分辨率为亚米级别。本书使用的高分遥感影像来自江苏卫星数据平台，基于得到的高分遥感影像，使用遥感处理专用软件 Envi 5.3 进行预处理操作。

（1）正射校正和影像配准

由于遥感卫星成像的技术原因和传感器存在误差，以及地表存在地形起伏的情况，遥感卫星影像在投射成像后往往会引起像点位移偏差。因此有必要对原始的遥感影像进行相应的校准操作。

正射校正即选取一些地面控制点，利用其数字高程模型数据，对影像同时进行倾斜和投影差校正，解决原始遥感影像中部分像点移位的问题。影像配准通过选择地面控制点，按照一定的变换函数及重采样方法对同名像原点进行配准，进一步改正输出影像的像元偏差。在进行影像配准时，往往采用分辨率高的遥感影像作为基准影像对分辨率低的对应影像进行校正与配准。本书将同一区域范围内 0.95m 全色遥感影像作为基准，对 3.8m 多光谱遥感影像进行校准。

经过正射校正后，能够在很大程度上保留影像原有的几何特征，得到较高的配准影像，如图 9-1 所示。

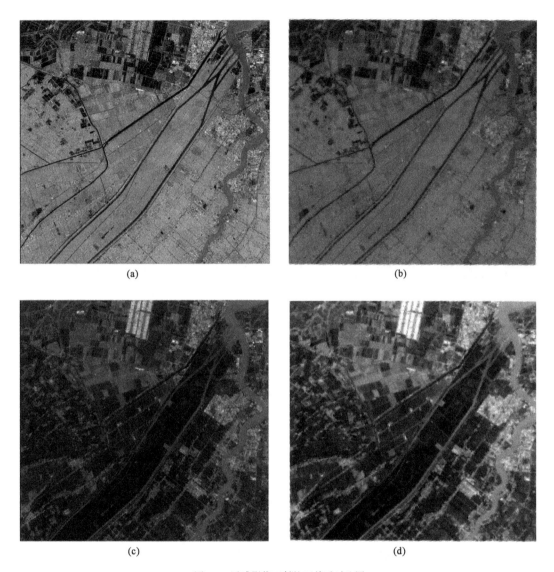

图 9-1 遥感影像正射校正前后对比图
(a)全色遥感影像正射校正前;(b)全色遥感影像正射校正后;(c)多光谱遥感影像正射校正前;
(d)多光谱遥感影像正射校正后

(2)遥感影像融合

遥感影像有两种类型,包括全色遥感影像与多光谱遥感影像。全色遥感影像包含丰富的地理空间信息,多光谱遥感影像则包含多波段的光谱信息,两者单独使用时都存在不足。因此在使用遥感影像前,通常会将全色遥感影像与多光谱遥感影像进行影像融合,使其成为一张具有精确地理空间信息和丰富的地物光谱信息的遥感影像,便于之后的影像信息提取与使用。

通过一定的分析算法,将不同分辨率的全色遥感影像与多光谱遥感影像融合成一张遥感影像的技术称为遥感影像融合技术。主要的遥感影像融合方法有:HIS 变换、主成分分析

(PCA)、Pansharpen 融合算法等。

李国明等[28]通过研究各种常用的遥感影像融合算法发现，Pansharpen 融合算法对遥感影像数据的要求更低，并且对空间细节清晰度的提高十分明显，也降低了融合后的影像色偏问题，能够有效地提高后续的分类精度和遥感影像的利用价值。因此本书采取 Pansharpen 融合算法对遥感影像进行融合处理，如图 9-2 所示。

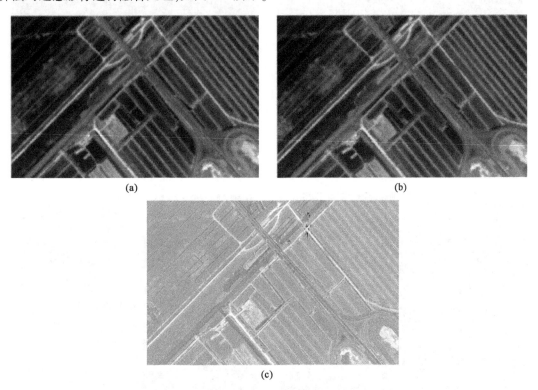

图 9-2　遥感影像融合前后对比图
(a)全色遥感影像融合前；(b)多光谱遥感影像融合前；(c)融合后的遥感影像

9.3.2　基于全卷积神经网络的遥感影像道路信息提取

传统的遥感影像道路识别和提取方法，一般包括数学形态学方法[29]、Snake 模型法[30]等。随着深度学习技术的不断发展，将深度学习方法应用于遥感影像的道路提取[31]引起了研究者的广泛关注。其中，卷积神经网络(Convolutional Neural Networks，CNN)因其优良的特征提取能力，在遥感影像中应用广泛。CNN 利用卷积核在图片上窗口滑动，计算图片特征。在卷积计算后，使用池化层对输入影像进行降维操作，利用抽象表达加强特征信息的提取与传递。在 CNN 中，卷积层权值共享和池化层抽象表达能有效地减少学习时间，提高特征信息识别的效率。但是随着 CNN 逐渐向着更复杂、更深层的网络结构方向发展，将会导致学习梯度消失。为了在提取遥感影像的道路信息时提高精度，本书利用 PSP-Net 模型作为基本网络框架，吸收 U-Net 的结构特点，使用 ResNet 和 DenseNet，分别在输入全卷积神经网络前、后进行图像特征识别，最终实现遥感影像的道路信息提取。

(1) CNN 模型数据集来源

CNN 模型数据集来源于 CCF BDCI 2017 年"卫星影像的 AI 分类与识别竞赛"中使用的遥感地图分类数据库,其中使用的遥感地图为 2015 年 4—8 月中国南部某地的高分辨率遥感影像,由人工标记其卷标影像。

数据集中的遥感影像空间分辨率为亚米级,光谱为可见光频段(R、G、B),为了减少网络计算量,去除遥感影像中的坐标信息。数据集中带卷标的影像共有 5 张,遥感影像的尺寸包括 3557×6116、4011×2470、5664×5142 和 7969×7969(两张)4 种,属于多尺寸资料。

数据集样本被标记为 5 类:植被类(包括耕地、林地、草地)、道路类、建筑、水体以及其他未分类像素分别被标记为 1、2、3、4 和 0。在网络模型训练验证过程中,使用其中 3 张原始遥感影像及其对应的卷标影像作为训练集,剩下的 2 张遥感影像及其对应的卷标影像作为测试集。将训练集中的每张原始遥感影像和卷标切割成 320×320 的影像块后,训练集中共包括 1880 张影像样本。

(2) 实验数据处理

原始遥感影像数据集中包含的影像数量少,影像的尺寸大小各异,并且单张遥感影像尺寸若过大,则无法直接利用建立的网络进行遥感影像语义分割、提取信息等工作,因此需要对原有的遥感影像数据集进行相应的数据处理,以提高网络模型分割精度。

利用小样本训练集训练深层神经网络时,数据增强和全连通条件随机场(Conditional Random Field,CRF)都可以有效提高训练的精度。因此,本研究中采用全连接的 CRF 对网络模型的输出结果进行推理处理,以提高语义分割结果的准确性。

具体地,把训练集中的每张原始遥感影像和卷标切割成 320×320 的影像块,由于卷标是 16 位深度影像,无法直观显示,因此对卷标影像创建掩膜,使标签可视化,如图 9-3 所示。利用密集连接的 CRF 对训练集中的每张原始遥感影像和卷标进行处理,同样切割成 320×320 的影像块,获取训练集中遥感影像和卷标的前置信息,为后续处理优化分割结果存储信息。

(3) 训练网络模型与参数设置

本书中使用的深层网络模型结构如图 9-4 所示,具体地,PSP-Net 将 ResNet-101 网络作为基础卷积神经网络。首先,利用 ResNet-101 网络对输入影像进行处理,得到特征图,输入 PSP-Net 的金字塔池化模块;然后,利用 PSP-Net 的金字塔模块对不同尺寸特征图进行卷积计算;接着,基于 U-Net 中上采样与下采样之间的卷积传递,使用 DenseNet-121 网络作为卷积神经网络,实现不同尺寸特征信息的获取;最后,通过该全卷积神经网络进行遥感地图语义分割,利用 CRF 重新预测分割结果,提高模型准确率。

训练模型时,采用随机梯度下降算法(Stochastic Gradient Descent,SGD)进行迭代计算,每一次学习的样本数(batch_size)设置为 4,初始学习率(init_lr)设置为 0.001。在 n 个时期(epoch)利用 step 机制实现学习率的更新,将 n_epoch 设置为 150,step 设置为 50。Python 中代码实现如图 9-5 所示。模型训练最大迭代次数设置为 1000。

图 9-3 切割后的训练影像和卷标可视化图

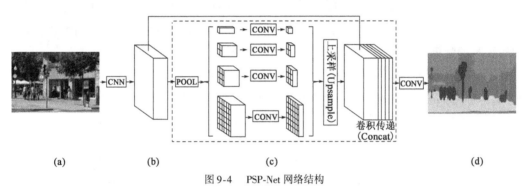

图 9-4 PSP-Net 网络结构

(a)输入图像(Input Image);(b)特征图(Feature Map);(c)金字塔池化模块(Pyramid Pooling Module);(d)最终预测(Final Prediction)

```
def adjust_learning_rate(optimizer, init_lr, epoch, step):
    lr = init_lr * (0.1 ** (epoch // step))
    for param_group in optimizer.param_groups:
        param_group['lr'] = lr
    print("epoch %d with learning rate: %f" % (epoch, lr))
```

图 9-5 神经网络训练学习率更新代码

模型在前 40 次训练迭代过程中 loss 值迅速下降到 0.5 以下,并随着训练次数的增加不断震荡下降,这是因为 SGD 在迭代计算中需要频繁地更新网络的学习率。这样虽然极大减少了所需的计算时间,但是导致模型 loss 值下降时产生较大的震荡波动。在后 500 次训练中,loss 值下降波动幅度逐渐减小且 loss 值基本稳定在 0.3。

(4) CNN 模型的测试与验证

利用已训练好的网络模型验证测试集中的数据,分割结果如图 9-6 所示。由图可以看到,利用该网络模型进行语义分割不会出现道路断裂、道路内部产生空洞的现象,分类效果好。利用交叉熵函数(cross_entropy)计算测试影像的预测特征图与卷标图中各个像素点的差距值,根据各像素点的差距值计算测试样本中分类准确率,其随次数变化如图9-7所示。

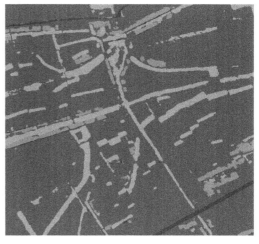

图9-6　全卷积神经网络模型语义分割结果

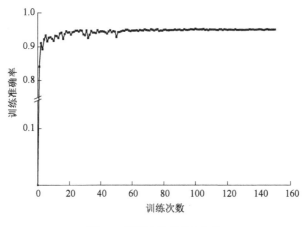

图9-7　训练准确率变化趋势

由图9-7可以看到,输入的测试影像经几次训练后其训练准确率就为90%以上,并随着训练次数的增加,准确率不断提高,在训练80次以后,训练准确率就稳定在95%。因此本书使用的全卷积神经网络模型可以使小样本数据集在较少的训练次数中取得较好的训练准确性。

(5)遥感影像语义分割后处理

经过网络模型进行语义分割后得到的分类特征图是栅格数据,为了得到对应的道路向量数据需要进行后处理。本书以南京市路网为例,选用地理信息系统平台(ArcGIS)10.2版本对遥感影像语义分割结果进行后处理。

首先,将得到的道路栅格数据进行腐蚀运算,利用数学形态学变换,消除道路附近存在的斑点或者内部存在的小孔洞,使道路部分更完整;然后,用ArcGIS中的ToolBox转换工具将栅格数据转化为向量面数据,并进行简化面要素操作,将面要素转换成线数据,得到道路边线向量数据;最后,利用数学中心线法,根据道路边线位置定位提取道路中心线。用相同的方法获得研究区域的其他道路中心线向量图,并根据地理坐标位置信息将其拼接成完整的道路路网向量图,如图9-8所示。

图9-8 南京市路网向量图(2014年)

9.4 城市道路系统物质存量时空演变分析

城市的发展总是伴随着物质和能源的消耗,城市道路系统中也蕴含大量物质资源,伴随着能源的消耗,这些物质资源大多是不可再生的,这意味着未来存在资源枯竭的可能。为了降低这一可能性,有必要核算城市道路系统中存在的物质资源,开展物质代谢时空分析,对城市道路系统未来路网发展和养护等提出建议。本节将南京市作为研究区域,将9.3节得到的路网向量图作为数据源,建立区域层级的 MFA 模型。量化计算区域内道路系统的材料物质存量后,根据核算所得结果进行物质存量时空演变规律分析。

9.4.1 物质流分析方法

区域尺度的物质代谢研究内容包括建立城市道路系统的物质代谢分析以及环境负荷定量计算方法,利用高分遥感影像获取区域城市道路网络系统,进行案例分析。由于区域性特定系统的物质代谢研究缺少系统的研究方法,现阶段大都是借鉴全球尺度、国家尺度等研究手段,这些大尺度的研究一般是采用 MFA 方法。MFA 方法基于质量守恒定律,通过追踪代谢系统中物质元素输入、存储和输出的路径及规模,研究该代谢系统的运行特性和代谢效率。

对特定区域的城市道路系统进行物质代谢分析时,鉴于该系统在整个城市系统中仅占一小部分,如果利用传统 MFA 方法,统计整个城市系统内的物质流动情况,则无法精确地进行定量计算。因此,本节采取混合型物质代谢模型对城市道路系统中物质存量进行建模计算,量化其内部存量造成的环境影响,以解决区域尺度下,城市道路系统的输入和输出等相关统计数据收集困难且不精确的问题。本节建立区域尺度的城市道路系统 MFA 方法框架,如图9-9所示。

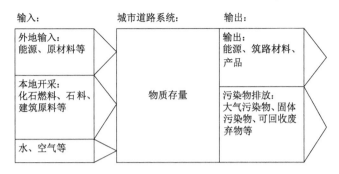

图 9-9 城市道路系统 MFA 方法框架图

由图 9-9 可知,物质在输入城市道路系统后,以道路结构的形式存储物质,产生污染物。以往的 MFA 利用筑路材料与其他物质的输入量和输出量进行物质代谢研究,该方法过于依赖统计资料,需进行改进。由于道路系统中物质存量的存储方式比较明确,可利用已有的道路网络系统进行物质存量的精确计算,计算系统的物质输入、输出,解决原有 MFA 方法的空间边界限制问题。

本书基于改进后的 MFA 方法框架,选取特定城市道路系统中的物质流进行研究,继而分析城市道路系统内部的物质代谢能力。

9.4.2 城市道路系统物质存量模型

为建立城市道路系统物质存量模型,本书采用"自下而上"的 MFA 方法,根据城市道路系统现有的物质存量情况分析该系统的物质代谢行为,而并非通过调查统计数据进行简单的物质输入、输出计算等。城市道路系统的物质存量模型建立过程为:

①确定城市道路系统边界及边界范围内部结构。

②构建道路网络结构,确定结构内部物质(元素)和各级道路路面结构内材料物理特征(如压实度、干密度等)。

③计算各级道路路面结构内各层材料体积和各层材料与压实度、干密度的乘积,逐层计算后将相同物质质量累加。

④计算不同时间同一城市道路系统的每年物质存量,结合地理信息系统平台,得到物质存量时空演变规律。

(1)系统边界与代谢模式

本书将系统边界设定为道路路幅范围内的路基路面结构,道路抽象为点-线-面模型。点表示平面交叉,线代表道路长度(里程),面代表道路断面形式(路幅宽度×结构深度)。由于桥梁、隧道、涵洞的形式多种多样,且设计寿命与道路差异较大,暂不纳入系统边界。其中,路基路面结构的附属基础设施暂不纳入研究范围,本书仅对道路路幅范围内的行车道所在路面结构中存储的物质进行分析。

根据城市道路系统的生命周期代谢原理,城市道路系统可以被划分为 5 个阶段,包括:①筑路材料开发与运输;②材料的生产与加工;③建设;④运营与养护;⑤拆除与废物丢弃/回收。物质在这 5 个阶段中,与外界进行交换和流动,没有进入外部环境的物质形成了道路系统最终的内部存量。在这五个阶段中,运营与养护过程中产生的材料积累可以被纳入建设阶段产生的材料累积。第一、第二和第五阶段产生的材料累积对于整个系统而言极少,故被认为是暂时性的材料累积,不被纳入最后的系统物质存量。整个城市道路系统物质代谢理论框架如图 9-10 所示。

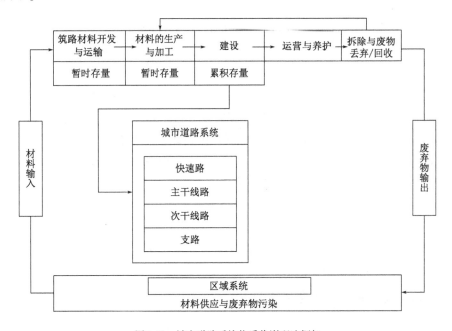

图 9-10　城市道路系统物质代谢理论框架

(2)点-线-面模型

传统的道路系统物质存量计算是由各种物质的物质使用强度系数与道路长度的乘积得到的。物质使用强度系数可根据以往研究资料、城市建设年鉴等确定,不同地区城市道路系统中的物质使用强度系数存在显著差异,因此利用全国性的统计数据对某一地区的城市道路系统进行物质代谢分析不具有普适性。

本书将道路系统简化为点-线-面模型,更加适合区域尺度的物质代谢研究。基于"自下而上"的 MFA 方法建立城市道路系统物质存量计算模型,将整个城市道路系统中涉及的所有材料都纳入计算范围,如式(9-1)所示:

$$(MS)_i = c_i \rho_i [(RS)_i - (RI)_i] \tag{9-1}$$

$$(RS)_i = \sum_{j=1}^{n_1} \sum_{l=1}^{n_2} L_j W_j H_{jl} \tag{9-2}$$

式中,$(MS)_i$ 为道路系统中包含的第 i 种材料的总存量,可通过计算每个包含 i 材料的混合料体积和与之对应的压实度 c_i、干密度 ρ_i 的乘积得到;RS 为研究城市道路系统内部所有材料的体积,通过对各等级道路的横断面内各种材料体积在其对应的道路长度上进行累积计算得到;n_1 为道路等级,取值范围为 1~4,数字越大对应道路等级越高,1~4 分别对应支路、次干路、主干路和快速路;n_2 为道路横断面层数;L_j、W_j 分别为 j 等级道路对应的道路长度和宽度;H_{jl} 为 j 等级道路对应的道路横断面第 l 层的厚度;RI 的含义见式(9-3)。典型路面结构如图 9-11 所示。

式(9-2)存在道路交叉口被重复计算问题,可在式(9-3)中修正。

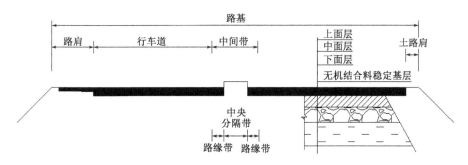

图 9-11 典型城市道路横断面及路面结构图

在城市交通系统中,平面多路交叉口数量占所有平面交叉口数量不到 5%[24],《城市道路交叉口规划规范》(GB 50647—2011)中明确规定"新建道路交通网规划中,规划干路交叉口不应超过 4 条进口道的多路交叉口"。在计算交叉口数量时,对多交叉口数量进行统计后也证实了先前研究所得结论。因此,为了简化模型,本研究中只涉及两种交叉口,十字交叉口和 T 形交叉口。式(9-2)中重复计算的交叉口的物质体积修正公式如式(9-3)所示:

$$(RI)_i = \sum_{j_1=1}^{n_1} \sum_{j_2 \geq j_1}^{n_2} \{[W_{j_1} \cdot W_{j_2} - (4W_{j_1^s} \cdot W_{j_2^s} + 2W_{j_1^s} \cdot W_{j_2} + 2W_{j_1} \cdot W_{j_2^s})]H_{j_2}\} \cdot P_{j_1 j_2} \quad (9-3)$$

式中,RI 为所有交叉口区域内被重复计算的物质总体积,如图 9-12 所示;j_1、j_2 分别为两条相交道路的等级,且 j_2 代表更高等级道路(通常交叉口的道路横断面根据更高等级的横断面标准进行设计);W_{j_1}、W_{j_2} 分别为两条相交道路的原有道路宽度;$W_{j_1^s}$、$W_{j_2^s}$ 分别为两条相交道路在相交段的单侧加宽值;$P_{j_1 j_2}$ 为两条相交道路结点数量的转换数,其计算公式如式(9-4)所示:

$$P_{j_1 j_2} = \text{Node}_4(j_1, j_2) + \frac{1}{2}\text{Node}_3(j_1, j_2) \quad (9-4)$$

式中,Node_3 为 T 形交叉口数量;Node_4 为十字交叉口数量。

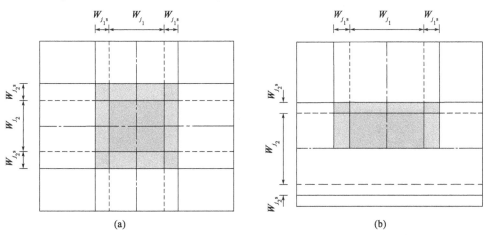

图 9-12 涉及道路交叉口的存量计算示意图

根据《城市道路交叉口规划规范》(GB 50647—2011),平面交叉口的设计中,选取压缩中间分隔带面积、增加右转渠化车道等方式进行平面交叉口扩宽。根据不同类型的城市道路对应的常见加宽方式确定其加宽值。一般地,对于快速路及主干道,其加宽方法多为设置专用转向车道;次干道的加宽方法多为压缩道路或分隔带宽度;而支路在平面交叉口不常设置加宽[32]。因此 W_{j1s}、W_{j2s} 值由提取的交叉口相交道路等级确定,继而由式(9-3)和式(9-4)计算得到对应交叉口 RI 值。

(3) 道路点-线-面数据采集

收集研究区域的 GF-2 影像,由 9.3 节全卷积神经网络模型得到相应城市道路网络向量图。将得到的道路网络向量图导入 ArcGIS 的桌面软件 ArcMAP,借助 ArcGIS 的属性功能进行相应长度信息提取,并根据道路等级对各个等级的道路长度、宽度信息进行统计汇总。直接从遥感影像中提取的城市道路网络向量图中缺乏交叉口(结点)相关信息,因此需要对所得的城市道路网络向量图进行预处理,赋予路网中相交点连接道路的相关信息,以获取所需结点信息。利用 ArcGIS 中的拓扑(Topology)功能,根据路网中点和线相连关系,建立相对应的拓扑结构图。基于原路网信息建立地理网络,并赋予各个结点相连道路的相关信息。

在获取包含交叉口信息的城市道路网络向量图后,需要分类统计不同道路交叉口数量。由于城市道路系统中的道路交叉口种类繁多,逐一统计工作量大、可行性低。利用 ArcGIS 中的编译功能,分别统计路网中的交叉口(结点)信息。图 9-13 所示为实现不同等级交叉口统计的伪代码。

```
定义参数:结点变量 = i,三路交叉数量 = j,四路交叉数量 = k,道路等级 = n,交叉口相交道路
        数量 = m,状态变量 = 结点变量(m, n)
从初始值到限值,循环 结点变量 i,每次增量为 1
    如果(if) 相交道路数量 m = 3
        定义状态变量
        结点变量(m, n) = 结点变量(3, n)
        j = j + 1
    否则(else) 相交道路数量 m = 4
        定义状态变量
        结点变量(m, n) = 结点变量(4, n)
        k = k + 1
    结束 如果(if)
结束 循环
循环 相交道路数量 m = 3 或 4
    如果(if) 连接节点的道路等级高于初始等级
        将道路等级 n 定义为更高的道路等级
        定义状态变量
        结点变量(m, n) = 结点变量(m, 更高的道路等级)
    结束 如果(if)
结束 循环
循环 相交道路数量 m = 3 或 4,道路等级 = 1,2,3 或 4
    计算结点变量(m, n)数量
结束 循环
```

图 9-13 实现不同等级交叉口统计的伪代码

道路的路面结构形式多种多样,不仅与交通流量相关,而且和环境状况(例如土壤和气候情况)有关。但对于某特定区域的城市道路系统,同一等级道路路面结构的变化不大。各等级道路的典型路面结构如图9-14所示。

图 9-14　各等级道路典型路面结构图

9.5　研究区域物质流分析

9.5.1　研究区域

为了连通周边各个城市,发挥更好的经济带动增长作用,南京市在交通基础设施中投资巨大,但是南京市内缺乏石料等必要筑路原材料,其筑路原材料主要来源于其他省份。

自2013年我国提出"一带一路"倡议,至2016年国务院发布的《长江三角洲城市群发展规划》将南京定义为长三角唯一特大城市,南京市发展迅速,在城市基础设施建设中的投入也日益增长。大量城市基础设施建设导致负面环境效应,如能源消耗巨大、环境污染问题等,不符合国家可持续发展的战略目标,限制了南京市的建设发展。因此,本研究以南京市为研究区域,利用前文建立的城市道路系统物质存量模型,分析城市交通基础设施中的物质代谢情况,为南京市道路物质高效利用提供参考。

9.5.2 数据源与数据处理

本研究以南京市城市道路系统为研究目标,收集南京市2014—2021年的遥感地图影像、城市道路规划图、统计年鉴等资料,利用9.3节构建的卷积神经网络对遥感地图进行语义分割,获取了研究区域2014—2021年的路网向量信息(图9-15)、各等级道路长度与宽度信息,以及各类交叉口数量情况(表9-1和表9-2)。

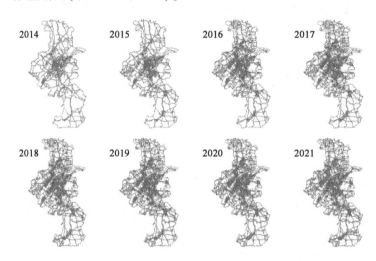

图9-15 2014—2021年南京市路网向量图

南京市各等级道路长度与宽度信息(m) 表9-1

项目		道路长度						
道路等级	道路宽度	2014年	2015年	2016年	2017年	2018年	2019年	2020年	2021年
快速路	20.0	785726	844920	899063	923077	987453	1068005	1071806	1075981
	25.0	269680	305932	325351	337050	339428	346592	355008	373214
主干道	22.5	1162499	1483677	1894033	2085633	2305604	2472924	2591310	2960613
	27.5	72031	89148	82562	77230	87574	123763	142875	183037
次干道	20.0	824459	1199850	1740628	2180393	2240831	2534513	2593206	2392157
	23.5	9113	16097	34472	54196	56405	23603	29061	28590
支路	5.0	1083208	1522945	2969752	3625486	3872435	3899212	4091807	4334758

南京市各类交叉口数量 表9-2

交叉口类型	2014年	2015年	2016年	2017年	2018年	2019年	2020年	2021年
三岔口	1514	2210	3957	5551	5971	6458	6688	7631
十字交叉口	1389	2024	3598	5229	5658	6081	6493	6624
多交叉口	13	18	52	82	86	94	88	84
总数	2916	4252	7607	10862	11715	12633	13269	14339
多交叉口比重	0.45%	0.42%	0.68%	0.75%	0.73%	0.74%	0.66%	0.59%

9.5.3 城市道路系统物质存量时间分析

根据《公路工程沥青及沥青混合料试验规程》(JTG E20—2011)进行试验,得到各种路面材料的相关参数,制备 AC-13、AC-16 马歇尔试件与 AC-25 大型马歇尔试件。获得 AC-13 最佳油石比最终值为 5.22%。同样地,得到 AC-16 和 AC-25 的马歇尔试件,确定其最佳油石比分别为 4.8%、4.45%。根据相关研究论文确定无机混合料稳定基层的掺量,并将各个参数汇总于表 9-3 中。根据 9.4 节中建立的点-线-面模型,由式(9-1)计算出南京市 2014—2021 年各个道路等级的每年物质存量,并绘制成图 9-16。

典型道路材料参数　　　　　　　表 9-3

道路材料	干密度(t/m³)	油石比	掺量
细粒式沥青混凝土 AC-13	2.363	5.22%	—
中粒式沥青混凝土 AC-16	2.370	4.80%	—
粗粒式沥青混凝土 AC-25	2.377	4.45%	—
水泥稳定碎石	2.3	—	水泥
石灰粉煤灰稳定碎石	1.820	—	石灰 8% 粉煤灰 10%

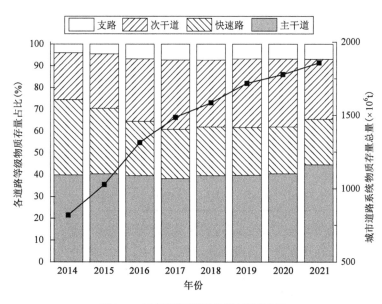

图 9-16　城市道路系统总物质存量变化图

由图 9-16 和表 9-4 可知,南京市城市道路系统总物质存量逐年递增,2014—2017 年增长迅速,2017 年后增长放缓。2014 年南京市城市道路系统总物质存量为 8.19 亿 t,在 2021 年达到 17.77 亿 t,增长了 1.17 倍。从整个城市道路系统来看,物质存量主要集中在主干道中,占比普遍在 40% 以上(2014 年、2017 年除外,主干道物质存量占比分别为 39.9%、38.2%),支路中物质存量最少,历年占比在10%以下。这主要是由于主干道的道路长、宽,且结构复杂、分布范围广;而支路虽然道路数量多、长度长、分布广,但道路结构简单,道路窄。

南京市各等级道路物质存量($\times 10^6$ t)　　　　　表9-4

道路等级	材料类型	2014年	2015年	2016年	2017年	2018年	2019年	2020年	2021年
快速路	沥青	4.06	4.42	4.70	4.83	5.08	5.42	5.47	5.55
	水泥	9.21	10.04	10.67	10.96	11.54	12.30	12.41	12.60
	集料	270.03	294.26	312.62	321.20	338.15	360.47	363.53	369.29
主干道	沥青	5.40	6.87	8.60	9.38	10.38	11.28	11.89	13.70
	水泥	5.52	7.02	8.78	9.58	10.60	11.52	12.15	13.99
	石灰	7.33	9.33	11.67	12.74	14.09	15.32	16.15	18.60
	粉煤灰	9.17	11.66	14.59	15.92	17.61	19.15	20.18	23.25
	集料	299.49	380.95	476.76	520.24	575.53	625.65	659.55	759.66
次干道	沥青	1.86	2.72	3.97	5.00	5.14	5.70	5.84	5.40
	水泥	3.65	5.32	7.77	9.77	10.04	11.15	11.43	10.55
	石灰	4.85	7.07	10.33	12.99	13.35	14.82	15.19	14.03
	粉煤灰	6.06	8.84	12.91	16.23	16.69	18.53	18.99	17.53
	集料	160.13	233.69	341.14	429.09	441.08	489.71	501.94	463.41
支路	沥青	0.61	0.85	1.66	2.02	2.16	2.17	2.28	2.42
	石灰	1.57	2.21	4.31	5.26	5.62	5.65	5.93	6.28
	粉煤灰	1.97	2.76	5.39	6.57	7.02	7.07	7.42	7.85
	集料	28.29	39.78	77.55	94.61	101.06	101.74	106.76	113.08

从城市道路系统的物质组成结构来看,集料是城市道路系统中的主要构成材料,是五种材料中占比最多的(表9-5),历年平均存量在1.3亿t以上;反之,沥青存量是最少的,研究年限内的平均存量为0.209亿t。集料的物质存量历年占比均在92%左右,其余四种材料的占比约为2%,其中沥青的占比每年稳定在1.4%附近,石灰、粉煤灰的占比逐年增加,水泥的占比则逐年下降。

城市道路系统内部各种材料的物质存量增长呈现协调性,但是石灰和粉煤灰的增长速率相对较快。分析道路结构可以得知,石灰和粉煤灰碎石基层的应用广泛,这两种材料的物质存量与主干道、次干道、支路的物质存量挂钩,因此石灰和粉煤灰的增长速率是五种材料中最快的。

城市道路系统中各种材料的物质存量(×10⁶t)　　　　表9-5

材料	沥青	水泥	石灰	粉煤灰	集料碎石	总量
2014年	11.93	18.38	13.75	17.2	757.94	819.2
2015年	14.86	22.38	18.61	23.26	948.68	1027.79
2016年	18.93	27.22	26.31	32.89	1208.07	1313.42
2017年	21.23	30.31	30.99	38.72	1365.1	1486.35
2018年	22.76	32.18	33.06	41.32	1455.82	1585.14
2019年	24.57	34.97	35.79	44.75	1577.57	1717.65
2020年	25.48	35.99	37.27	46.59	1631.78	1777.11
2021年	27.07	37.14	38.91	48.63	1705.44	1857.19
增长率(%)	127	102	183	183	125	127

9.5.4 城市道路系统物质存量敏感性分析

为了更加直观地反映物质存量计算结果的可靠性，本研究对物质存量进行敏感性分析。敏感性分析依赖于参数的选择，通过对上一节物质存量模型的公式描述，选取了长度、宽度、道路结构层层厚与交叉点4类参数进行敏感性分析。每类参数又根据道路等级进一步细化，一共获得21个参数，如表9-6所示。

敏感性分析参数　　　　表9-6

长度参数	宽度参数	道路结构层层厚参数	交叉点参数
道路总长度（快速路）	行车道宽度（快速路）	细粒式沥青混凝土层厚(AC-13)	交叉点数量（快速路）
道路总长度（主干道）	行车道宽度（主干道）	中粒式沥青混凝土层厚(AC-16)	交叉点数量（主干道）
道路总长度（次干道）	行车道宽度（次干道）	粗粒式沥青混凝土层厚(AC-25)	交叉点数量（次干道）
道路总长度（支路）	行车道宽度（支路）	水泥稳定碎石层厚(快速路)	交叉点数量（支路）
—	—	水泥稳定碎石层厚(主干道)	—
—	—	水泥稳定碎石层厚(次干道)	—
—	—	石灰粉煤灰稳定碎石层厚(主干道)	—
—	—	石灰粉煤灰稳定碎石层厚(次干道)	—
—	—	石灰粉煤灰稳定碎石层厚(支路)	—

每个参数变量都被设定为有±5%的不确定度。计算不确定度造成的与目标结果的偏差值后，进行归一化计算[式(9-5)]，得到归一化后的敏感性系数，并按从大到小的顺序进行排列。本节采用的敏感性分析方法为单因素敏感性分析，即在对其中一个参数进行敏感性分析时，需要固定其他参数，以获得归一化后的敏感性系数指标。

$$\text{SAF}_{\text{nor},i} = \frac{\Delta ms_i}{\Delta ms_{\max}} \tag{9-5}$$

式中，$\text{SAF}_{\text{nor},i}$ 为第 i 个参数归一化后的敏感性系数；Δms_i 为改变第 i 个参数不确定度导致的物质总存量变化量；$\Delta ms_{\max}$ 为所有参数中导致物质总存量变化量的最大值。

分别对 2014—2021 年城市道路系统的各年物质存量进行敏感性分析，2014 年与 2015 年的敏感性分析结果显示，这两年各参数的敏感性系数差异不显著，并且呈现相似的规律与趋势；而 2016 年及之后年份的各参数的敏感性系数结果显示，其随年份变化差异不显著。因此，本研究以 2014 年和 2016 年的敏感性分析结果为例进行详细介绍和分析。

2014 年的南京市城市道路系统物质存量敏感性分析结果被绘制于图 9-17 中。本节将归一化后的敏感性系数大于 0.5 的参数归为强敏感性，敏感性系数在 0.1~0.5 之间的归为一般敏感性，敏感性系数小于 0.1 的归为弱敏感性。

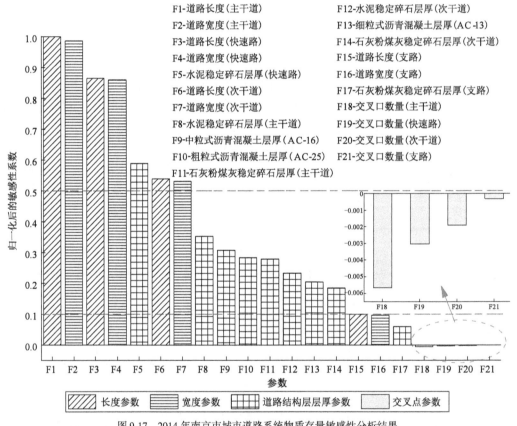

图 9-17　2014 年南京市城市道路系统物质存量敏感性分析结果

由图 9-17 可知，交叉点与支路的各项参数呈现弱敏感性，这些参数对城市道路系统物质总存量的影响有限，即这些参数的变化不会使整个系统内部的物质总存量发生较大变化。相反地，主干道、快速路与次干道的长度和宽度参数，呈现强敏感性，这些参数的变化会显著改变研究区域内部的物质总存量。道路结构层层厚参数则呈现一般敏感性，虽然对研究区域的物质总存量存在影响，但是造成的影响不如主干道、快速路与次干道的长度和宽度参数大。

整体来说,前四种影响最大的参数分别是主干道道路长度、主干道道路宽度、快速路道路长度与快速路道路宽度。具体而言,2014年主干道与快速路的物质存量分别占总存量的39.9%和34.6%,主干道和快速路的相关系数发生变化后必然对物质总存量造成显著的影响。这是因为城市快速路与主干道的道路等级高,其路面结构要求更高,对应的道路宽度更宽;所以这两种道路等级对应的道路长度变化会显著改变物质总存量。同时由表9-1可知,主干道和快速路道路总长度分别为1234.53km和1055.41km,占整个城市道路系统中的所有道路等级总长度的比重分别为29.4%和25.1%;在对主干道和快速路的长度参数进行敏感性分析时,需要对二者的道路总长度进行±5%的数值变化,这也造成了这两种等级道路的长度变化对物质总存量影响很大。并且,由于主干道和快速路的道路总长度长,其对应的道路宽度变化也会造成明显的物质总存量变化。这一结果显示,对于高等级的城市道路,过度的扩张、过量的道路宽度都可能会造成大量的资源浪费和土地资源占用问题。因此道路工作者在进行城市道路网布局时,不应该一味追求更宽的道路来解决城市交通拥堵问题;应通过增强城市路网的通达性,为出行提供更多的选择,实施"窄道路,密路网"等政策。在解决城市交通拥堵问题的同时,避免造成城市道路系统内部资源浪费。

快速路的水泥稳定碎石基层层厚与次干道的长度、宽度参数变化对城市道路系统的物质存量也有较为显著的影响。由先前分析结果可知,快速路的长度长、宽度宽,同时水泥稳定碎石基层是其对应的道路断面结构中最厚的路面结构层,因此快速路的水泥稳定碎石基层层厚的变化对城市道路系统的物质总存量影响也较为显著。对于次干道,虽然其道路长度、宽度相较于快速路和主干道短、窄,但也有较大的体量,因此其道路长度、宽度的影响效果排在第六、七位。

除了前七种呈现强敏感性的参数之外,道路结构层层厚参数对城市道路系统物质总存量也有一定影响,特别是高等级道路的结构层层厚。由于等级越高的城市道路,其路面结构越复杂,对各结构层、所需材料的性能要求越高,对应的压实度要求越严格,这意味着相同体积的路面结构,等级越高的道路中蕴含的物质存量越多。因此在城市道路网络中,根据修建道路功能选取合适的道路路面结构十分重要,不过分追求高质量、高标准的路面结构对于减少资源的浪费与减轻环境负荷有重要的意义。

由图9-17可以看到,参数F15~F21的归一化后的敏感性系数均小于0.1;其中参数F18~F21为负值,即交叉点参数是四大类参数中唯一为负的参数,与物质总存量呈现负相关性。这代表着交叉口数量越多,重叠部分越大,对物质存量的累积有缓解的效果,但效果不显著。支路与次干道中包含的交叉口数量巨大,因此在进行道路系统布置、规划与监管时,应该关注这两类道路的交叉口设置,注意发挥支路和次干道分担干线道路流量、缓解其交通压力的作用。其中参数F15~F17为支路的各项参数,这是因为在2014年的南京路网结构中,支路所占的比重小,同时又因为支路主要的功能是服务功能,其道路宽度窄,所以造成了与支路相关的参数对系统物质总存量的影响有限的结果。

对比图9-17与图9-18,发现2016年南京市城市道路系统中与物质总存量呈现强敏感性的参数变成了主干道、次干道和快速路的长度、宽度参数。其中前四种影响最大的参数分别为主干道道路长度、主干道道路宽度、次干道道路长度和次干道道路宽度。相较于2014年,次干道的长度、宽度参数取代快速路的长度、宽度成为第三、四位的重要影响参数。由图9-16可以看出,2014—2016 年次干道的物质存量占比逐年增加。在 2014 年快速路内部蕴含物质存量(2.83 亿 t),是次干道(1.76 亿 t)的 1.6 倍,在 2016 年次干道中存储的物质质量(3.76 亿 t),首次超过快速路(3.28 亿 t),此后次干道中的物质存量一直高于快速路。分析表 9-1 可知,在研究年限内,研究区域的次干道不断扩张,长度不断增加;在 2014 年快速路的道路长度是次干道的 1.27 倍,而在 2016 年次干道的道路长度已经扩大为快速路的 1.45 倍。因此,次干道的迅速扩张是其影响效果不断提升的主要原因。

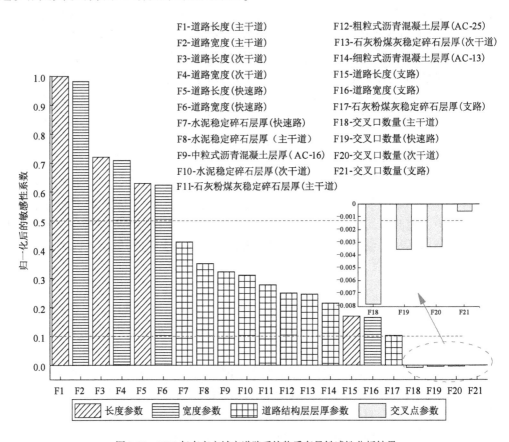

图 9-18 2016 年南京市城市道路系统物质存量敏感性分析结果

除此之外,在 2016 年的敏感性分析结果中可以看到除了交叉口参数之外,没有其他参数的归一化后的敏感性系数小于 0.1。对城市道路网络结构进行分析后发现,在 2016 年后,支路的道路总长度取代主干道成为整个道路系统中道路总长度最长的道路等级。因此研究区域内部物质总存量对支路相关参数的敏感性提高,成为一般敏感性参数。

9.6 城市道路系统环境效应影响评价

清单分析是 LCA 的重要阶段,本研究在对城市道路相关产品的环境负荷清单进行研究时,通过查阅相关文献、环境影响清单数据库、生产流程中涉及单位提供数据等,确定各种材料生产过程以及能源消耗产生的环境影响。因为本研究的关注点在于系统内部所积累的物质情况,所以本研究利用 LCA 技术框架,分析城市道路系统的筑路材料开采与运输、材料的生产与加工两个生命周期阶段对环境的影响。本研究的环境影响评价共涉及 9 种环境影响类别,包括非生物质消耗(kg Sb_{-eq})、温室效应(kg CO_{2-eq})、臭氧层破坏(kg $CFC-11_{-eq}$)、人体健康影响(kg $1,4-DB_{-eq}$)、淡水污染(kg $1,4-DB_{-eq}$)、土地污染(kg $1,4-DB_{-eq}$)、光化学污染(kg C_2H_{4-eq})、酸化效应(kg SO_{2-eq})及富营养化(kg $PO_4^{3-}{}_{-eq}$)。

9.6.1 道路等级环境影响评价

根据计算结果,按照道路等级分类,将四种道路等级的各种环境影响随时间变化情况绘制图 9-19。

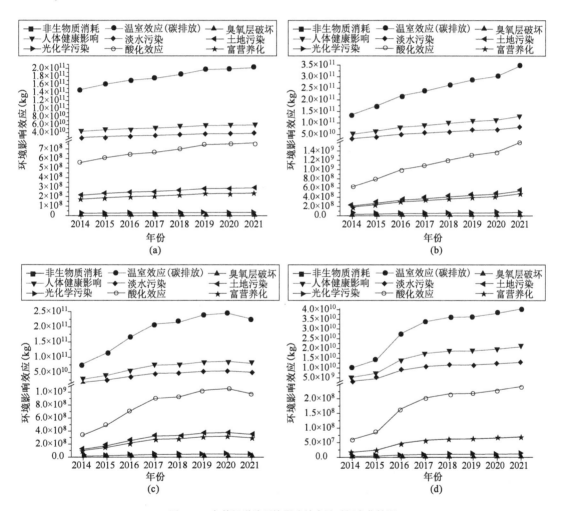

图 9-19 各等级道路环境影响效应随时间变化情况

整体而言,同一种等级道路的各类别环境影响趋势大体一致。因此在具体分析时,可选取温室效应来分析其环境影响效应,即具体量化分析各等级道路的碳排放量。

为了更加直观地分析不同道路等级的环境影响,本研究将四种等级道路中最高排放率(以温室效应为例,取碳排放率)设置为 100%,对比四种等级道路产生的环境影响之间的关系,对应图 9-20 左轴;同时将四种等级道路产生的碳排放量随时间变化情况绘制于图 9-20 右轴。

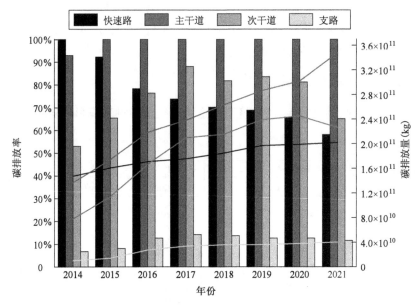

图 9-20 各等级道路碳排放率随时间变化情况

由图 9-20 可以看到,在 2014 年,快速路的碳排放量(1.48 亿 t)是四种等级道路中最大的。这是由于快速路的水泥稳定基层最厚,而水泥产生的碳排放影响最大,导致在 2014 年虽然快速路的物质存量少于主干道,但是其碳排放量最大。随着时间推移,主干道和次干道的规模不断扩大,物质存量不断累积,二者的碳排放量逐渐超过快速路。具体地,在 2015 年,主干道(1.74 亿 t)造成的温室效应超过快速路(1.61 亿 t),成为南京城市道路系统中碳排放量最多的道路等级。在 2017 年,次干道的碳排放量(2.10 亿 t)也超过快速路(1.76 亿 t)的碳排放量,成为碳排放量第二多的道路等级。支路产生的碳排放量最少,均小于 4×10^{10} kg。

总体上看,2014—2021 年间,南京市城市道路系统的碳排放总量由 3.73 亿 t 增长为 8.16 亿 t,增长速度为 119%;快速路、主干道、次干道和支路的碳排放增长速度分别为 40%、150%、190% 和 300%;整个道路系统和各等级道路子系统的碳排放增长速度与其物质存量的增长速度保持一致。

对于快速路,2014—2021 年始终处于平缓扩张的态势,因此其产生的温室效应增长速度也较平稳。对于主干道来说,2014—2016 年和 2020—2021 年处于快速扩张时期,其环境影响效应也显著加剧。次干道和支路的环境影响效应显著提高阶段均在 2014—2017 年。

对图 9-20 进行分析时,发现一个有趣的现象:2017—2021 年,次干道和支路的碳排放量整体不断增长,但是其碳排放率却在整体不断下降。通过分析 2017—2021 年各等级道路的碳排放量,发现有两个原因导致这一现象:一是次干道和支路的扩张速度在 2017—2021 年相对放缓,这段时期的扩张速度与主干道相比更慢;二是由于主干道一直是碳排放量最大的道路等级,其增长的量级相对支路来说大得多,即使支路物质存量的增长速度很快,其增长量相对于主干道增长量来说仍然很小。

9.6.2 道路材料生产和运输阶段环境影响评价

由前文分析可知,城市道路系统的环境影响效应与物质存量相关。本节的主要目的是阐述不同道路材料生产和运输阶段的环境影响效应存在的差异,不再赘述其随时间的变化情况。本节对不同道路材料生产和运输阶段的不同环境影响类别进行详尽的分析(图9-21)。为了直观展示各种材料产生的环境影响程度,本书设置各种环境影响类别的总影响值为100%。将不同材料产生的环境影响百分比绘制在图9-22中。

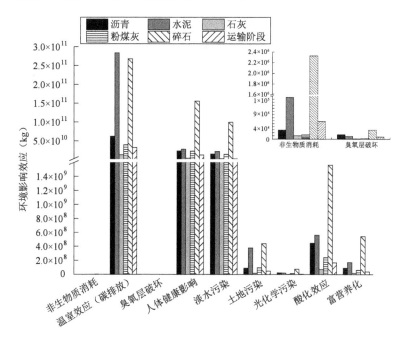

图9-21 各种材料生产和运输阶段不同环境影响效应

由图9-21可以看出,研究的九种环境影响类别中,造成环境影响最严重的前三种材料分别为碎石、水泥、沥青。对于温室效应,水泥(2.84亿t)生产过程产生的影响最为显著,碎石(2.68亿t)其次,沥青(0.62亿t)、粉煤灰(0.39亿t)与所有材料运输阶段(0.32亿t)产生的影响逐个减少,石灰(0.14亿t)产生的温室效应影响最小。由表9-4可知,2018年南京市城市道路系统内部水泥存量为0.30亿t,而碎石存量为14.56亿t,碎石存量是水泥存量的48.5倍,但水泥产生的碳排放却是整个系统研究周期阶段中最多的。水泥显著的温室效应影响应当引起道路相关工作者的重视。

除温室效应外,其他八种环境影响类别中污染最为严重的均为碎石。这是由于城市道路系统中碎石的体量巨大,并且石料的开采、生产和运输过程中,会产生大量的固体废弃物以及扬尘,危害人类健康。因此,因碎石而产生的显著环境影响也应引起重视,特别是对道路废弃碎石的重新利用。

由图9-22可以看出,在非生物质消耗环境效应影响中,碎石的开采、生产过程是最主要的环境效应影响因素,其环境影响百分比在90%以上。水泥(5.27%)、运输(2.22%)分别是第二、三环境效应影响因素。其余材料的开采、生产过程导致的非生物质消耗影响占比均在

1.5%以下。由于城市道路系统中,碎石的体量过于庞大,其开采、生产过程中必然需要消耗巨量的非生物质燃料(化石燃料)。除温室效应外,由于碎石的大体量,其产生的环境效应影响百分比最大,因此在其他种类环境效应影响分析中不再赘述。在水泥的生产过程中,需要将碳酸钙加热至1600℃以满足其化学反应的吸热要求,这个过程需要消耗大量的化石燃料。运输阶段中,主要是运输车辆对化石燃料的消耗,同样地,所有材料的运输需要耗费大量的非生物质燃料。

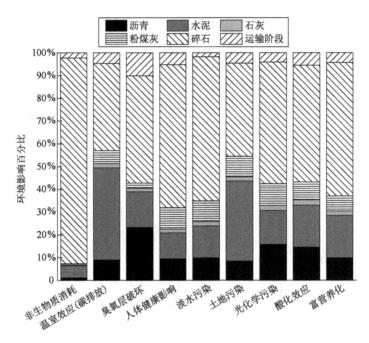

图9-22 各种材料生产运输阶段不同环境影响百分比

对于温室效应而言,水泥的环境影响百分比最大,占40.55%;碎石的环境影响百分比第二,占38.31%;沥青的环境影响百分比第三,占8.91%;其他的环境影响百分比均在5%之下。水泥生产需要煅烧碳酸钙矿料。由碳酸钙煅烧的化学方程式和物质守恒定律可得,每煅烧1kg碳酸钙就会产生0.44kg CO_2。除此之外,水泥生产过程中涉及高温加热、研磨、破碎等都需要消耗大量的化石燃料,化石燃料的燃烧也伴随着大量CO_2排放。碎石在其开采、生产过程中消耗90.45%的化石燃料,产生大量的化石燃料燃烧产物(CO_2)。沥青在其抽提、馏分、精炼等过程中,都需要燃烧化石燃料以提供高温,因此沥青产生的温室效应影响也不容小觑。

对于臭氧层破坏类环境效应影响,前三位的分别为碎石(47.08%)、沥青(23.26%)和水泥(15.65%)。在沥青生产过程中,沥青馏分过程会出现挥发性有机化合物逃逸至空气中;同时在高温加热过程中也会出现沥青气化逸散的现象,导致大量有机化合物等逃逸到大气中。这些有机物对臭氧层破坏和光化学污染都有较大的影响。而水泥在生产过程中,涉及矿料的煅烧,当矿料中存在萤石(CaF_2)时,在高温煅烧过程中CaF_2中氟元素会以气体形式排入大气中;同时在矿物中通常会存在硅元素,CaF_2中氟元素会与硅元素结合产生剧毒物质SiF_4并排入大气中。含氟化合物[如氟利昂(CFC)]对臭氧层有严重的破坏作用,因此在水泥生产过程中也会造成严重的臭氧层破坏影响。

对于人体健康影响、淡水污染、土地污染、光化学污染、酸化效应和富营养化这六种环境效应影响,三大主要因素都是碎石、水泥、沥青的开采、生产过程。根据前文的分析,在水泥、沥青生产过程中,均产生大量的有毒气体逸散到大气中;同时,燃料燃烧产物中包含大量氮氧化合物NO_x、硫氧化合物SO_x等。这些气体的排放严重影响人体健康,同时也是光化学污染和酸雨产生的主要原因。水泥在生产过程中会产生有害的副产品,由于水泥的化学特性,在生产过程中产生的废水呈碱性且富含磷酸盐(PO_4^{3-}),这些综合因素导致了水泥的土地污染、富营养化以及淡水污染,影响较大。由于沥青中存在大量的芳香烃化合物和重金属物质,在生产过程中以废水、固体废弃物的形式被排放到环境中,造成淡水污染、土地污染和水体富营养化。

石灰造成的环境影响很小,占比均在2.5%以下。粉煤灰除了非生物质消耗和臭氧层破坏的环境影响百分比在5%以下外,其他环境影响百分比均在5%~10%之间,其中人体健康影响、淡水污染、土地污染和光化学污染的环境影响百分比与沥青相近。这是因为粉煤灰造成的环境影响,主要来自煤电厂燃煤燃烧产生的氮氧化合物NO_x、硫氧化合物SO_x、PM_{10}等燃烧产物以及粉尘污染等。

运输阶段的环境影响百分比除了臭氧层破坏、人体健康影响和酸化效应外,其他均在5%之下。对运输阶段而言,其环境影响主要来源于机械运行能源消耗以及燃烧非生物质燃料时产生的氮氧化合物NO_x、硫氧化合物SO_x等有害气体排放,以及在运输各种物质过程中产生的PM_{10}(例如集料、粉煤灰等运送时由于颠簸产生可吸入颗粒性物质)、挥发性有机化合物(例如在沥青运输过程中由于持续加热导致有机物挥发)。因此运输阶段的臭氧层破坏、人体健康影响和酸化效应的环境影响百分比均在5%~10%之间。

经过分析,本节研究发现水泥和沥青在城市道路系统中属于小存量材料,但是产生的环境影响却十分显著。以往的许多研究[33-35]针对水泥、沥青路面做过许多相关环境影响效应分析,以提供更加生态环保的道路材料选择方案。研究结果也表明沥青路面相比水泥路面产生的环境影响小。同时,相比于对水泥、沥青的环境效应影响有大量的相关研究,针对碎石的环境效应影响分析却很少。事实上,在城市道路系统中碎石大量累积,任何忽略碎石环境影响而期望得到令人信服的城市道路系统规划指导无异于空中楼阁。因此,道路工作者也应该关注城市道路系统内部的集料使用状况。例如,及时回收利用废弃集料对减少城市道路系统的环境负荷是一个有效可行的策略。

9.7 城市道路系统环境效率分析

在分析城市道路系统的物质代谢基础上,除了分析相应的输入流和输出流,还可以进一步量化分析其内部环境效率。本节进一步量化分析道路系统的输入流、输出流,确定系统内部的环境效率,即筑路资源的使用效率,以更加直观地展示城市道路系统的环境影响。本节针对城市道路系统中的环境效应影响作为非期望输出的情况,基于改进的数据包络分析方法,建立了城市道路系统的环境效率评价模型,分别对南京市各等级道路子系统进行逐年环境效率计算,并解释分析相应的环境效率值指标。最后针对各个等级道路子系统的环境效率情况,提出相应的筹划建议。

9.7.1 数据包络分析

在利用 MFA 和 LCA 分析城市道路系统后,为进一步了解所研究系统物质与环境影响的相关关系,对城市道路系统的环境代谢效率分析必不可少。数据包络分析(Data Envelopment Analysis,DEA)是一种数学线性规划方法论,用于评估大量个体的输入、输出数据,这些评估对象通常称为决策单元(Decision Making Units,DMUs)。DEA 作为一种以数据为主导的高效分析工具,其目的就是对一系列 DMUs 的相关效率进行评估。在 DEA 方法论中,每一个 DMU 都定义为将输入转化为输出的主体,因此 DEA 可以评估 DMUs 的效率前沿面(前沿面将 DMUs 包括在其中),获取每个 DMU 的效率评分,并对效率前沿面之外的 DMUs(这些决策单元为非高效的决策单元)的输入、输出提出相应的改善意见。DEA 方法论的一个优势在于利用标准偏差对问题进行规划分析,可以同时评价大量的输入、输出数据。

DEA 中涉及的变量有两类,分别是输入变量和输出变量,其中输入变量应该实现最小化,而输出变量应该实现最大化。因此,DEA 模型可以分成输入主导模型和输出主导模型两种。输入主导模型是为了实现完全技术效率(Technical Efficiency,TE)在给定输出标准的情况下使输入最小化,而输出主导模型是为了被观测输入值不扩张的情况下,最大化输出。因此,输出主导模型更适用于对决策单元的生产能力与生产力极限的评估。

DEA 方法论被频繁用于目标设定与资源调配[36-37]、行业效绩评估[38]与复杂网络结构分析[39]。在 Färe 等[40]的研究中,首次利用 DEA 方法从输入、输出的视角进行环境效率分析。此后,研究者将 DEA 视为环境评估的重要工具。常见的 DEA 模型有传统 DEA 模型、SBM(Slacks-Based-Measure)-DEA 模型、Two-Stage DEA 模型、non-radial DEA 模型、Ray slack-based DEA 模型等,其中传统 DEA 模型又包括 CCR 模型、BBC 模型两种。

(1) 传统 DEA 模型

假定有 n 个 DMUs,对于任意一个 $DMU_j(j=1,\cdots,n)$ 有 m 个输入 $x_{ij}(i=1,\cdots,m)$ 和 s 个输出 $y_{rj}(r=1,\cdots,s)$。输入 i 和输出 r 分别对应权重 v_i 和 u_r,借鉴传统收益/支出理论,DMU_j 的效率为 $e_j = \sum_r u_r y_{rj} / \sum_i v_i x_{ij}$。

①CCR 模型。

1978 年,Charnes、Cooper 和 Rhodes[41]基于所有 DMUs 的规模效率都是不变(Constant Returns to Scale,CRS)的假定提出了 CCR 模型,推动了数据包络分析发展。CCR 模型一般采用输入主导模型,包括分式规划模型和线性规划模型两种。在 CCR 模型中,通过求解特定的非线性规划问题得到合适的变量权重,从而计算 DMUs 的技术效率。CCR 模型中的分式规划模型如式(9-6)所示:

$$\begin{cases} e_o = \max \sum_r u_r y_{ro} / \sum_i v_i x_{io} \\ \text{s.t.} \sum_r u_r y_{ro} - \sum_i v_i x_{io} \leq 0, \forall j \\ u_r, v_i \geq \varepsilon, all\ r, i. \end{cases} \quad (9-6)$$

式中,ε 为非阿基米德无穷小常量,用于限制变量严格为正数。

令 $\mu_r = tu_r$ 以及 $v_i = tv_i$，其中 $t = (\sum_i v_i x_{io})^{-1}$，则式(9-6)可以转化为线性规划模型，如式(9-7)所示：

$$\begin{cases} e_o = \max \sum_r u_r y_{ro} \\ \text{s.t.} \sum_i v_i x_{io} = 1 \\ \sum_r u_r y_{ro} - \sum_i v_i x_{io} \leq 0, \forall j \\ u_r, v_i \geq \varepsilon, all\, r, i. \end{cases} \quad (9\text{-}7)$$

②BBC 模型。

在 1984 年，由 Banker 等[42]在 CCR 模型基础上提出了 BBC 模型。基于 DMUs 规模效率可变(Variable Returns to Scale, VRS)的假定，改进 CCR 模型后得到 BBC 模型。BBC 模型在 CCR 模型基础上，对相关系数添加了相应的限制条件 $\sum_j \lambda_j = 1$。

但是无论是 CCR 模型还是 BBC 模型，在对输入变量、输出变量的选择时都只考虑到期望的输入输出，没有涉及非期望输出时的计算方案。然而，由于各种活动而产生的环境污染物被归类为非期望输出，因此在评估环境效率时，必然涉及非期望输出的计算。这使得典型 DEA 模型在处理环境效率评价问题时存在一定局限性。因此涉及对城市道路系统内部的环境效率分析时，应该基于传统 DEA 模型进行相应的改进，以适应对城市道路系统的环境效率进行计算分析。

(2)SBM-DEA 模型

传统 DEA 模型线性分段的效率度量方式会造成输入过剩和输出不足的问题，为了解决这一问题，Tone[43]通过松弛度量来定义低效率的输入过剩量或输出不足量，提出了 SBM 模型。基于输入过剩而输出不足问题，SBM 模型假定测量单位不变，并且在每个输入和输出松弛中保持单调递增。SBM-DEA 模型的分式规划计算方法定义如式(9-8)所示：

$$\begin{cases} \min \rho = \dfrac{1 - \dfrac{1}{m} \sum_r s_r^- / x_{io}}{1 + \dfrac{1}{s} \sum_r \dfrac{s_r^+}{y_{ro}}} \\ \text{s.t.} \sum_j \lambda_j x_{ij} + s_i^- = x_{io}, \forall i \\ \sum_j \lambda_j y_{rj} - s_r^+ = y_{ro}, \forall r \\ \lambda_j, s_i^-, s_r^+ \geq 0, \forall i, j, r \end{cases} \quad (9\text{-}8)$$

式中，ρ 为效率评价标准，当 $\rho^* = 1$ 时，评价的决策单元可以称为有效 SBM 效率，此时等价于 $s_i^-, s_r^+ = 0$，没有输入过剩和输出不足的问题；当 $\rho < 1$，说明决策单元无效率，需要对该决策单元的输入、输出进行改进。

令 $S_i^- = t s_i^-, S_i^+ = t s_r^+, \Lambda_j = t \lambda_j$，则式(9-8)可以转换为线性规划模型，如式(9-9)所示：

$$\begin{cases} \min\tau = t - \dfrac{1}{m}\sum_i S_i^- / x_{io} \\ \text{s.t. } 1 = t + \dfrac{1}{s}\sum_r S_r^+ / y_{ro} \\ \sum_j \Lambda_j x_{ij} + S_i^- = tx_{io}, \forall i \\ \sum_j \Lambda_j y_{rj} - S_r^+ = ty_{ro}, \forall r \\ \Lambda_j, S_i^-, S_r^+ \geq 0, t > 0, \forall i,j,r \end{cases} \quad (9\text{-}9)$$

9.7.2 改进的 SBM-DEA 模型

对于城市道路系统,产生的环境污染排放被认为是非期望输出。常见的非期望输出处理方式有两种,分别是将非期望输出直接处理为实际生产过程中的输出[44]和将非期望输出视为输入[48]。在 SBM-DEA 模型的基础上,许多研究[45-47]针对系统环境效率评价中的非期望输出,对原始 SBM-DEA 模型提出了改进方案,即将非期望输出同时加入目标方程和限制方程中,使得改进后的 SBM-DEA 模型更适用于对研究系统的环境效率评定。

由于在城市道路系统中,研究者对其产生的温室气体格外关注,在改进的 SBM-DEA 模型中,加入一个矩阵 $C = [c_{kj}]$ ($k = 1,\cdots,1$),C 代表 CO_2 的排放量。改进后的 SBM-DEA 模型如式(9-10)所示:

$$\min\rho = \dfrac{1 - \dfrac{1}{m}\sum_r \dfrac{s_r^-}{x_{io}}}{1 + \left(\dfrac{1}{s+l}\right)\left(\sum_r \dfrac{s_r^+}{y_{ro}} + \sum_k \dfrac{s_k^c}{c_{ko}}\right)}$$

$$\text{s.t. } \sum_j \lambda_j x_{ij} + s_i^- = x_{io}, \forall i \quad (9\text{-}10)$$

$$\sum_j \lambda_j y_{rj} - s_r^+ = y_{ro}, \forall r$$

$$\sum_j \lambda_j c_{kj} + s_k^c = c_{ko}, \forall k$$

$$\lambda_j, s_r^-, s_r^+ \geq 0, \forall i,j,r,k$$

令 $S_i^- = ts_i^-, S_r^+ = ts_r^+, S_k^c = ts_k^c, \Lambda_j = t\lambda_j$,将其转换成线性规划模型,如式(9-11)所示:

$$\begin{cases} \min\tau = t - \dfrac{1}{m}\sum_i S_i^- / x_{io} \\ \text{s.t. } 1 = t + \dfrac{1}{s+l}\sum_r \left(\dfrac{S_r^+}{y_{ro}} + \sum_k \dfrac{S_k^c}{c_{ko}}\right) \\ \sum_j \Lambda_j x_{ij} + S_i^- = tx_{io}, \forall i \\ \sum_j \Lambda_j y_{rj} - S_r^+ = ty_{ro}, \forall r \\ \sum_j \Lambda_j c_{kj} - S_k^c = tc_{ko}, \forall k \\ \Lambda_j, S_i^-, S_r^+, S_k^c \geq 0, t > 0, \forall i,j,r,k \end{cases} \quad (9\text{-}11)$$

在本研究中,定义效率指数 ρ^* 为环境效率指数(Environmental Efficiency Index, EEI),由

于松弛系数 S_k^c 代表的是松弛后过量的碳排放,将每个决策单元对应的松弛系数 S_k^c 定义为可减少的碳排放量(Potential Carbon Reduction,PCR),并且根据收益/支出理论对每个决策单元定义碳效率(Carbon Efficiency,CE),用目标碳排放和实际碳排放的比值[50]表示 CE 值,具体表达式如式(9-12)所示:

$$\begin{cases} \min \tau = t - \dfrac{1}{m}\sum_i S_i^-/x_{io} \\ \text{s. t. } 1 = t + \dfrac{1}{s+l}\sum_r \left(\sum_r \dfrac{S_r^+}{y_{ro}} + \sum_k \dfrac{S_k^c}{c_{ko}}\right) \\ \sum_j \Lambda_j x_{ij} + S_i^- = tx_{io}, \forall i \\ \sum_j \Lambda_j y_{rj} - S_r^+ = ty_{ro}, \forall r \\ \sum_j \Lambda_j c_{kj} - S_k^c = tc_{ko}, \forall k \\ \Lambda_j, S_i^-, S_r^+, S_k^c \geq 0, t > 0, \forall i,j,r,k \end{cases} \quad (9\text{-}12)$$

9.7.3 资源使用效率分析

本节使用的数据包括:①物质存量模型计算所得结果,即资源投入情况;②LCA 量化分析得到的化石能源消耗量(非生物质消耗)和 CO_2 排放量(温室效应);③由江苏省发布的各年"建设工程材料指导价格"计算得到的资金投入;④由南京市公安局交通管理局发布的日均交通流量与部分实测交通流量资料。将 DEA 模型中各种类型的输入、输出数据及其平均值汇总于表 9-7 和表 9-8 中。

SBM-DEA 模型输入、输出数据描述　　表 9-7

输入	非能源输入(x^m)	建设材料(x^{m1})
		资金(x^{m2})
	能源输入(x^e)	化石能源
输出	期望输出(y^d)	道路运载交通流量
	非期望输出(c^k)	CO_2 排放量

SBM-DEA 模型输入、输出数据平均值　　表 9-8

变量	单位	2014年	2015年	2016年	2017年	2018年	2019年	2020年	2021年
x^{m1}	10^6 t	204.80	256.95	328.36	371.59	396.29	429.41	444.28	464.30
x^{m2}	百万元	4.62	5.86	7.56	8.47	9.38	11.71	12.95	14.28
x^e	t	335.43	419.47	533.40	602.49	642.42	696.21	720.02	752.15
y^d	辆/天	39131	46304	52362	59032	65747	75381	83120	92528
c^k	10^6 t	9.33	11.59	14.59	16.43	17.49	18.97	19.60	20.41

对以往道路交通系统的效率分析相关文献进行查阅,发现很少有研究者会对单个城市内部各道路等级子系统的效率进行计算分析。通常研究者都将目光锁定于全国性的交通系统效率,例如对各省的交通系统进行效率分析,他们在进行研究时,通常将各省的生产总值、客运周转量、货运周转量作为期望输出进行研究。

本书在对城市交通系统内部子系统进行环境效率分析时,考虑到城市道路系统构建的目的就是研究运输城市内部的车辆。因此,采用各等级道路能够运载的交通流量作为环境效率分析中的期望输出。本书中采用各等级道路的年平均日交通量作为其道路承载交通流量。

由前文得到的非期望输出共有 9 种,经过分析后发现,各等级道路子系统的环境效应影响与其物质存量呈现相关性,各类环境效应影响之间也具有相关性。由于使用的 DEA 模型是进行线性规划求解的,当非期望输出之间存在相关性时,非期望输出的类别数目造成的环境效率分析结果差别不大。将涉及的 9 种环境效应影响均作为非期望输出,进行环境效率分析,得到环境效率指数如表 9-9 所示。

由于当前社会对于全球变暖问题的高度关注,且 CO_2 的排放量巨大,本文选用温室效应(CO_2 排放量)作为非期望输出代表数据进行分析。

9.7.4 DEA 结果分析

根据 9.7.2 小节建立的模型,调用 Python 中提供的 scipy 库函数计算求得 DEA 结果。具体地,由式(9-12)中的限制条件,对各松弛系数进行迭代计算;调用 scipy 中函数优化功能 optimize,利用修正单纯形法进行线性规划求解,调用方法为 scipy.optimize.linprog。

将表 9-8 中描述的数据输入程序中,分别对南京市 2014—2021 年城市道路系统中各等级道路子系统的环境效率进行量化计算分析。在得到各年各系统对应的 ρ^*、t、S_k^c 值后[其中,ρ^*、S_k^c 值分别对应 DEA 结果的环境效率指数(表 9-10)和可减少的碳排放量(表 9-11)],再根据式(9-12)分别求目标碳排放与实际碳排放的比值,得到碳效率(表 9-12)。根据表 9-9~表 9-12 绘制南京市城市道路系统环境效率指数(图 9-23)、碳效率(图 9-24)、可减少的碳排放量(图 9-25)随时间变化情况图。

EEI 的 DEA 结果(包含 9 种非期望输出)　　　　　　　　　　表 9-9

道路等级	2014 年	2015 年	2016 年	2017 年	2018 年	2019 年	2020 年	2021 年
快速路	0.5260	0.5947	0.6001	0.8349	1.0000	1.0000	1.0000	0.9839
主干道	0.2753	0.2648	0.2270	0.2198	0.2113	0.2036	0.2034	0.2380
次干道	0.2670	0.2486	0.2195	0.1722	0.1802	0.1900	0.2480	0.2896
支路	0.4427	0.3144	0.3856	0.3086	0.3471	0.3652	0.3631	0.3492

EEI 的 DEA 结果(非期望输出仅包含碳排放)　　　　　　　　表 9-10

道路等级	2014 年	2015 年	2016 年	2017 年	2018 年	2019 年	2020 年	2021 年
快速路	0.5897	0.6570	0.6619	0.8709	1.0000	1.0000	1.0000	0.9858
主干道	0.3333	0.3210	0.2766	0.2681	0.2580	0.2485	0.2481	0.2885
次干道	0.3221	0.3007	0.2666	0.2106	0.2202	0.2313	0.2986	0.3459
支路	0.5484	0.3984	0.4833	0.3911	0.4388	0.4600	0.4578	0.4419

由表9-10可以看到,快速路是唯一达到环境效率有效的决策单元,2018—2020年的南京市快速路的环境效率均达到100%。2014—2019年四个决策单元各年环境效率最低值为次干道,2020—2021年则为主干道。这两种等级的道路子系统环境效率值均在35%之下。

PCR 的 DEA 结果($\times 10^6$ t)　　　　　　　　　　　　　　　　　　　　　　　　　表9-11

道路等级	2014年	2015年	2016年	2017年	2018年	2019年	2020年	2021年
快速路	4.59	4.33	4.53	1.94	0.00	0.00	0.00	0.09
主干道	5.76	7.46	10.03	11.11	12.41	13.44	14.05	14.90
次干道	3.58	5.36	8.17	10.97	11.19	12.02	11.00	9.29
支路	0.31	0.39	0.95	0.94	1.33	1.25	1.30	1.39

CE 的 DEA 结果　　　　　　　　　　　　　　　　　　　　　　　　　　　　　　　表9-12

道路等级	2014年	2015年	2016年	2017年	2018年	2019年	2020年	2021年
快速路	0.6318	0.6887	0.6947	0.8828	1.0000	1.0000	1.0000	0.9953
主干道	0.4682	0.4560	0.4029	0.3916	0.3837	0.3869	0.3933	0.4547
次干道	0.4064	0.3865	0.3506	0.2906	0.2980	0.3290	0.4212	0.4833
支路	0.6398	0.6829	0.5859	0.6755	0.5474	0.5838	0.5888	0.5852

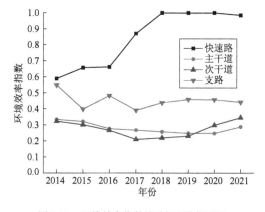

图9-23　环境效率指数随时间变化情况图　　　　图9-24　碳效率随时间变化情况

从图9-23可知,2014—2020年南京市快速路的环境效率指数随着时间逐渐提高,在2021年其环境效率指数稍有所下降但仍在98%以上。这是由于南京市"经六纬九"快速路路网在2016年基本建成,畅通了南京市各区县之间的交流,大大提升了快速路的道路运载能力。调查发现,2016年之后,南京市快速路的日均交通流量在10万辆以上。而南京市主干道、次干道的环境效率指数随时间变化则与快速路呈现相反的情况,主、次干道的环境效率指数在2014—2020年呈现持续下降趋势(次干道在2020年环境效率指数有所提高)。这与南京市主、次干道普遍道路宽度过宽,导致其内部物质存量大量累积密不可分;但又由于南京市快速路路网的建成,大大分流了主次干道的交通流量,导致了主次干道环境效率指数的持续下降。支路的环境效率指数在45%左右波动,这体现了支路的道路功能特点。支路的主要目的是服务,南京市城市路网不断向郊区扩张的过程中,连接居民小区与主次干道的支路道路长度随之不断增加;但是在扩张初期并不会立即有大量居民转移,支路承载交通流量的增长与其扩张之间存在滞后性。导致支路物质存量在迅速累积后,通过支路的交通流量不能立即回应,即环境效率对应下降;在交通流量增加后其环境效率随之增加,因而出现波动性。

由图9-24可知,碳效率与整体环境效率变化情况基本一致,但在2014年出现支路的碳效率超过快速路,成为当年碳效率最高的道路子系统;同时在2014—2016年支路的碳效率先升高再下降,而环境效率指数正好相反。这与环境效应影响分析结果相印证,由于对碳排放影响最大的材料是水泥;而快速路、支路的路面结构显示,相同道路体积内,快速路中水泥存量是最多的而支路中没有水泥材料。因此,在支路中的物质累积造成的碳排放增长没有其他等级道路增长速度快。根据SBM-DEA模型定义,在环境效率计算中,需要综合考虑其他输入情况;而在碳效率计算中,只需要考虑实际碳排放与目标碳排放之间的比值,这些因素的综合作用造成了这一差异。

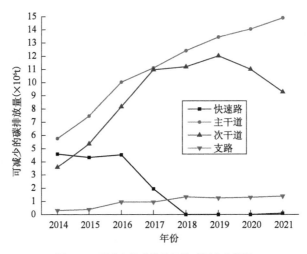

图9-25 可减少的碳排放量随时间变化情况

由图9-25可知,除快速路可减少的碳排放量逐年减少外,其他三种等级道路可减少的碳排放量基本呈逐年增长趋势;特别地,主干道的可减少的碳排放量是最多的。在2021年南京市主干道系统中可减少的碳排放量接近1.5×10^7t,是2014年(5.7×10^6t)的2.6倍。次干道仅次于主干道,可减少的碳排放量位居第二(2014年除外)。次干道可减少的碳排放量随时间变化情况与其物质存量随时间变化情况相似,在2019年达到最高(1.202×10^7t)后下降。在2014—2017年,支路可减少的碳排放量最少,这与其占城市道路系统比重小,产生的碳排放量相较其他等级道路系统小得多有关。在2017年之后,快速路因达到了碳效率有效,可减少的碳排放量最少。因此,主、次干道路网结构仍存在很大的优化空间。

本章参考文献

[1] WOLMAN A. The metabolism of cities[J]. Scientific American,1965,213(3):178-190.

[2] GIRARDET H. The Gaia Atlas of Cities[M]. Doubleday,1993.

[3] WACHSMUTH D. Three ecologies: Urban metabolism and the society-nature opposition[J]. The Sociological Quarterly,2012,53(4):506-523.

[4] PINCETL S, BUNJE P, HOLMES T. An expanded urban metabolism method: toward a systems approach for assessing urban energy processes and causes[J]. Landscape and Urban Planning, 2012, 107(3): 193-202.

[5] ODUM H T. Systems ecology: an introduction[M]. New York: NY(USA) Wiley, 1983.

[6] HUANG S L. Urban ecosystems, energetic hierarchies, and ecological economics of Taipei metropolis[J]. Journal of Environmental Management, 1998, 52(1): 39-51.

[7] ZHANG Y, YANG Z F, YU X Y. Evaluation of urban metabolism based on emergy synthesis: a case study for Beijing(China)[J]. Ecological Modelling, 2009, 220(13): 1690-1696.

[8] KENNEDY C, PINCETL S, BUNJE P. The study of urban metabolism and its applications to urban planning and design[J]. Environmental Pollution, 2011, 159(8-9): 1965-1973.

[9] BACCINI P, BRUNNER P H. Metabolism of the anthroposphere[M]. Berlin: Springer Verlag, 1991.

[10] MARTELEIRA R, PINTO G, NIZA S. Regional water flows-assessing opportunities for sustainable management[J]. Resources, Conservation and Recycling, 2014, 82: 63-74.

[11] HAO H, LIU Z W, ZHAO F Q, et al. Material flow analysis of lithium in China[J]. Resources Policy, 2017, 51: 100-106.

[12] FORKES J. Nitrogen balance for the urban food metabolism of Toronto, Canada[J]. Resources, Conservation and Recycling, 2007, 52(1): 74-94.

[13] WANG X J, ZHANG Y, YU X Y. Characteristics of Tianjin's material metabolism from the perspective of ecological network analysis[J]. Journal of Cleaner Production, 2019, 239: 118115.

[14] HUANG Q, ZHENG X Q, LIU F, et al. Dynamic analysis method to open the "black box" of urban metabolism[J]. Resources, Conservation and Recycling, 2018, 139: 377-386.

[15] CUI X Z, WANG X T, FENG Y Y. Examining urban metabolism: a material flow perspective on cities and their sustainability[J]. Journal of Cleaner Production, 2019, 214: 767-781.

[16] GUIBRUNET L, SANZANA C M, CASTÁN B V. Flows, system boundaries and the politics of urban metabolism: waste management in Mexico City and Santiago de Chile[J]. Geoforum, 2017, 85: 353-367.

[17] HASHIMOTO S, TANIKAWA H, MORIGUCHI Y. Where will large amounts of materials accumulated within the economy go? -A material flow analysis of construction minerals for Japan[J]. Waste Management, 2007, 27(12): 1725-1738.

[18] WANG Y, CHEN P C, MA H W, et al. Socio-economic metabolism of urban construction materials: a case study of the Taipei metropolitan area[J]. Resources, Conservation and Recycling, 2018, 128: 563-571.

[19] RENOUF M A, SERRAO-NEUMANN S, KENWAY S J, et al. Urban water metabolism indicators derived from a water mass balance-bridging the gap between visions and performance assessment of urban water resource management[J]. Water Research, 2017, 122: 669-677.

[20] FEDERICI M, ULGIATI S, BASOSI R. A thermodynamic, environmental and material flow analysis of the Italian highway and railway transport systems[J]. Energy, 2008, 33(5):

760-775.

[21] MENG F X,LIU G Y,YANG Z F,et al. Assessment of urban transportation metabolism from life cycle perspective:a multi-method study[J]. Energy Procedia,2016,88:243-249.

[22] MENG F X,LIU G X,YANG Z F,et al. Energy efficiency of urban transportation system in Xiamen,China. an integrated approach[J]. Applied Energy,2017,186:234-248.

[23] SAMANIEGO H,MOSES M E. Cities as organisms:allometric scaling of urban road networks [J]. Journal of Transport and Land Use,2008,1(1):21-39.

[24] GUO Z,HU D,ZHANG F H,et al. An integrated material metabolism model for stocks of urban road system in Beijing,China[J]. Science of the Total Environment,2014,470/471:883-894.

[25] MIATTO A,SCHANDL H,WIEDENHOFER D,et al. Modeling material flows and stocks of the road network in the United States 1905-2015[J]. Resources,Conservation and Recycling,2017,127:168-178.

[26] GUO Z,SHI H,ZHANG P,et al. Material metabolism and life cycle impact assessment towards sustainable resource management:a case study of the highway infrastructural system in Shandong Peninsula,China[J]. Journal of Cleaner Production,2017,153:195-208.

[27] NGUYEN T C,FISHMAN T,MIATTO A,et al. Estimating the material stock of roads:the Vietnamese case study[J]. Journal of Industrial Ecology,2019,23(3):663-673.

[28] 李国明,应国伟,陈济才. WorldView-2 影像数据融合方法比较研究——以在四川省地理国情监测项目中应用为例[J]. 科学技术与工程,2013,13(33):10021-10025.

[29] 刘小丹,刘岩. 基于 Hough 变换和数学形态学的遥感影像城区道路提取[J]. 南京师大学报(自然科学版),2010,33(4):128-133.

[30] 胡阳,祖克举,李光耀,等. 一种改进的 Ribbon Snake 遥感图像道路自动生成算法[J]. 计算机应用,2009,29(3):747-749,791.

[31] 张永宏,夏广浩,阚希,等. 基于全卷积神经网络的多源高分辨率遥感道路提取[J]. 计算机应用,2018,38(7):2070-2075.

[32] 赵高杨. 城市道路平面交叉口渠化与交通导流岛设计参数研究[D]. 西安:长安大学,2015.

[33] LIMA M S S,HAJIBABAEI M,HESARKAZZAZI S,et al. Environmental potentials of asphalt materials applied to urban roads:case study of the city of Münster[J]. Sustainability,MDPI,2020,12(15):1-19.

[34] CONG L,GUO G H,YU M,et al. The energy consumption and emission of polyurethane pavement construction based on life cycle assessment[J]. Journal of Cleaner Production,2020,256:120395.

[35] RUFFINO B,FARINA A,DALMAZZO D,et al. Cost analysis and environmental assessment of recycling paint sludge in asphalt pavements[J]. Environmental Science and Pollution Research,2020,28(19):24628-24638.

[36] DU J, COOK W D, LIANG L, et al. Fixed cost and resource allocation based on DEA cross-efficiency[J]. European Journal of Operational Research, 2014, 235(1): 206-214.

[37] COOK W D, ZHU J. Allocation of shared costs among decision making units: a DEA approach [J]. Computers and Operations Research, 2005, 32(8): 2171-2178.

[38] WANG K, HUANG W, WU J, et al. Efficiency measures of the Chinese commercial banking system using an additive two-stage DEA[J]. Omega, 2014, 44: 5-20.

[39] LIM S, ZHU J. Primal-dual correspondence and frontier projections in two-stage network DEA models[J]. Omega, 2019, 83: 236-248.

[40] FÄRE R, GROSSKOPF S, LOVELL C A K, et al. Multilateral productivity comparisons when some outputs are undesirable: a nonparametric approach[J]. Review of Economics and Statistics, 1989, 71(1): 90-98.

[41] CHARNES A, COOPER W W, RHODES E. Measuring the efficiency of decision making units[J]. European Journal of Operational Research, 1978, 2(6): 429-444.

[42] BANKER R D, CHARNES A, COOPER W W. Some models for estimating technical and scale inefficiencies in data envelopment analysis[J]. Management Science, 1984, 30(9): 1078-1092.

[43] TONE K. A slacks-based measure of efficiency in data envelopment analysis[J]. European Journal of Operational Research, 2001, 130(3): 498-509.

[44] FARE R, GROSSKOPF S. Modeling undesirable factors in efficiency evaluation: comment[J]. European Journal of Operational Research, 2004, 157: 242-245.

[45] LIU W B, MENG W, LI X X, et al. DEA models with undesirable inputs and outputs[J]. Annals of Operations Research, 2010, 173: 177-194.

[46] TONE K, TOLOO M, IZADIKHAH M. A modified slacks-based measure of efficiency in data envelopment analysis[J]. European Journal of Operational Research, 2020, 287(2): 560-571.

[47] WANG Z H, HE W J. CO_2 emissions efficiency and marginal abatement costs of the regional transportation sectors in China[J]. Transportation Research Part D: Transport and Environment, 2017, 50: 83-97.

[48] CHANG Y-T, ZHANG N, DANAO D, et al. Environmental efficiency analysis of transportation system in China: a non-radial DEA approach[J]. Energy Policy, 2013, 58: 277-283.

第10章 动态生命周期评价及展望

虽然目前已有大量研究利用生命周期评价来探讨沥青路面结构设计、养护方式及时机、路面材料回收利用等因素对道路全生命周期环境效益的影响[1-2],但大多忽略了时间因素对评价结果的动态影响。由于道路具有较长的生命周期,其中不乏一些与技术、经济和社会环境相关的因素[3],这些因素随时间动态变化,必然会对道路全生命周期环境评价结果产生一定的影响。例如,生命周期内不同时间的温室气体和污染物排放计算通常是简单求和,而不考虑这些排放发生的时间或地点。虽然确实存在一些研究在全球变暖问题上考虑了时间效益[4],但是在道路工程并不常见。

从生命周期角度来看,影响道路环境效益的因素很多,虽然已有不少研究从不同角度的多个变量维度对动态评价模型进行改进,但目前应用于道路环境影响评价的体系仍缺乏一定的系统性和完善性。本章将结合三个动态评价要素(动态消耗量、动态基础清单数据和动态特征化因子),充分考虑与各评价要素相关的时间相关变量(路面平整度、交通量、新能源汽车比例和路面材料回收率),建立包括材料生产、运输、施工、使用、养护和生命周期末期阶段在内的道路全生命周期环境影响评价模型,系统提出基于各评价要素的评价思路和方法。此外,本章进一步讨论道路工程领域生命周期评价的局限与发展方向,以期推动生命周期评价理论与方法的完善。

10.1 动态生命周期评价

10.1.1 动态生命周期评价概念

动态生命周期评价(Dynamic Life Cycle Assessment,DLCA),用于跟踪长时间内道路对能源的消耗和向环境排放温室气体和污染物的潜在变化。

一方面,DLCA 相对于传统 LCA 的优势在于生命周期清单分析结果能够动态量化体现。对于建筑和道路等生命周期较长的物体,存在对能源消耗和环境排放产生影响的因素随时间推移而变化。因此,将时间变量与道路动态环境影响评价相结合是非常必要的。在住宅建筑领域研究中,已经选择并考虑了各种类型的动态变量。结果显示,动态评价可以更好地反映实际情况(如受经济和政策影响的社会生产力水平),不同的变量具有不同程度的积极和消极影响[5]。

另一方面,尽管沥青路面的温室气体排放发生在道路生命周期的不同时间段,导致评价指标所涵盖的时间范围不同,但通常是通过直接求和得到的。Levasseur 等[6]开发了时间调整的变暖潜能值(TAWPs)来解决温室气体排放时间不一致的问题。然而,DLCA 在道路环境影响评价中的应用仍局限于部分动态,主要集中在全球变暖的动态特征评价[7]。

Chen 和 Wang[8]采用该方法来量化使用再生沥青路面(RAP)的环境影响。而结果表明,如果不考虑时间因素,再生沥青路面的环境影响被高估了。动态评价结果通过验证已被证明是有用的,相对于传统的 LCA 实践,它可能在某些情况下提供更准确的结果[5, 9]。

时间维度缺乏已经被认为是传统 LCA 方法的主要限制之一[10]。基于对 DLCA 范围和方法的研究,建立了建筑环境影响评价的动态 LCA 框架[11],该框架考虑了四个动态建筑属性——技术进步、居住行为的变化、动态特征因素和动态权重因素。

10.1.2 动态生命周期评价要素

DLCA 模型的建立主要基于三个重要的动态评价要素:动态消耗量、动态基础清单数据、动态特征化因子,且这三个动态要素贯穿于道路全生命周期各个阶段。

(1) 消耗量动态评价

道路全生命周期内的消耗量可以分为物化消耗量和运营消耗量[11]。物化消耗量即直接碳排放过程的消耗量,指材料开采、运输、加工、建设施工、维修、拆除和处置等一系列与道路本身相关的活动所产生的能源消耗;运营消耗量则对应间接碳排放过程的车辆能源消耗量。

①物化消耗量动态评价。

物化消耗量动态评价基于道路设计施工方案,确定与建设施工相关的材料类型和消耗量。与施工活动相关的机械设备能源消耗量的获取包括以下步骤:首先,基于工程量清单和工程定额计算相应的机械台班数;然后,结合施工机械台班的能源消耗效率定额进一步估算相应的能源消耗量。该部分消耗量的动态评价主要涉及评价时点工程定额体系的修正与改进,以及技术层面进步引起的机械设备能源消耗效率的变化。

此外,道路生命周期末期阶段也涉及物化消耗量的动态评价,主要影响因素是路面材料的回收利用水平。再生沥青路面主要材料是 RAP,利用再生沥青路面不仅可以节约大量的筑路材料,同时有利于处理废料、保护环境,因此具有显著的社会、经济效益。考虑到路面材料处理方式的多样性,道路生命周期末期阶段通常选取截断法来计算环境影响[12],即将原路面拆除及材料运输所产生的环境影响归于现有路面,而与材料再生产相关的环境影响应属于未来使用回收材料的路面。由此可见,从动态消耗量角度来看,在报废阶段要考虑的消耗量主要包含以下两部分内容:a. 路面材料回收的施工过程能源消耗(正消耗);b. 回收材料应用所带来的筑路材料节省(负消耗)。目前,我国热拌沥青混合料生产中旧料掺量约为30%,随着再生技术的发展与进步,再生沥青混合料 RAP 的回收利用率和掺量将得到有效提升,进而影响上述过程中的材料和能源消耗。因此,应将路面材料回收利用率作为重要的动态变量纳入动态评价体系。

②运营消耗量动态评价。

运营消耗主要包括通行车辆的能源消耗,影响该部分消耗量的因素众多,本研究将选取道路状况和交通流量两个因素来进行相应评估。相关研究表明,道路状况与通行车辆的油耗之间存在密切联系,而道路状况各因素都是通过改变汽车发动机功率和转速以及汽车行驶速度来影响汽车油耗量的[13]。因此,可以用国际平整度系数 IRI 作为表征路面行驶质量的评价指标,对运营期间与道路状况相关的消耗量进行动态评价。此外,运营期间路面平整度与道路养护工作密切相关,从全生命周期角度来看,不同的养护策略会极大影响道路使用状况,进而影响车辆的燃油消耗。该动态评价体系将从环境可持续发展的视角为道路养护决策提供支持。

(2)基础清单数据动态评价

基础清单数据是将消耗量转化为排放量的重要因素,基础清单数据由生产单位材料的主要材料数量、类型、配比以及能源输入数据构成,重点将生产单位材料的能源消耗水平和能源结构在未来变动所产生的影响纳入动态评价范畴。该限定主要考虑沥青路面所需材料类型、配合比及施工工艺等都是经过长期研究和经验累积得来的,其基本构成不应有太大变化,且其变化在长周期内做到系统齐备的确定是不现实的。

基础清单数据动态评价同样要与道路全生命周期的各阶段相结合,考虑到设计、施工阶段距评价开展时点较近,相关材料的基础清单数据变化程度较小,因此其包含的材料开采、混合料加工及运输、现场施工活动消耗等内容均沿用静态基础清单数据。同时,沥青道路使用阶段温室气体和污染物排放的主要来源是通行车辆的能源消耗,目前我国车辆类型仍以传统燃油汽车为主,但随着新能源汽车的发展与应用,未来车辆能源结构会发生较大改变[14-15],因此,新能源汽车比例也应该作为一个动态变量被纳入道路环境影响动态评价体系中。在路面养护工程中,既要考虑材料自身构成的能源消耗,又要考虑混合料生产加工过程中的电力消耗,因此该部分应同时将能源结构和电力结构动态变化纳入评价范畴。

(3)动态特征化因子

道路全生命周期各个阶段都存在温室气体的排放,这就意味着排放的时机存在差异。考虑到道路生命周期时间长和CO_2的迟滞效应,引入动态特征化因子来衡量时间动态性的温室气体对全球变暖的影响是极有意义的。具体分析见10.2节。

10.2 全球变暖潜能计算

温室气体引起的辐射强迫(Radiative Forcing,RF)被用来描述引起气候变化的关系。它是联合国政府间气候变化专门委员会评估报告[16]中根据全球变暖潜能计算全球变暖影响(Global Warming Impact,GWI)的基础。对于温室气体,其存在并不是永远的,可以通过衰变函数$C_i(t)$来表示它从大气中消除的过程,以定义衰变周期,通常是指数形式。对于不同的温室气体,其辐射效率α_i是独特的。温室气体的RF可以通过衰变函数和辐射效率相乘得到:

$$RF_i = \alpha_i \times C_i(t) \tag{10-1}$$

式中,t为分析周期内的任意时刻。

不同年份的温室气体累积辐射强迫(Cumulative Radiative Forcing,CRF)定义为:

$$CRF = \int_0^{TH} \alpha_i \times C_i(t) \mathrm{d}t \tag{10-2}$$

式中,TH为指定的时间范围。

将式(10-2)分成单位为 1 的分段,可以得到实时 CRF,如式(10-3)所定义:

$$\mathrm{CRF}_{\mathrm{ins}} = \int_{t-1}^{t} \alpha_i \times C_i(t) \, \mathrm{d}t \tag{10-3}$$

众所周知,GWP 表示以温室气体CO_2为基准,则温室气体CO_2在规定时间范围内排放引起的 CRF,定义为:

$$\mathrm{GWP}_i^{\mathrm{TH}} = \frac{\int_0^{\mathrm{TH}} \alpha_i \times C_i(t) \, \mathrm{d}t}{\int_0^{\mathrm{TH}} \alpha_r \times C_r(t) \, \mathrm{d}t} \tag{10-4}$$

式中,下标 r 指基准温室气体CO_2。

单位质量CO_2、CH_4 和 N_2O 辐射效率分别为 $1.82 \times 10^{-15} \mathrm{W/(m^2 \cdot kg)}$、$1.82 \times 10^{-13} \mathrm{W/(m^2 \cdot kg)}$、$3.88 \times 10^{-13} \mathrm{W/(m^2 \cdot kg)}$,其衰变函数分别为:

$$\begin{cases} C_{CO_2}(t) = C_{CO_2}(0) \times \left[0.217 + 0.259 \times e^{\frac{-t}{172.9}} + 0.338 \times e^{\frac{-t}{18.51}} + 0.186 \times e^{\frac{-t}{1.186}} \right] \\ C_{N_2O}(t) = C_{N_2O}(0) \times e^{\frac{-t}{114}} \\ C_{CH_4}(t) = C_{CH_4}(0) \times e^{\frac{-t}{12}} \end{cases} \tag{10-5}$$

式中,t 为排放后的年份(a)。

假设温室气体排放时间离散,其排放则可通过向量$(g_{i,1}, g_{i,2}, \cdots, g_{i,t}, \cdots, g_{i,\mathrm{TH}})$表征,则$g_{i,t}$在分析周期对应的$\mathrm{CRF}_i$ 为:

$$\mathrm{CRF}_{i,t} = g_{i,t} \times \int_0^{\mathrm{TH}-t} \alpha_i \times C_i(t) \, \mathrm{d}t \tag{10-6}$$

式中,i 为第 i 种温室气体。

虽然式(10-6)反映了由排放的g_i引起的总体 CRF,但是道路生命周期评价的用户或决策者并不熟悉 CRF 概念。因此,定义分析时间内的整体 GWP 为:

$$\mathrm{GWP}_{i,\mathrm{TH}} = \frac{\mathrm{CRF}_{i,\mathrm{TH}}}{\mathrm{CRF}_{CO_2,\mathrm{TH}}} \tag{10-7}$$

式中,$\mathrm{GWP}_{i,\mathrm{TH}}$为生命周期清单中以$CO_2$为基准的第 i 个温室气体组分的 GWP。

通过修改式(10-7),可得到时间调整因子(Time Adjusting Factor,TAF):

$$\mathrm{TAF}_{i,t} = \frac{\mathrm{CRF}_{i,t}}{\mathrm{CRF}_{CO_2,\mathrm{TH}}} \tag{10-8}$$

式中,i 为第 i 种温室气体;t 为实时排放后的年份(a)。

图 10-1 为三类温室气体 CO_2、CH_4 和 N_2O 在不同分析周期的 CRF、CRF_{ins} 和 GWP。

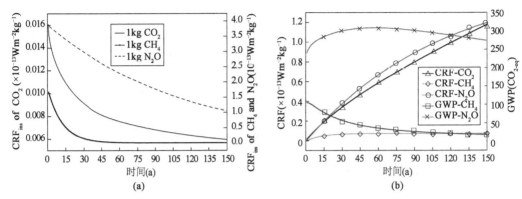

图 10-1　三类温室气体的动态时间效应

在图 10-1(a)中,三类温室气体的 CRF_{ins} 以不同的模式发展。对于短寿命气体 CH_4,CRF_{ins} 在其排放后不久保持稳定;而 CO_2 则长期持续变化。

100 年时 CO_2、CH_4 和 N_2O 的 GWP 分别为 1、25 和 298。当前道路 LCA 研究中[17],这三个数据被广泛用于将 CH_4 和 N_2O 的量按 CO_{2-eq} 换算为 GWP。但在图 10-1(b)中,由式(10-7)可知,CH_4 和 N_2O 的 GWP 随时间尺度变化较大,这意味着分析时间可能会影响甚至改变计算结果。

10.2.1　时间参数及其影响

在进行道路生命周期评价时,对于不同对象选择统一的生命周期作为评价基准,即分析周期(Time of Evaluation,TE)。TE 因研究目标的不同而异,但从根本上应根据道路设计有效期限,如路面结构的设计寿命、养护策略的使用寿命。就该角度而言,分析周期是由技术驱使的。同时,为了平衡时间效应,考察更多的排放情境及其影响,本章引入了另一个时间参数——时间范围(Time Horizon,TH)。TH 是评价的参考时间,主要由政策选择驱使[18]。尽管存在定性或定量的解决方案,关于 TH 的选择仍一直争议不断。一般而言,在温室气体换算中几乎都是使用 100 年作为 TH,在道路工程领域也是如此。TE 和 TH 两个时间参数可以通过下面的例子来理解:路面寿命周期为从 2010 年开始,到 2050 年结束,气候影响评估到 2110 年,则 TE 为 40 年,TH 为 100 年。

规划三种排放方案:①第 1 年 1000kg CO_2 和 40kg CH_4 的实时排放;②每年 25kg CO_2 和 1kg CH_4 平均排放;③第 1 年 1250kg CO_2 和 50kg CH_4 的实时排放,以及由于循环利用,在第 40 年回收固结温室气体,即产生 -250kg CO_2 和 -10kg CH_4 的实时排放。以上三种排放情境绝对值相等,因此使用传统的评价方法,三者环境影响是相等的。然而,如果将排放时间考虑在内,环境影响是否仍然相等?

采用两种方法计算以 CO_{2-eq} 为单位的 GWP:①虽然在不同时刻排放,但按照道路 LCA 的约定,假设所有排放都在大气中贮存 100 年。这相当于所有气体在第 1 年排放;②考虑排放时间离散化以计算 GWP。

由式(10-9)计算三种排放情境的具体 GWP:

$$GWP = \sum_i \sum_t CF_{i,t} \times M_{i,t} \tag{10-9}$$

式中，CF 为特征因子；M 为温室气体质量；i、t 分别为第 i 种温室气体的类型和排放时间。

因此，采用第一种计算方法，对于 CO_2、CH_4 和 N_2O 其 CF 保持恒定，分别为 1、25 和 298。对于第二种方法，CF 是变化的。两种计算方法动态 GWP 结果如图 10-2 所示。

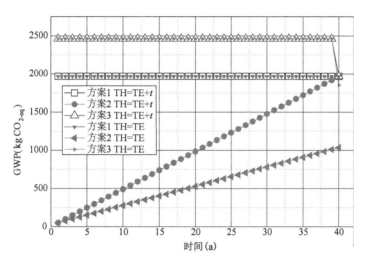

图 10-2　三种方案采用两种方法计算的 GWP

对于第一种计算方法，由于 CH_4 在 100 年分析周期内采用固定的 GWP 转换因子而不考虑排放时间，三种排放方案按 CO_{2-eq} 换算的最终 GWP 是相同的。对于第二种计算方法，三种排放方案存在显著差异。在第 40 年时，方案 3 的 GWP 小于方案 1，因为方案 3 中负值的 CH_4（-250 kg）的影响时间仅为 60 年；且与其他计划相比，方案 2 的 GWP 要小得多。方案 2 使用两种计算方法得出的排放结果对比鲜明，显示了时间效应的显著影响。

10.2.2　案例分析

(1) 案例分析 1

长寿命路面的设计和应用已有几十年的历史，其目的是避免在重载交通时出现结构破坏，只需要定期重新铣刨重铺表层，从而降低生命周期成本。长寿命路面设计的支持者认为路面厚度的小幅度增加会延长路面使用寿命，因此与常规设计相比，具有相对较小的边际成本。关于长寿命路面结构设计、经济分析和路面性能建模的研究很多[19]，而长寿命路面设计的环境影响研究较少[20-21]，其计算仍然采用静态方式，即温室气体清单按绝对值进行汇总和评估。

Santero 等[21]的研究表明了 GWP 对时间的敏感性，以及其对长寿命路面设计的影响。本案例以 20 年（常规设计）、40 年（长寿命设计）和 100 年（极长寿命设计）设计寿命的刚性路面设计为例，对其能耗和 GWP 进行了对比研究。三种路面的设计、养护信息及温室气体排放情况见表 10-1。

三种路面设计结果 表 10-1

20 年			40 年			100 年		
活动	时间(a)	CO_2(Mg)	活动	时间(a)	CO_2(Mg)	活动	时间(a)	CO_2(Mg)
初始施工	0	413.24	初始施工	0	546.01	初始施工	0	581.05
混凝土板修复(CPR)	22	4.09	混凝土板修复(CPR)	45	6.13	—	—	—
混凝土板修复(CPR)	24	4.09	混凝土板修复(CPR)	56	6.13	—	—	—
混凝土板修复(CPR)	26	4.09	混凝土板修复(CPR)	73	6.13	—	—	—
打裂压稳(CSOL)	29	205.41	打裂压稳(CSOL)	93	205.41	—	—	—
25mm 罩面	47	56.9	—	—	—	—	—	—
50mm 罩面	52	87.71	—	—	—	—	—	—
25mm 罩面	57	56.9	—	—	—	—	—	—
75mm 罩面	62	142.79	—	—	—	—	—	—
50mm 罩面	72	87.71	—	—	—	—	—	—
大修	77	413.24	—	—	—	—	—	—
混凝土板修复(CPR)	99	4.09	—	—	—	—	—	—
总计	—	1480.26						

表 10-1 中的 GWP 为排放的累计绝对值。但是,如图 10-1(b)所示,对于 20 年的设计,发生在第 22 年的排放与第 99 年的排放产生的影响并不相同,用绝对值来表示并不合适。

在 TH 为 100 年的情况下,常规计算和采用式(10-8)调整后计算的 GWP 如图 10-3 所示。

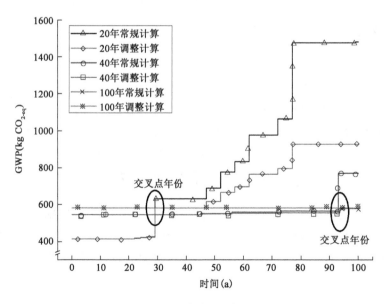

图 10-3 三种寿命路面设计的 GWP

时间对三种寿命路面设计的 GWP 有不同的影响。对于 20 年设计,原始 GWP 较调整值被高估了 59.7%;对于 40 年设计,原始 GWP 被高估了 33.0%;对于 100 年设计,结果是一样的。20 年较 40 年设计和 40 年较 100 年设计的交叉点(基于 GWP 的设计寿命选择决策的年份)没有改变。这意味着在相同的 TH(100 年),设计的偏好与 GWP 计算方法无关。然而,此处隐含的先决条件是 GWP 主要由 CO_2 贡献;否则交叉点可能会改变,从而导致设计寿命选择的改变。

(2)案例分析 2

道路生命周期清单中存在各种温室气体,包括 CO_2、CH_4 和 N_2O,一般以 CO_2 为主。如果这一前提不再成立,例如 CH_4 和 N_2O 的数量在某一阶段不可忽略,那么 TH 的选择对方案比较则至关重要。

假设对各种温室气体制定两种排放场景:①第 1 年排放 100kg CO_2、1kg CH_4 和 0.5kg N_2O(S1);②第 1 年排放 50kg CO_2、2kg CH_4 和 1kg N_2O(S2)。在传统生命周期评价研究中,常用 100 年时间范围,两种场景下的 GWP 分别为 269.5kg $CO_{2\text{-eq}}$ 和 389 kg $CO_{2\text{-eq}}$。显而易见,在设定的时间范围分析背景下,S2 产生更多的 GWP。

为了考察时间范围的影响,本研究进一步计算了 S1 和 S2 在不同时刻的 GWP,结果如图 10-4 所示。

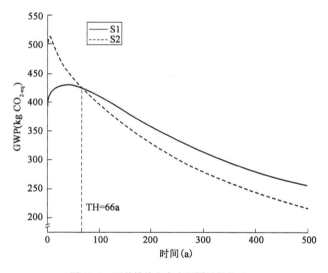

图 10-4 两种排放方案在不同时间的 GWP

一般情况下,由于 CH_4 和 N_2O 的影响随时间的延长而减小,两种排放方案的实时 GWP 均随 TH 的增加而减小。从图 10-4 可以看出,TH 的选择对两种排放方案的影响起决定性作用,当 TH 大于 66 年时,S2 优先,反之则 S1 优先。

根据本案例的分析结果,在评估与温室气体减排的相关政策时,考虑时间效应至关重要。实行政策的时机,例如回收沥青路面或采取养护措施,决定了 TE;而评价周期决定了 TH。两者都影响着政策实施的效果。本研究提出的方法对排放方案的确定,深入研究不同时间尺度的 GWP 具有重要意义。

10.2.3 讨论与建议

以上两个案例分析并揭示了时间参数对道路全生命周期 GWP 评价的重要影响。在生命周期清单阶段对时间问题展开研究,不仅可以减少计算生命周期环境影响时的偏差,改善决策过程,还可以帮助获取排放密集型活动的关键环节或排放热点。然而,为了解决生命周期环境影响评价中的时间同构型问题,需要解释几个关键问题。

(1) 分析时间

本节引入两个时间参数来分析时间效应。TE 直观反映了路面材料的生命周期。TH 则是评价的参考时间。TH 的选择对环境影响评价产生直接影响,但如何合理选择是一个难题。

Fearnside[22]在全球变暖评估中提出了四种 TH 的确定方法,包括基于价值、主观选择、政策相关和非科学性的方法。虽然存在不同的 TH 模型,但在道路 LCA 研究中,面临 TH 选择困难的问题,这也造成了使用 100 年时间范围的默认规则,原因之一在于《联合国气候变化框架公约》也使用 100 年的时间范围。决策者很难理性地区分任意时间段,例如,在 (100 ± 20) 年范围内的决策"偏好"。面对这个问题,Dyckhoff 和 Kasah[23]提出了"时间支配"的概念。基于不同 TH 下 GWP 值的比较,可以得到阈值 TH(如果存在的话)。在阈值之前或之后意味着相反的决策偏好。

结合本节提出的方法和"时间支配"概念,可以主张接受或拒绝某些决策,而不需要确定具体的时间。如案例分析 2 中,如果 TH 大于 66 年,则采用排放方案 2 或其他方式。

(2) 时间框架

生命周期清单的集成导致时间信息的丢失。若要解决该问题,需要获取和量化与目标清单数据相关的时间信息[24]。为此,有必要首先描述道路 LCA 研究的分析周期以确定 TE。道路生命周期由不同的阶段组成,各个阶段存在不同的时间间隔,并发生在不同的时间。精确确定活动发生时间和持续时间,例如施工和养护,仍然存在困难。在这方面,统计分析和随机建模可用于模拟持续时间和估计具体道路 LCA 研究的时间尺度。时间尺度计算的一般公式为:

$$\text{LCA Time Scale} = \sum_i \text{Phase}_i + \sum_j \text{Lag}_j \tag{10-10}$$

式中,Phase_i 为第 i 个阶段的持续时间;Lag_j 是两个连续阶段之间的时间差。

应该沿着构建的时间尺度区分清单数据,以提高其时间分辨率。当前的道路 LCA 通常使用 1 年作为时间间隔,适用于连续的排放模式,例如使用阶段的尾气排放或能源消耗。1 年的时间间隔对短期及个别生命周期阶段的适用性较差,例如材料生产或运输。也有研究者开发了基于微观活动的模型以建立排放和特定活动之间的联系。例如,Cass 和 Mukherjee[25]开发了一种用于公路施工作业的温室气体计算工具,该工具集成了 LCA 和施工过程级数据。

因此,对于动态 LCA 研究,一个基本的思路是离散化清单数据,沿时间轴离散的数据可依据不同的参考时间进行环境影响计算(即选择差异化的 TH),而后聚合环境影响,得到真实的生命周期环境影响。

基于上述思路,本研究提出了一种动态 LCA 计算框架,计算步骤如下:①道路 LCA 时间尺度计算;②选择不同的 TH 并计算每个不同排放相应的 GWP;③选择不同的 TH 并计算每一种温室气体对应的 GWP;④在 TH 对 GWP 进行聚合;⑤通过比较来支持对不同 TH 的偏好。评价和比较 GWP 的一般过程见表 10-2。

表 10-2 GWP 计算和比较

已知:假设有两个备选方案:方案 A 和方案 B
目标:确定哪个方案在不同的 TH 下针对 GHG 更环保
解决: 步骤 1:时间尺度的表征 对于方案 A:$(\text{Phase}_1\|t_1, \text{Phase}_2\|t_2, \cdots, \text{Phase}_N\|t_N)$ 对于方案 B:$(\text{Phase}_1\|t_1, \text{Phase}_2\|t_2, \cdots, \text{Phase}_M\|t_M)$ 步骤 2:排放资料的离散化 对于方案 A:$\{\underbrace{[g_1,\cdots,g_j]}_{\text{Phase1}}, \underbrace{[g_1,\cdots,g_j]}_{\text{Phase2}}, \cdots, \underbrace{[g_1,\cdots,g_j]}_{\text{Phase}N}\}$ 对于方案 B:$\{\underbrace{[p_t,\cdots,p_t]}_{\text{Phase1}}, \underbrace{[p_s,\cdots,p_t]}_{\text{Phase2}}, \cdots, \underbrace{[p_s,\cdots,p_t]}_{\text{Phase}M}\}$ 步骤 3:对于不同 TH,将排放向量转换为 GWP 向量 因此:$\vec{g} \to \overrightarrow{\text{GWP}}\|_{g,\text{TH}}$ 和 $\vec{p} \to \overrightarrow{\text{GWP}}\|_{p,\text{TH}}$ 步骤 4:聚合转换后的向量以获得 $\vec{g} \to \overrightarrow{\text{GWP}}\|_{g,\text{TH}}$ 和 $\vec{p} \to \overrightarrow{\text{GWP}}\|_{p,\text{TH}}$ 步骤 5:判断 对于任意 TH,如果 $\vec{g} \to \overrightarrow{\text{GWP}}\|_{g,\text{TH}} < \vec{p} \to \overrightarrow{\text{GWP}}\|_{p,\text{TH}}$,则方案 A 优于方案 B,反之则方案 B 优于方案 A

值得注意的是,在表 10-2 中以 2 个备选方案进行示范,也可拓展为多个案例;环境影响指标仍然选用的是 GWP,也可拓展到其他环境影响指标,如酸化、光化学氧化、呼吸效应等,但是要建立类似于 10.1.1 节的评价模型。

10.3 生命周期评价展望

道路生命周期评价是一个快速发展的研究领域。然而,本书中介绍的一些道路 LCA 的研究方法和配套工具,仅仅是道路 LCA 研究面临的问题及其解决方案的冰山一角。Santero[26]指出道路 LCA 研究的五类主要问题:功能单元不一致、系统边界不合理、沥青和水泥数据不一致、清单类型和影响评价类别有限与整体效用差。本书结合 Santero 的建议和笔者总结的研究建议,进一步凝练了道路 LCA 研究方向,如表 10-3 所示。

表 10-3 道路 LCA 的研究方向

研究区域	研究主题	具体研究内容
LCA 一般性方法论	功能单元	建立统一的道路功能单元或者提出功能单元选择方法
	系统边界	①改进所有生命周期阶段的整合方式(考虑时间效应) ②定量评价道路 LCA 系统边界取舍 ③每个阶段和组分相对于生命周期其他阶段的影响,如养护与拥堵的关系
	LCI 和 LCIA 范围	①包括能源、温室气体和常规空气污染物以外的环境指标(例如水污染及用水量); ②提出适宜的环境负荷分配方法; ③使用 LCIA(而非清单)来评估环境影响; ④拓展 LCA 的应用领域,例如比较路面设计方案、路面养护技术等
	整体效用	①对实际项目进行养护和路面设计多目标决策; ②建立 LCA 结果不确定分析的系统方法论; ③测试参数变化对结果的影响(即开展敏感性分析)

续上表

研究区域	研究主题	具体研究内容
材料生产阶段	物料能	沥青直接燃烧的环境影响
	筑路材料	建立中国沥青、水泥等大宗筑路材料生产的详尽环境清单
	辅料 （如各种类型外加剂）	①探究路面使用辅料的情况,建立详尽的辅料使用清单; ②加强辅料对环境影响的认识; ③确定辅料对路用性能的长期影响
	区域差异	①建立针对不同地区的能耗和排放数据; ②考虑不同的能源形式混合、运输距离、生产变异性以及其他过程
施工阶段	交通延误	①整合交通延误经济模型与环境影响模型; ②更好地理解延误及其对环境影响的贡献
	沥青烟	沥青路面生产和施工过程中沥青烟致癌效应的测定
养护阶段	养护计划制订	①利用力学-经验路面模型更好地预测养护时间; ②建立更精确的养护计划; ③适当结合材料生产和施工阶段对环境的影响
使用阶段	水泥混凝土碳化	①研究不同情况下混凝土路面碳化率; ②详细说明混凝土路面性能对碳化率的影响
	道路照明	①建立不同路面类型的照明要求综合数据库; ②考虑照明技术与效率提升的影响
	反射率——城市热岛	计算路面反射率变化对电力需求的影响
	反射率——辐射强迫	路面反射率边际效应的校正和改进
	滚动阻力——路面结构	①需要更多的理论和案例研究来细化和确认不同路面类型之间的燃油经济性差异; ②建立滚动阻力、燃油经济性和路面结构的力学模型
	滚动阻力——路面平整度	①需要更多的实证研究来细化路面平整度对燃油经济性的影响; ②建立滚动阻力、燃油经济性与路面平整度的力学模型
	沥滤物	需要更多有关路面沥滤物潜在环境危害的结论性测试和数据
	轮胎磨损	①探索路面结构和平整度对轮胎磨损的影响; ②识别轮胎生产对环境的影响; ③识别轮胎磨损对环境的影响
生命周期末期阶段	填埋、回收和再利用	①丰富关于路面生命周期末期的资料(如回收率、填埋率等); ②系统考察不同生命周期末期处理场景的环境影响; ③系统考察回收材料的利用率; ④提高对路面回收过程及其环境影响的认识; ⑤确定回收材料对路用性能的长期影响及其对其他生命周期阶段的影响

从表10-3可以看出,目前表中的许多问题仍然没有解决。特别地,为了推进LCA在我国道路领域的应用,应着重开展以下三方面的研究：

①系统边界协调性。现有的多数LCA研究皆采用近视的视角,即评价材料生产、运输、施工等的环境影响,缺乏对生命周期的长远规划,如更长时期内的养护等。研究表明,传统忽略的因素造成巨大的环境影响[27]。因此,缺乏对生命周期整体边界的清晰认识使得节能减排的推进囿于狭隘的目标,而损失了可能更为重要的目标。

②LCA结果不确定性。LCA研究结论精度在很大程度上依赖于使用的输入参数质量。限于现场实际数据的缺失,LCA模型使用的数据并不一定是所期望的数据。理论上来说,这一问题可以通过采集第一手的数据解决,然而有时候这是一项代价高昂的工作。研究者不得不妥协,即使用能够获得的最佳数据,或者将现有的数据组合使用。根据笔者的检索,现有文献报道中水泥生产的能耗强度范围为 157～249kgce/t,沥青生产的能耗强度范围为 24～205kgce/t。系统边界的差异、生产工艺的不同、依赖于局部区域的生产流程、时间地理差异等诸多因素导致了计算结果的波动,因此如此之大的差异并不令人吃惊。现阶段迫切需要建立完善的LCA数据模型的评价,选择标准及计算结果可靠性评价的方法论,该工作是基础性工作。

③本土化进程。目前,国内学者已逐步构建公路交通领域内的LCA模型和评价体系,提出了公路交通的减排建议,主要集中于路面建设、养护等技术领域。这一方面为LCA的应用提供基础,另一方面也提示道路LCA的研究及其指导的减排政策需要从更广的视角和更全面的维度去设计、推进和实现。

④工具联合应用。本书列举了LCA和生命周期经济性分析、离散事件模拟、物质流分析及数据包络分析等工具的联合应用,帮助LCA研究提升结果精度,拓展LCA结果应用范围。可进一步考虑将LCA与其他工具,如与交通流分析、大数据分析、路面管理系统等联合应用,以进一步丰富LCA理论和应用。

本章参考文献

[1] CHONG D, WANG Y H. Impacts of flexible pavement design and management decisions on life cycle energy consumption and carbon footprint[J]. The International Journal of Life Cycle Assessment, 2017, 22: 952-971.

[2] HUNAG Y, BIRD R, HEIDRICH O. Development of a life cycle assessment tool for construction and maintenance of asphalt pavements[J]. Journal of Cleaner Production, 2009, 17(2): 283-296.

[3] SU S, ZHU C, LI X D. A dynamic weighting system considering temporal variations using the DTT approach in LCA of buildings[J]. Journal of Cleaner Production, 2019, 220: 398-407.

[4] KENDALL A, CHANG B, SHARPE B. Accounting for time-dependent effects in biofuel life cycle greenhouse gas emissions calculations[J]. Environmental Science and Technology, 2009, 43(18): 7142-7147.

[5] SU S, ZHU C, LI X D, et al. Dynamic global warming impact assessment integrating temporal variables: application to a residential building in China[J]. Environmental Impact Assessment Review, 2021, 88: 106568.

[6] LEVASSEUR A, LESAGE P, MARGNI M, et al. Considering time in LCA: dynamic LCA and its application to global warming impact assessments[J]. Environmental Science and Technology, 2010, 44(8): 3169-3174.

[7] YU B, SUN Y, TIAN X. Capturing time effect of pavement carbon footprint estimation in the life cycle[J]. Journal of Cleaner Production, 2018, 171: 877-883.

[8] CHEN X D, WANG H. Life cycle assessment of asphalt pavement recycling for greenhouse gas emission with temporal aspect[J]. Journal of Cleaner Production, 2018, 187: 148-157.

[9] SOHN J, KALBAR P, GOLDSTEIN B, et al. Defining temporally dynamic life cycle assessment: a review[J]. Integrated Environmental Assessment and Management, 2020, 16(3): 314-323.

[10] DE ROSA M, PIZZOL M, SCHMIDT J. How methodological choices affect LCA climate impact results: the case of structural timber[J]. The International Journal of Life Cycle Assessment, 2018, 23(1): 147-158.

[11] SU S, LI X D, ZHU Y M, et al. Dynamic LCA framework for environmental impact assessment of buildings[J]. Energy and Buildings, 2017, 149: 310-320.

[12] HUANG Y, SPRAY A, PARRY T. Sensitivity analysis of methodological choices in road pavement LCA[J]. The International Journal of Life Cycle Assessment, 2013, 18(1): 93-101.

[13] WANG H, Al-SAADI I, LU P, et al. Quantifying greenhouse gas emission of asphalt pavement preservation at construction and use stages using life-cycle assessment[J]. International Journal of Sustainable Transportation, 2020, 14(1): 25-34.

[14] MA H R, BALTHASAR F, TAIT N, et al. A new comparison between the life cycle greenhouse gas emissions of battery electric vehicles and internal combustion vehicles[J]. Energy Policy, 2012, 44: 160-173.

[15] WU Y, ZHANG S J, HAO J M, et al. On-road vehicle emissions and their control in China: a review and outlook[J]. Science of the Total Environment, 2017, 574: 332-49.

[16] Intergovernmental Panel on Climate Change. Climate change 2007: the physical science basis: summary for policymakers[EB/OL]. https://digitallibrary.un.org/record/763952?ln=zh_CN, 2007.

[17] LI X J, WEN H F, EDIL T B, et al. Cost, energy, and greenhouse gas analysis of fly ash stabilised cold in-place recycled asphalt pavement[J]. Road Materials and Pavement Design, 2013, 14(3): 537-550.

[18] KENDALL A, PRICE L. Incorporating time-corrected life cycle greenhouse gas emissions in vehicle regulations[J]. Environmental Science and Technology, 2012, 46(5): 2557-2563.

[19] EL-HAKIM M. A structural and economic evaluation of perpetual pavements: a Canadian perspective[D]. Waterloo: University of Waterloo, 2013.

[20] CHEN F, ZHU H R, YU B, et al. Environmental burdens of regular and long-term pavement designs: a life cycle view[J]. International Journal of Pavement Engineering, 2016, 17(4): 300-313.

[21] SANTERO N J, HARVEY J, HORVATH A. Environmental policy for long-life pavements[J].

Transportation Research Part D:Transport and Environment,2011,16(2):129-136.

[22] FEARNSIDE P M. Why a 100-year time horizon should be used for globalwarming mitigation calculations[J]. Mitigation and Adaptation Strategies for Global Change,2002,7(1):19-30.

[23] DYCKHOFF H,KASAH T. Time horizon and dominance in dynamic life cycle assessment[J]. Journal of Industrial Ecology,2014,18(6):799-808.

[24] YUAN C,WANG E D,ZHAI Q,et al. Temporal discounting in life cycle assessment:a critical review and theoretical framework[J]. Environmental Impact Assessment Review,2015,51:23-31.

[25] CASS D,MUKHERJEE A. Calculation of greenhouse gas emissions for highway construction operations by using a hybrid life-cycle assessment approach:case study for pavement operations[J]. Journal of Constructiom Engineering and Management,2011,137(11):1015-1025.

[26] SANTERO N. Life cycle assessment of pavements:a critical review of existing literature and research[J]. Resources Conservation and Recycling,2011,55(9-10):801-809.

[27] ARAÚJO J P C,OLIVEIRA J R M,SILVA H M R D. The importance of the use phase on the LCA of environmentally friendly solutions for asphalt road pavements[J]. Transportation Research Part D:Transport and Environment,2014,32:97-110.